U0267981

ANSYS 2022
有限元分析从入门到精通

龙 凯 李志尊 编著 （微课视频版）

人民邮电出版社
北京

图书在版编目（CIP）数据

ANSYS 2022有限元分析从入门到精通：微课视频版 /
龙凯，李志尊编著. -- 北京：人民邮电出版社，2022.12
ISBN 978-7-115-59684-0

Ⅰ. ①A… Ⅱ. ①龙… ②李… Ⅲ. ①有限元分析—应
用软件 Ⅳ. ①O241.82-39

中国版本图书馆CIP数据核字(2022)第117923号

内 容 提 要

本书以 ANSYS 2022 软件为依据，介绍了 ANSYS 的操作基础，以及利用 ANSYS 进行有限元分析的技巧
和方法。本书共 15 章，分为 ANSYS 概述、图形用户界面、几何建模、网格划分、施加载荷、求解、后处理、
静力分析、模态分析、谐响应分析、谱分析、非线性分析、瞬态动力学分析、结构屈曲分析、热分析等，并
结合典型工程应用实例详细讲述了 ANSYS 具体工程应用方法。

本书可作为 ANSYS 软件的初级/中级用户、从事结构分析相关行业的工程技术人员及相关专业师生的参
考书。本书配套电子资源包括全书实例源文件和实例操作视频文件，供读者学习参考。

- ♦ 编　　著　龙　凯　李志尊
  责任编辑　李　强
  责任印制　马振武
- ♦ 人民邮电出版社出版发行　　北京市丰台区成寿寺路 11 号
  邮编　100164　　电子邮件　315@ptpress.com.cn
  网址　https://www.ptpress.com.cn
  北京九州迅驰传媒文化有限公司印刷
- ♦ 开本：787×1092　1/16
  印张：20.75　　　　　　　2022 年 12 月第 1 版
  字数：571 千字　　　　　　2024 年 11 月北京第 6 次印刷

定价：99.00 元

读者服务热线：**(010)53913866**　印装质量热线：**(010)81055316**
反盗版热线：**(010)81055315**
广告经营许可证：京东市监广登字 20170147 号

ANSYS 软件是融结构、流体、电场、磁场、声场分析于一体的大型通用有限元分析软件，由美国 ANSYS 公司开发。它能与多数 CAD 软件实现数据的共享和交换，如 Pro/Engineer、NASTRAN、Alogor、I－DEAS、AutoCAD 等，是现代产品设计中的高级 CAD 工具之一。

有限单元法作为在工程分析领域应用较为广泛的一种数值计算方法，以其独有的计算优势得到了广泛的发展和应用，已出现了不同类型的有限元算法，并由此产生了一批非常成熟的通用和专业有限元商业软件。随着计算机技术的飞速发展，各种工程软件也得以广泛应用。ANSYS 软件以它的多物理场耦合分析功能而成为 CAE 软件的应用主流，在工程分析领域得到了较为广泛的应用。

ANSYS 软件可广泛应用于核工业、石油化工、航空航天、机械制造、能源、交通、电子、土木工程、生物医学、水利和日用家电等工业制造及科学研究领域。ANSYS 软件不断汲取当今先进的计算方法，引领有限元发展的趋势，拥有全球大量的用户群，并被全球工业界广泛接受。

本书附赠电子学习资料，包括全书实例的源文件和操作过程的视频文件，以及实例命令流文件。读者可以扫描下方公众号二维码获取实例源文件及命令流文件，扫描下方云课二维码观看视频。

本书由华北电力大学的龙凯副教授和陆军工程大学石家庄校区的李志尊副教授编写。其中龙凯编写了第 1～8 章，李志尊编写了第 9～15 章。

由于编著者水平有限，书中有不足之处在所难免，望广大读者发送电子邮件到 2243765248@qq.com 批评指正，以方便做进一步修改，也可以加入 QQ 群 180284277 参与讨论。

云课

公众号

编著者

Contents

目录

第1章

ANSYS 概述

本章简要介绍有限元分析软件ANSYS 的 2022 新版本，讲述了有限元分析的常用术语、分析过程及 ANSYS 的启动、配置。

1.1 有限元常用术语

1. 单元

任何连续体都可以利用网格生成技术将其离散成若干个小的区域，其中的每一个小的区域称为一个单元。常见的单元类型有线单元、三角形单元、四边形单元、四面体单元和六面体单元几种。单元是组成有限元模型的基础，因此单元的类型对于有限元分析是至关重要的。工程中常用到的单元有杆（Link）单元、梁（Beam）单元、块（Block）单元、平面（Plane）单元、集中质量（Mass）单元、管（Pipe）单元、壳（Shell）单元和流体（Fluid）单元等。

2. 节点

单元和单元之间连接的点称为节点，它在将实际连续体离散成为单元群的过程中起到桥梁作用，ANSYS 程序正是通过节点信息来组成刚度矩阵进行计算的。同一种单元类型根据节点个数的不同分成不同的种类，如同为平面单元，PLANE183 单元是 8 个节点，而 PLANE182 是 4 个节点。

3. 节点力和节点载荷

节点力指的是相邻单元之间的节点间的相互作用力。而作用在节点上的外载荷称为节点载荷。外载荷包括集中力和分布力等。在不同的学科中，载荷的含义也不尽相同。在电磁场分析中，载荷指的是结构受的电场和磁场作用。在温度场分析中，结构所受载荷则指的是温度。

4. 边界条件

边界条件指的是结构边界上所受到的外加约束。在有限元分析中，边界条件的确定是非常重要的。错误的边界条件选择往往使有限元中的刚度矩阵发生奇异，使程序无法正常运行。因此，设定正确的边界条件是获得正确的分析结果和较高的分析精度的重要条件。

5. 位移函数

位移函数指用来表征单元内的位移或位移场的近似函数。正确选择位移函数直接关系到其对应单元的计算精度和能力。位移函数要满足以下 3 个条件。

（1）在单元内部必须是连续的。

（2）位移函数必须含单元的刚体位移。

（3）相邻单元在交界处的位移是连续的。

1.2 有限元法的分析过程

有限元法分析的基本思想是将连续的结构离散成有限个单元，并在每一个单元中设定有限个节点，将连续体看作是只在节点处相连接的一组单元的集合体；同时选定场函数的节点值作为基本未知量，并在每一个单元中假设一近似插值函数以表示单元场中场函数的分布规律；进而利用力学中的某些变分原理去建立用以求解节点未知量的有限元方程，从而将一个连续域中的无限自由度问题化为离散域中的自由度问题。一经求解就可以利用解得的节点值和设定的插值函数确定单元上以至整个集合体上的场函数。有限元法的分析过程可以分为如下 5 个步骤。

（1）结构离散化。离散化就是指将所分析问题的结构分割成有限个单元体，并在单元体的指定点设置节点，使相邻单元的有关参数具有一定的连续性，形成有限元网格，即将原来的连续体离散为在节点处相连接的有限单元组合体，用它来代替原来的结构。结构离散化时，划分单元的大小和数目应当根据计算精度和计算机的容量等因素来确定。

（2）选择位移插值函数。为了能用节点位移表示单元体的位移、应变和应力，在分析连续体问题时，必须对单元中位移的分布做出一定的假设，即假定位移是坐标的某种简单函数（插值函数或位移模式），通常采用多项式作为位移函数。选择适当的位移函数是有限元法分析中的关键，应当注意以下几个方面。

1）多项式项数应等于单元的自由度数。

2）多项式阶次应包含常数项和线性项。

3）单元自由度应等于单元节点独立位移的个数。

位移矩阵：

$$\{f\} = [N]\{\delta\}^e \tag{1-1}$$

式（1-1）中，$\{f\}$ 为单元内任意一点的位移，$\{\delta\}^e$ 为单元 e 全部节点的位移，$[N]$ 为行函数。

（3）分析单元的力学特性。先利用几何方程推导出用节点位移表示的单元应变：

$$\{\varepsilon\} = [B]\{\delta\}^e \tag{1-2}$$

式（1-2）中，$\{\varepsilon\}$ 为单元应变，$[B]$ 为单元应变矩阵。

再由本构方程可导出用节点位移表示的单元应力：

$$\{\sigma\} = [D][B]\{\delta\}^e \tag{1-3}$$

式（1-3）中，$[D]$ 为单元材料有关的弹性矩阵。

最后由变分原理可得到单元上节点力与节点位移间的关系式（即平衡方程）：

$$\{F\}^e = [k]^e\{\delta\}^e \tag{1-4}$$

式（1-4）中，$[k]^e$ 为单元刚度矩阵：

$$\{k\}^e = \iiint [B]^{\mathrm{T}}[D][B]\mathrm{d}x\mathrm{d}y\mathrm{d}z \tag{1-5}$$

（4）集合所有单元的平衡方程，建立整体结构的平衡方程。即先将各个单元的刚度矩阵合成整体刚度矩阵，然后将各单元的等效节点力列阵集合成总的载荷阵列——称为总刚矩阵 $[K]$：

$$[K] = \sum [k]^e \tag{1-6}$$

由总刚矩阵形成整个结构的平衡方程：

$$[K]\{\delta\} = [F] \qquad (1\text{-}7)$$

（5）由平衡方程求解未知节点位移和计算单元应力。有限元求解程序的内部过程如图 1-1 所示。因为单元可以设计成不同的几何形状，所以可以灵活地模拟和逼近复杂的求解区域。很显然，只要插值函数满足一定的要求，随着单元数目的增加，解的精度也会不断提高而最终收敛于问题的精确解。虽然从理论上讲，不断增加单元数目可以使数值分析解最终收敛于问题的精确解，但这会大大地增加计算机运行时间。而在实际工程应用中，只要所得的解能够满足工程的实际需要就可以，因此，有限元法的基本策略就是在分析精度和分析时间上找到一个最佳平衡点。

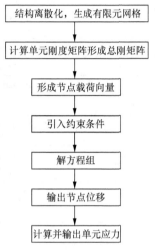

图 1-1　有限元求解程序的内部过程

1.3　ANSYS 2022 的安装与启动

本节简要介绍一下 ANSYS 2022 的安装方法和启动过程。

1.3.1　系统要求

1．操作系统要求

（1）Windows 10（专业版、企业版和教育版）（64 位）、Windows Server 2016 标准版、Windows Server 2016 标准版。

注意

不支持 Windows 操作系统的家庭版。

（2）确定计算机安装有网卡、TCP/IP，并将 TCP/IP 绑定到网卡上。

2．硬件要求

（1）内存：8GB（推荐 16GB）以上。

（2）计算机：采用 Intel 3.70GHz 处理器或主频更高的处理器。

（3）光驱：DVD-ROM 驱动器（非必需）。

（4）硬盘：128GB 以上硬盘空间，用于安装 ANSYS 软件及其配套使用软件。

各模块所需硬盘容量如下表 1-1 所示。

表 1-1　各模块所需硬盘容量

模块名称	硬盘容量（GB）	模块名称	硬盘容量（GB）
ANSYS Discovery	20.7	ANSYS TurboGrid	18.4
ANSYS Discovery SpaceClaim	17.9	ANSYS ICEM CFD	18.4
ANSYS Sherlock	18.2	ANSYS Aqwa	18.4
ANSYS Autodyn	18.3	ANSYS SPEOS	23.2
ANSYS LS-DYNA	19.1	ANSYS optiSLang	19.8
ANSYS CFD-Post only	18.3	ANSYS Customization Files for User Programmable Features	22.1
ANSYS CFX	18.7	ANSYS Mechanical Products	18.3
ANSYS Chemkin	19.3	ANSYS Additive	20.1
ANSYS Energico	19.3	Distributed Computing Services	17.9
ANSYS Model Fuel Library（Encrypted）	19.3	ANSYS Icepak	19.8
ANSYS Reaction Workbench	19.3	ANSYS Remote Solve Manager Standalone Services	17.9
ANSYS EnSight	21.4	ANSYS SPEOS HPC	8.0
ANSYS FENSAP-ICE	18.7	ANSYS Viewer	8.0
ANSYS Fluent	19.3	ANSYS Geometry Interfaces	18.2
ANSYS Forte	22.3	安装所有模块所需的磁盘空间	43.2
ANSYS Polyflow	20.6	—	—

在安装过程中，产品安装还需要额外的 500MB 的可用磁盘空间。

（5）显示器：支持 1024 像素 ×768 像素以上分辨率的显示器，可显示 16 位以上显卡。

1.3.2　设置运行参数

在使用 ANSYS 进行分析之前，可以根据用户的需求设置环境。

用鼠标指针依次单击"开始 > 所有程序 > ANSYS 2022 R1 > Mechanical APDL Product Launcher 2022 R1"得到如图 1-2 所示的对话框，主要设置内容有模块选择、文件管理、用户管理/个人设置和程序初始化等。

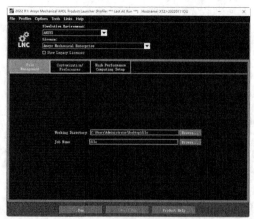

图 1-2　ANSYS 2022 R1 环境设置对话框

1. 模块选择

在"Simulation Environment（数值模拟）"下拉列表中列出以下 3 种界面。

（1）ANSYS：典型 ANSYS 用户界面。

（2）ANSYS Batch：ANSYS 命令流界面。

（3）LS-DYNA Solver：线性动力求解界面。

用户根据自己实际需要选择一种界面。

在"License"下拉列表中列出了各种界面下相应的模块：力学、流体、热、电磁、流固耦合等，用户可根据自己要求选择，如图 1-3 所示。

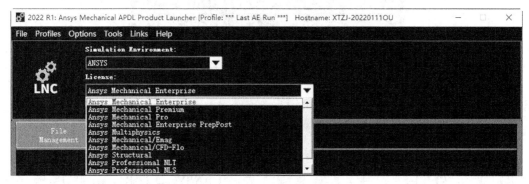

图 1-3 "License"下拉列表

2. 文件管理

用鼠标指针单击"File Management（文件管理）"，在"Working Directory（工作目录）"文本框中设置工作目录，然后在"Job Name（文件名）"设置文件名，默认文件名为 File。

> **注意**
>
> ANSYS 默认的工作目录是在系统所在硬盘分区的根目录，如果一直采用这一设置，会影响其工作性能，建议将工作目录建在非系统所在硬盘分区中，且要有足够的硬盘容量。
>
> 初次运行 ANSYS 时默认文件名为 File，重新运行时工作文件名默认为上一次定义的工作名。为防止对之前工作内容的覆盖，建议每次启动 ANSYS 时更改文件名，以便备份。

3. 用户管理/个人设置

用鼠标指针单击"Customization/Preferences（用户管理/个人设置）"，进入"Customization/Preferences"界面，如图 1-4 所示。

在用户管理中可以设定数据库的大小和设置内存管理，在个人设置中可以设置自己喜欢的用户环境：在 Language Selection 中选择语言；在 Graphics Device Name 中对显示模式进行设置（Win32 提供 9 种颜色等值线，Win32c 提供 108 种颜色等值线；3D 针对 3D 显卡，适宜显示三维图形）；在 Read START file ANS at start-up 中勾选是否读入启动文件。

4. 运行程序

完成以上设置后，用鼠标指针单击"Run"按钮就可以运行 ANSYS 2022 应用程序了。

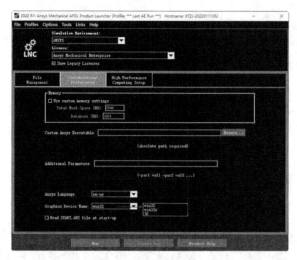

图 1-4　用户管理与个人设置界面

1.3.3　启动与退出

1. 启动 ANSYS 2022 R1

（1）快速启动：在 Window 系统中执行"开始 ＞ 程序 ＞ANSYS 2022 R1 ＞ Mechanical APDL 2022 R1"命令，如图 1-5（a）所示菜单，就可以快速启动 ANSYS 2022 R1，采用的用户环境默认为上一次运行的环境配置。

（2）交互式启动：在 Windows 系统中执行"开始 ＞ 程序 ＞ANSYS 2022 R1 ＞ Mechanical APDL Product Launcher"命令，如图 1-5（b）所示菜单，就是以交互式启动 ANSYS 2022 R1。

> **注意**
> 建议用户选用交互式启动，这样可防止上一次运行的结果文件被覆盖掉，并且还可以重新选择工作目录和工作文件名，便于用户管理。

（a）快速启动　　　　　　　　　　　　（b）交互式启动

图 1-5　ANSYS 2022 启动方式

2．退出 ANSYS 2022 R1

（1）命令方式：/EXIT。

（2）GUI 方式：在用户界面中用鼠标指针单击 Toolbar（工具条）中的"QUIT"按钮，或 File > Exit，出现 ANSYS 2022 R1 程序退出对话框，如图 1-6 所示。

（3）在 ANSYS 输出窗口单击关闭按钮 ✕ 。

图 1-6　ANSYS 2022 程序退出对话框

> **注意**
>
> 采用第一种和第三种方式退出时，ANSYS 直接退出；而采用第二种方式时，退出 ANSYS 前要求用户对当前的数据库（几何模型、载荷、求解结果及三者的组合）进行选择性操作，或者什么都不保存，因此建议用户采用第二种方式退出。

1.4　ANSYS 分析的基本过程

ANSYS 分析过程包含 3 个主要的步骤：前处理、加载并求解、后处理。

1.4.1　前处理

前处理是指创建实体模型及有限元模型。它包括创建实体模型，定义单元属性，划分有限元网格，修正模型等几项内容。大部分的有限元模型用实体模型建模，类似于 CAD，ANSYS 以数学的方式表达结构的几何形状，然后在里面划分节点和单元，还可以在几何模型边界上方便地施加载荷，但是实体模型并不参与有限元分析，所以施加在几何实体边界上的载荷或约束必须最终传递到有限元模型上（单元或节点）进行求解，这个过程通常是 ANSYS 程序自动完成的。可以通过 4 种途径创建 ANSYS 模型。

（1）在 ANSYS 环境中创建实体模型，然后划分有限元网格。

（2）在其他软件（比如 CAD）中创建实体模型，然后将其读入 ANSYS 环境，经过修正后划分有限元网格。

（3）在 ANSYS 环境中直接创建节点和单元。

（4）在其他软件中创建有限元模型，然后将节点和单元数据读入 ANSYS。

单元属性是指划分网格以前必须指定的所分析对象的特征，这些特征包括材料属性、单元类型、实常数等。需要强调的是，除了磁场分析，不需要告诉 ANSYS 使用的是什么单位制，只需要自己决定使用何种单位制，然后确保所有输入值的单位制统一，单位制影响输入的实体模型尺寸、材料属性、实常数及载荷等。

1.4.2　加载并求解

（1）自由度——定义节点的自由度（degree of freedom，DOF）值（例如结构分析中的位移、热分析中的温度、电磁分析的磁势等）。

（2）面载荷（包括线载荷）——作用在表面的分布载荷（例如结构分析中的压力、热分析中的热对流、电磁分析中的表面受电磁场的作用力等）。

（3）体积载荷——作用在体积上或场域内的载荷（例如热分析中的温度、电磁分析中的磁流密度等）。

（4）惯性载荷——结构、质量或惯性引起的载荷（例如重力、加速度等）。

在求解之前应进行分析数据检查，包括以下内容。

（1）单元类型和选项，材料性质参数，实常数以及统一的单位制。

（2）单元实常数和材料类型的设置，实体模型的质量特性。

（3）确保模型中没有不应存在的缝隙（特别是从 CAD 中输入的模型）。

（4）壳单元的法向，节点坐标系。

（5）集中载荷和体积载荷，面载荷的方向。

（6）温度场的分布和范围，热膨胀分析的参考温度。

1.4.3 后处理

（1）通用后处理器（POST1）——用来观看整个模型在某一时刻的结果。

（2）时间历程后处理器（POST26）——用来观看模型在不同时间段或载荷步上的结果，常用于处理瞬态分析和动力分析的结果。

1.5 ANSYS 文件系统

本节将简要讲述 ANSYS 文件的类型和文件管理的相关知识。

1.5.1 文件类型

ANSYS 程序广泛应用文件来存储和恢复数据，特别是在求解分析时。这些文件被命名为 jobname.ext，其中 jobname 是默认的工作名，默认作业名为 File，用户可以更改，最大长度可达 32 个字符，但必须是英文名，ANSYS 不支持中文的文件名；ext 是由 ANSYS 定义的唯一的由 2 ~ 4 个字符组成的扩展名，用于表明文件的类型。

ANSYS 程序运行产生的文件中，有一些文件在 ANSYS 运行结束前产生但在某一时刻会自动删除，这些文件被称为临时文件，如表 1-2 所示；另外一些在运行结束后保留的文件则被称为永久文件，如表 1-3 所示。

表 1-2　ANSYS 产生的临时文件

文件名	类型	内容
Jobname.ANO	文本	图形注释命令
Jobname.BAT	文本	从批处理输入文件中复制的输入数据
Jobname.DON	文本	嵌套层（级）的循环命令
Jobname.EROT	二进制	旋转单元矩阵文件
Jobname.PAGE	二进制	ANSYS 虚拟内存页文件

表 1-3　ANSYS 产生的永久性文件

文件名	类型	内容
Jobname.OUT	文本	输出文件
Jobname.DB	二进制	数据文件
Jobname.RST	二进制	结构与耦合分析文件
Jobname.RTH	二进制	热分析文件
Jobname.RMG	二进制	磁场分析文件
Jobname.SN	文本	载荷步文件
Jobname.GRPH	文本	图形文件
Jobname.EMAT	二进制	单元矩阵文件
Jobname.LOG	文本	日志文件
Jobname.ERR	文本	错误文件
Jobname.ELEM	文本	单元定义文件
Jobname.ESAV	二进制	单元数据存储文件

临时文件一般是计算过程中存储某些中间信息的文件，如 ANSYS 虚拟内存页（Jobname.PAGE）及旋转某些中间信息的文件（Jobname.EROT）等。

1.5.2　文件管理

1. 指定文件名

ANSYS 的文件名由以下 3 种方式来指定。

（1）进入 ANSYS 后，通过以下方式实现更改工作文件名。

```
命令：/FILNAME, fname。
GUI：Utility Menu > File > Change Jobname…。
```

（2）由 ANSYS 启动器交互式进入 ANSYS 后，直接运行，则 ANSYS 的文件名默认为 file。

（3）由 ANSYS 启动器交互式进入 ANSYS 后，在运行环境设置窗口 "job name" 项中把系统默认的 file 更改为用户想要输入的文件名。

2. 保存数据库文件

ANSYS 数据库文件包含了建模、求解、后处理所产生的保存在内存中的数据，一般指存储几何信息、节点单元信息、边界条件、载荷信息、材料信息、位移、应变、应力和温度等数据库文件，其扩展名为.DB。

存储操作将 ANSYS 数据库文件从内存中写入数据库文件 Jobname.DB，作为数据库当前状态的一个备份。由于 ANSYS 软件没有其他有限元软件的即时 UNDO 功能以及 ANSYS 没有自动保存功能，因此，建议用户在不能确定下一个操作是否正确的情况下，保存当前数据库，以便出错时及时恢复。

ANSYS 提供以下 3 种方式存储数据库。

（1）利用工具栏上的 SAVE_DB 命令，如图 1-7 所示。

```
Toolbar
SAVE_DB  RESUM_DB  QUIT  POWRGRPH
```

图 1-7　ANSYS 文件的存储与读取快捷方式

（2）使用命令流方式存储数据库。

```
命令：SAVE, fname, ext, dir, slab。
```

（3）用菜单方式保存数据库。

```
GUI：Utility Menu > File > Save as jobname.db。
  或 Utility Menu > File > Save as …。
```

> **注意** "Save as jobname.db"表示以工作文件名保存数据库；而"Save as..."程序将数据保存到另外一个文件名中，当前的文件内容并不会发生改变，保存之后进行的操作仍记录到原来的工作文件数据库中。
>
> 如果保存以后再次以一个同名数据库文件进行保存的话，ANSYS 会先将旧文件命名为 Jobname.DB 作为备份，此备份用户可以恢复它，相当于执行一次 Undo 操作。
>
> 在求解之前保存数据库。

3. 恢复数据库文件

ANSYS 提供以下 3 种方式恢复数据库。

（1）利用工具栏上的 RESUM_DB 命令，如图 1-7 所示。

（2）使用命令流方式恢复数据库。

命令：Resume, fname, ext, dir, slab。

（3）用下拉菜单方式恢复数据库。

GUI：Utility Menu > File > Resume Jobname.db。
　或　Utility Menu > File > Resume from...。

4. 读入文本文件

ANSYS 程序经常需要读入一些文本文件，如参数文件、命令文件、单元文件、材料文件等，常见读入文本文件的操作如下。

（1）读取 ANSYS 命令记录文件。

命令：/Input, fname, ext, ..., line, log。
GUI：Utility Menu > File > Read Input from。

（2）读取宏文件。

命令：*Use, name, arg1, arg2, ..., arg18。
GUI：Utility Menu > Macro > Execute Data Block。

（3）读取材料参数文件。

命令：Parres, lab, fname, ext, ...。
GUI：Utility Menu > Parameters > Restore Parameters。

（4）读取材料特性文件。

命令：Mpread, fname, ext, ..., lib。
GUI：Main Menu > Preprocess > Material Props > Read from File。
或　Main Menu > Preprocess > Loads > Loads>Load Step Opts > Other > Change Mat Props > Read from File。
或　Main Menu > Solution > Load step opts > Other > change Mat Props > Read from File。

（5）读取单元文件。

命令：Nread, fname, ext, ...。
GUI：Main Menu > Preprocess > Modeling > Creat > Elements > Read Elem File。

（6）读取节点文件。

命令：Nread, fname, ext, ...。
GUI：Main Menu > Preprocess > Modeling > Creat > Nodes > Read Node File。

5. 写出文本文件

（1）写入参数文件。

命令：Parsav, lab, fname, ext, ...。
GUI：Utility Menu > Parameters > Save Parameters。

（2）写入材料特性文件。

命令：Mpwrite, fname, ext, ..., lib, mat。
GUI：Main Menu > Preprocess > Material Props > Write to File。
或 Main Menu > Preprocess > Loads > Loads > Load Step Opts > Other > Change Mat Props > Write to File。

　或　Main Menu > Solution > Load step opts > Other > Change Mat Props > Write to File。

（3）写入单元文件。

命令：Ewrite, fname, ext, …, kappnd, format。
GUI：Main Menu > Preprocess > Modeling > Creat > Elements > Write Elem File。

（4）写入节点文件。

命令：Nwrite, fname, ext, …, kappnd。
GUI：Main Menu > Preprocess > Modeling > Creat > Nodes > Write Node File。

6. 文件操作

ANSYS 的文件操作相当于操作系统中的文件操作功能，如重命名文件、复制文件和删除文件等。

（1）重命名文件。

命令：/rename, fname, ext, …, fname2, ext2, …。
GUI：Utility Menu > File > File Operation > Rename。

（2）复制文件。

命令：/copy, fname, ext1, …, fname2, ext2, …。
GUI：Utility Menu > File > File Operation > Copy。

（3）删除文件。

命令：/delete, fname, ext, …。
GUI：Utility Menu > File > File Operation > Delete。

7. 列表显示文件信息

（1）列表显示 Log 文件。

GUI：Utility Menu > File > List > Log Files。
　或　Utility Menu > List > Files > Log Files。

（2）列表显示二进制文件。

GUI：Utility Menu > File > List > Binary Files。
　或　Utility Menu > List > Files > Binary Files。

（3）列表显示错误信息文件。

GUI：Utility Menu > File > List > Error Files。
　或　Utility Menu > List > Files > Error Files。

第 2 章

图形用户界面

ANSYS 功能强大，操作复杂，对一个新手来说，图形用户界面（GUI）是常用的界面，绝大多数操作是在图形用户界面上进行的。它提供用户和 ANSYS 程序之间的交互。所以，熟悉图形用户界面是很有必要的。

2.1 ANSYS 2022 R1 图形用户界面的组成

图形用户界面使用命令的内部驱动机制，使每一个 GUI（图形用户界面）操作对应了一个或若干个命令。操作对应的命令保存在输入日志文件（Jobname.LOG）中。所以，图形用户界面可以使用户在对命令了解很少或几乎不了解的情况下完成 ANSYS 分析。ANSYS 提供的图形用户界面还具有直观、分类科学的优点，方便用户的学习和应用。

标准的图形用户界面包括菜单栏、快捷工具条、输入窗口、显示隐藏对话框、工具条、图形窗口、主菜单栏、视图控制栏、输出窗口、状态栏等部分，如图 2-1 所示。

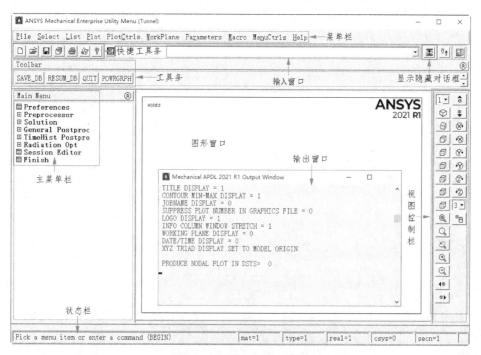

图 2-1　标准的图形用户界面

1．菜单栏

菜单栏包括文件操作（File）、选择功能（Select）、数据列表（List）、图形显示（Plot）、视图环境控制（PlotCtrls）、工作平面（WorkPlane）、参数（Parameters）、宏命令（Macro）、菜单控制（MenuCtrls）和帮助（Help）等 10 个下拉菜单，囊括了 ANSYS 的绝大部分系统环境配置功能。在 ANSYS 运行的任何时候均可以访问各菜单。

2．快捷工具条

为常用的新建、打开、保存数据文件、截图、打印、报告生成和帮助操作，提供了方便快捷的方式。

3．输入窗口

ANSYS 提供了 4 种输入方式：常用的 GUI（图形用户界面）输入、命令输入、使用工具条和调用批处理文件。在这个窗口可以输入 ANSYS 的各种命令，在输入命令过程中，ANSYS 自动匹配待选命令的输入格式。

4．显示隐藏对话框

在对 ANSYS 进行操作过程中，会弹出很多对话框，重叠的对话框会隐藏，单击输入栏右侧第一个按钮，可以迅速显示隐藏的对话框。

5．工具条

工具条包括一些常用的 ANSYS 命令和函数，是执行命令的快捷方式。用户可以根据需要对该窗口中的快捷命令进行编辑、修改和删除等操作，最多可设置 100 个命令按钮。

6．图形窗口

图形窗口显示 ANSYS 的分析模型、网格、求解收敛过程、计算结果云图、等值线、动画等图形信息。

7．主菜单栏

主菜单栏几乎涵盖了 ANSYS 分析过程的全部菜单命令，按照 ANSYS 分析过程进行排列，依次是个性设置（Preference）、前处理（Preprocessor）、求解器（Solution）、通用后处理器（General Postproc）、时间历程后处理（TimeHist Postproc）、ROM 工具（ROM Tool）、概率设计（Prob Design）、辐射选项（Radiation Opt）、进程编辑（Session Editor）和完成（Finish）。

8．视图控制栏

用户可以利用这些快捷方式方便地进行视图操作，如前视、后视、俯视、旋转任意角度看、放大或缩小、移动图形等，调整到用户最佳视图角度。

9．输出窗口

输出窗口的主要功能在于同步显示 ANSYS 对已进行的菜单操作或已输入命令的反馈信息，用户输入命令或菜单操作的出错信息和警告信息等，关闭此窗口，ANSYS 将强行退出。

10．状态栏

状态栏显示 ANSYS 的一些当前信息，如当前所在的模块、材料属性、单元实常数及系统坐标等。

2.2 对话框及其组件

单击 ANSYS 通用菜单或主菜单，可以看到存在 4 种不同的后缀符号，分别代表不同的含义。

- ▶表示可以打开级联菜单。
- +表示将打开一个图形选取对话框。
- …表示将打开一个输入对话框。
- 无后缀时表示直接执行一个功能，而不能进一步操作。通常它代表不带参数的命令。

可以看出，对话框提供了数据输入的基本形式，根据不同的用途，对话框内有不同的组件。如文本框、检查按钮、选择按钮、单选列表、多选列表等。另外，还有 OK、Apply 和 Cancel 等按钮。在 ANSYS 菜单方式下进行分析时，最经常遇到的就是对话框。通常，理解对话框的操作并不困难，重要的是，要理解这些对话框操作代表的意义。

2.2.1 文本框

在文本框中，可以输入数字或者字符串。注意到在文本框前的提示，就可以方便准确地输入了。ANSYS 软件遵循通用界面规范，所以，可以用 Tab 键和 Shift+Tab 键在各文本框间进行切换，也可以用 Enter 键代替单击"OK"按钮。

改变单元材料编号的对话框如图 2-2 所示，用户需要输入单元的编号和材料的编号。这些都应当是数字方式。

确定当前材料库路径的对话框如图 2-3 所示，可以在其中输入字符串。

在文本框中，双击可以高亮显示一个词。

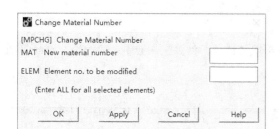

图 2-2　输入数字的文本框

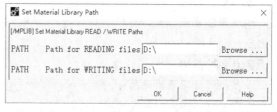

图 2-3　输入文本的对话框

2.2.2 单选列表

单选列表允许用户从一个流动列表中选择一个选项。单击想要的条目，高亮显示它，就把它复制到了编辑框中，然后可以对其进行修改。

实常数的单选列表如图 2-4 所示，单击"Set 2"按钮，就选择了第二组实常数 Set2，单击"Edit"按钮可以对该组实常数进行编辑，单击 Delete 键将删除该组实常数。

2.2.3 双列选择列表

双列选择列表允许从多个选择中选取一个。左边一列是类，右边一列是类的子项目，根据左边选择的不同，右边将出现不同的选项。采用这种方式可以将所选项目进行分类，以方便选择。

最典型的双列选择列表莫过于单元选取对话框，如图 2-5 所示。左列是单元类，右列是该类的子项目。必须在左右列中都进行选取才能得到想要的项目。图 2-5 中的左列选择了"Beam"选项，右列选择了"2 node 188"选项。

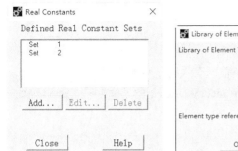

图 2-4 实常数单选列表框

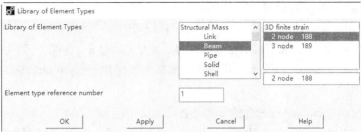

图 2-5 双列选择列表框

2.2.4 标签对话框

标签对话框提供了一组命令集合。通过选择不同的标签，可以打开不同的选项卡。每个选项卡中可能包含文本框、单选列表、多选列表等。求解控制标签对话框如图 2-6 所示，其中包括基本选项、瞬态选项、求解选项、非线性和高级非线性选项。

2.2.5 选取框

ANSYS 中除输入和选择框外，另一个重要的对话框是选取框，出现该对话框后，可以在工作平面、全局或局部坐标系上选取点、线、面、体等。该对话框也有不同类型，有的只允许选择一个点，而有的则允许拖出一个方框或圆来选取多个图元。

创建直线的选取对话框如图 2-7 所示。出现该对话框后，可以在工作平面上选取两个点并以这两个点为端点连成一条直线。在选取对话框中，Pick 和 Unpick 指示选取状态，当选中 Pick 单选按钮时，表示进行选取操作；当选中 Unpick 单选按钮时，表示撤销选取操作。

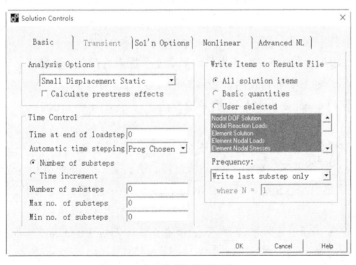

图 2-6 求解控制标签对话框

图 2-7 创建直线的选取对话框

选取对话框中显示当前选取的结果，如 Count 表示当前的选取次数；Maximum、Minimum 和 KeyP No.表示必须选取的最大量、必须选取的最小量和当前选取的点的编号。

有时，在图中选取并不准确，即使打开了网格捕捉也是一样，这时，从输入窗口中输入点的编号比较方便。

典型的对话框一般包含如下的按钮。

- OK：应用对话框内的改变并退出该对话框。
- Apply：应用对话框内的改变但不退出该对话框。
- Reset：重置对话框内的内容，恢复其默认值。当输入有误时，可能要用到该按钮。
- Cancel：不应用对话框内的改变就关闭对话框。Cancel 和 Reset 的不同在于 Reset 不关闭对话框。
- Help：使用命令的帮助信息。

对特殊对话框，可能还有其他一些作用按钮。快速、准确地在对话框中进行输入是提高分析效率的重要环节。而更重要的是，要知道如何从菜单中打开想要的对话框。

2.3　通用菜单

通用菜单（Utility Menu）包含了 ANSYS 全部的公用函数，如文件控制、选取、图形控制、参数设置等。它采用下拉菜单结构。该菜单具有非模态性质（也就是以非独占形式存在的），允许在任何时刻（即在任何处理器下）进行访问，这使得它使用起来更为方便和友好。

每一个菜单都是一个下拉菜单，在下拉菜单中，要么包含了折叠子菜单（以"＞"符号表示），要么执行以下 3 种操作中的某个操作。

- 立刻执行一个函数或者命令。
- 打开一个对话框（以"…"指示）。
- 打开一个选取菜单（以"+"指示）。

可以利用快捷键打开通用菜单，例如可以按 Alt+F 键打开 File 菜单。

通用菜单有如下 10 个内容，下面对其中的重要部分做简要说明（按 ANSYS 本身的顺序排列）。

2.3.1　文件菜单

File（文件）菜单包含了与文件和数据库有关的操作，如清空数据库、存盘、恢复等。有些菜单只能在 ANSYS 开始时才能使用，如果在后面使用，会清除已经进行的操作，所以，要小心使用它们。除非确有把握，否则不要使用 Clear & Start New 菜单操作。

1. 设置工程名和标题

通常，工程名都是在启动对话框中定义，但也可以在文件菜单中重新定义。

- File > Clear & Start New 命令用于清除当前的分析过程，并开始一个新的分析。新的分析以当前工程名进行。它相当于退出 ANSYS 后，再以 Run Interactive 方式重新进入 ANSYS 图形用户界面。
- File > Change Jobname 命令用于设置新的工程名，后续操作将以新设置的工程名作为文件名。在打开的对话框中，输入新的工程名，如图 2-8 所示。
- "New log and error files"选项用于设置是否使用新的记录和错误信息文件，如果选中"Yes"复选框，则原来的记录和错误信息文件将关闭，但并不删除，相当于退出 ANSYS 并重新开始一个工程。取消选中"Yes"复选框时，表示不追加记录和错误信息到先前的文件中。尽管是使用先前的记录文件，但数据库文件已经改变了名字。
- File > Change Directory 命令用于设置新的工作目录，后续操作将以新设置的工作目录进行。

打开的对话框如图 2-9 所示，在打开的"浏览文件夹"对话框中，选择工作目录。ANSYS 不支持中文，这里目录要选择英文目录。

图 2-8　改变工程名　　　　　　　　　图 2-9　"浏览文件夹"对话框

当完成了实体模型建立操作，但不敢确定分网操作是否正确时，就可以在建模完成后保存数据库，并设置新的工程名，这样，即使分网过程中出现不可恢复或恢复困难的操作，也可以用原来保存的数据库重新分网。对这种情况，也可以用保存文件来获得。

- File > Change Title 命令用于在图形窗口中定义主标题。可以用"%"号来强制进行参数替换。例如，首先定义一个时间字符串参量 TM，然后在定义主标题中强制替换。

```
TM='3:05'
/TITLE,TEMPERATURE CONTOURS AT TIME=%TM%
```

其中/TITLE 是该菜单操作的对应命令。

这样在图形窗口中显示的主标题如下。

```
TEMPERATURE CONTOURS AT TIME=3:05。
```

2. 保存文件

要养成经常保存文件的习惯。

- File > Save as Jobname.db 命令用于将数据库保存为当前工程名。对应的命令是 SAVE，对应的工具条快捷按钮为 Toolbar > SAVE_DB。
- File > Save as 用于另存文件，打开"Save DataBase"对话框，可以选择路径或更改名称，另存文件。
- File > Write DB log file 命令用于把数据库内的输入数据写到一个记录文件中，从数据库写入的记录文件和操作过程的记录可能并不一致。

3. 读入文件

有多种方式可以读入文件，包括读入数据库、读入命令记录和输入其他软件生成的模型文件。

- File > Resume Jobname.db 和 Resume from 命令用于恢复一个工程。前者恢复的是当前正在使用的工程，而后者恢复用户选择的工程。但是，只有那些存在数据库文件的工程才能恢复，这种恢复也就是把数据库重新读入并在 ANSYS 中解释执行。
- File > Read Input from 命令用于读入并执行整个命令序列，如记录文件。当只有记录文件（LOG）而没有数据库文件时（由于数据库文件通常很大，而命令记录文件很小，所以通常用记录文件进行交流），就有必要用到该命令。如果对命令很熟悉，甚至可以选择喜欢的编辑器来编辑输入文件，然后用该函数读入。它相当于用批处理方式执行某个记录文件。

- File > Import 和 File > Expor 命令用于提供与其他软件的接口，如从 Pro/E 中输入几何模型。如果对这些软件很熟悉，在其中创建几何模型可能会比在 ANSYS 中建模方便一些。ANSYS 支持的输入接口有 IGES、CATIA、SAT、Pro/E、UG、PARA 等。其输出接口为 IGES。但是，它们需要许可证支持，而且需要保证其输入输出版本之间的兼容。否则，可能不会识别，导致文件传输错误。
- File > Report Generator 命令用于生成文件的报告，可以是图像形式的报告，也可以是文本形式的，这大大提高了 ANSYS 分析之间的信息交流。

4. 退出 ANSYS

File > Exit 命令用于退出 ANSYS，选择该命令将打开退出对话框，询问在退出前是否保存文件，或者保存哪些文件。但是使用 "/EXIT" 命令前，应当先保存那些以后需要的文件，因为该命令不会给你提示。在工具条上，QUIT 按钮也是用于退出 ANSYS 的快捷按钮，如图 2-10 所示。

2.3.2 选取菜单

Select（选取）菜单包含了选取数据子集和创建组件部件的命令。

1. 选择图元

Select > Entities 命令用于在图形窗口上选择图元。选择该命令将打开图 2-11 所示的选择对话框。

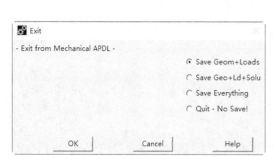

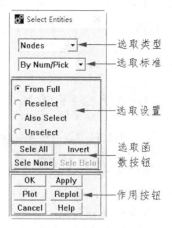

图 2-10　点选 QUIT 退出 ANSYS　　　　图 2-11　选择对话框

其中，选取类型包括节点、单元、体、面、线和关键点。每次只能选择一种图元类型。

选取标准表示通过什么方式来选取图元，包括如下一些选取标准。

- By Num/Pick：通过在输入窗口中输入图元号或者在图形窗口中直接选取。
- Attached to：通过与其他类型图元相关联来选取，而其他类型图元应该是已选取好的。
- By Location：通过定义笛卡儿坐标系的 X、Y、Z 轴来构成一个选择区域，并选取其中的图元，可以一次定义一个坐标，单击 "Apply" 按钮后，再定义某个坐标内的区域。
- By Attribute：通过属性选取图元。可以通过图元或与图元相连的单元的材料号、单元类型号、实常数号、单元坐标系号、分割数目、分割间距比等属性来选取图元。需要设置这些号的最小值、最大值及增量。
- Exterior：选取已选图元的边界。例如，单元的边界为节点、面的边界为线，如果已经选择了某个面，那么执行该命令就能选取该面边界上的线。

- **By Result**：选取结果值在一定范围内的节点或单元。执行该命令前，必须把所涉及的结果保存在单元中。

对单元而言，可以通过单元名称（By Elem Name）选取，还可以选取生单元（Live Elem's），或者选取与指定单元相邻的单元。对单元图元类型而言，除了上述基本方式外，有的还有其独有的选取标准。

选取设置选项用于设置选取的方式，有如下几种方式。

- **From Full**：从整个模型中选取一个新的图元集合。
- **Reselect**：从已选取好的图元集合中再次选取。
- **Also Select**：把新选取的图元加到已存在的图元集合中。
- **Unselect**：从当前选取的图元中去掉一部分图元。

选取函数按钮是一个即时作用按钮，也就是说，一旦单击该按钮，选取立即生效。如果在图形窗口中看不出来，可用"/Replot"命令来重画，这时就可以看出其发生了作用。选取函数按钮主要有如下 4 个。

- **Sele All**：全选该类型下的所有图元。
- **Sele None**：撤销该类型下的所有图元的选取。
- **Invert**：反向选择。不选择当前已选取的图元集合，而选取当前没有选取的图元集合。
- **Sele Belo**：选取已选取图元以下的所有图元。例如，如果当前已经选取了某个面，则单击该按钮后，将选取所有属于该面的点和线。

图元选择模式的图示说明如表 2-1 所示。

表 2-1　图元选择模式的图示

说明	图示
Select.从所有数据组中选择项目	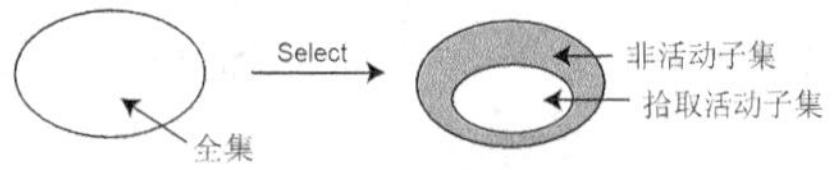
Reselect.从所选择的子集合中选择（再次）	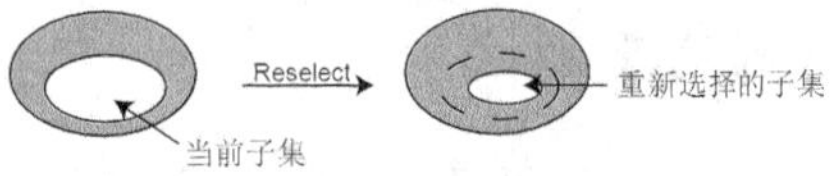
Also Select.在当前子集中加入不同的子集	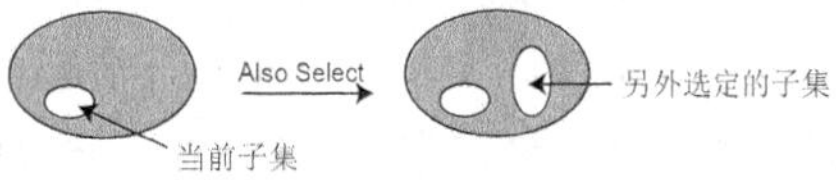
Unselect.从当前子集中减去一部分	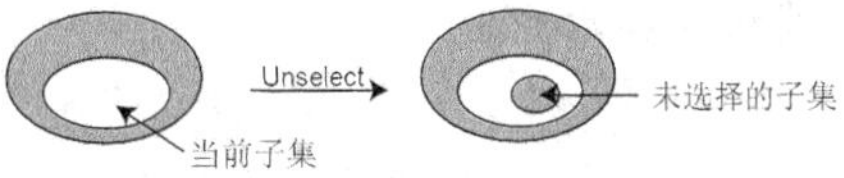
Sele All.恢复所有数据	
Sele None.吊销所有数据（与选择所有相反）	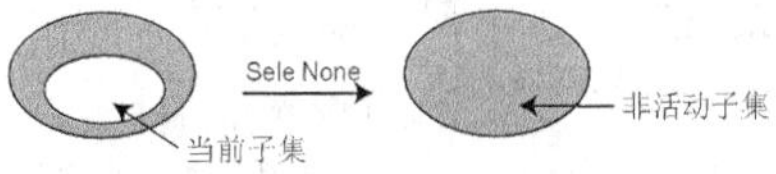
Invert.在当前激活的部分和吊销的部分之间转换	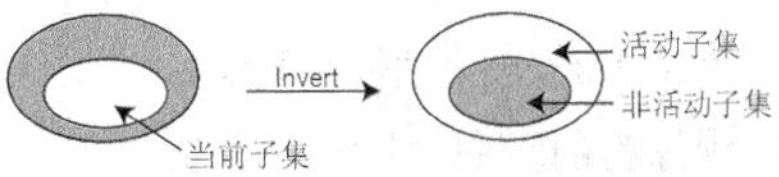

作用按钮与多数对话框中的按钮意义一样。不过在该对话框中，可以通过 Plot 和 Replot 按钮很方便地显示选择结果，因为只有那些选取的图元才会出现在图形窗口中。使用这项功能时，通常需要单击"Apply"按钮而不是"OK"按钮。

要注意的是，尽管一个图元可能属于另一个项目的图元，但这并不影响选择。例如，当选择了线集合 SL，这些线可能不包含关键点 K1，如果执行线的显示，则看不到关键点 K1，但执行关键点的显示时，K1 依然会出现，表示它仍在关键点的选择集合之中。

2．组件和部件

Select > Comp/Assembly 菜单用于对组件和部件进行选取操作。简单地说，组件就是选取的某类图元的集合，部件则是组件的集合。部件可以包含部件和组件，而组件只能包含某类图元。可以创建、编辑、列表和选择组件和部件。该子菜单可以定义某些选取集合，以后直接通过名字选取集合，或者进行其他操作。

3．全部选择

Select > Everything 子菜单用于选择模型的所有项目下的所有图元，对应的命令是 ALLSEL，ALL。若要选择某个项目的所有图元，选择 Select > Entities 命令，在打开的对话框中单击"Sele All"按钮。

Select > Everything Below 命令用于选择某种类型以及包含于该类型下的所有图元，对应的命令为"ALLSEL,BELOW"。

例如，"ALLSEL，BELOW，LINE"命令用于选择所有线及所有关键点，而"ALLSEL，BELOW，NODE"命令选取所有节点及其下的体、面、线和关键点。

要注意的是，在许多情况下，需要在整个模型中进行选取或其他操作，而程序仍保留着上次选取的集合。所以，要时刻明白当前操作的对象是整个模型或其中的子集。当用户不是很清楚时，一个好的但稍显复杂的方法是，每次选取子集并完成对应的操作后，使用 Select > Everything 命令恢复全选。

2.3.3 列表菜单

List（列表）菜单用于列出存在于数据库的所有数据，还可以列出程序在不同区域的状态信息和存在于系统中的文件内容。它将打开一个新的文本窗口，其中显示想要查看的内容。许多情况下，需要用列表菜单来查看信息。图 2-12 所示为列表显示记录文件的结果。

1．文件和状态列表

List > File > Log File 命令用于查看记录文件的内容。

List > File > Error File 命令用于列出错误信息文件的内容。

List > Status 命令用于列出各个处理器下的状态，可以获得与模型有关的所有信息。这是一个很有用的操作，对应的命令为"*STATUS"，可以列表的内容如下。

- Global Status：列出系统信息。
- Graphics：列出窗口设置信息。
- Working Plane：列出工作平面信息。如工作平面类型、捕捉设置等。
- Parameters：列出参量信息。可以列出所有参量的类型和维数，但对于数组参量，要查看其元素值时，则需要指定参量名列表。
- Preprocessor：列出预处理器下的某些信息。该菜单操作只有在预处理器下才能使用。

- Solution：列出求解器下的某些信息。该操作只有进入求解器后才能使用。
- General Postproc：列出后处理器下的某些信息。该操作只有进入通用后处理器后才能使用。
- TimeHist Postproc：列出时间历程后处理器下的某些信息。该操作只有进入时间历程后处理器后才能使用。
- Radiation Matrix：辐射矩阵。计算辐射视角因子并生成辐射矩阵用于无热分析。
- Configuration：列出整体的配置信息。它只能在开始级下使用。

2. 图元列表

List > Keypoints：用于列出关键点的详细信息。可以只列出关键点的位置，也可以列出坐标位置和属性，但它只列出当前选择的关键点，所以，为了查看某些关键点的信息，首先需要用 Utility > Select 命令选择好关键点，然后再应用该命令操作（特别是关键点很多时）。列表显示的关键点信息如图 2-13 所示。

图 2-12　列表显示记录文件的结果

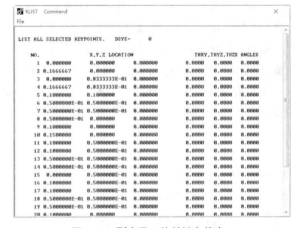

图 2-13　列表显示的关键点信息

List > Lines：用于列出线的信息，如组成线的关键点、线段长度等。

List > Areas：用于列出面的信息。

List > Volumes：用于列出体的信息。

List > Elements：用于列出单元的信息。

List > Nodes：用于列出节点信息，在打开的对话框中，可以选择是否列出节点在柱坐标中的位置，选择列表的排序方式，如以节点号排序、以 X 坐标值排序等。

List > Components：用于列出部件或者组件的内容。对于组件，将列出其包含的图元；对于部件，将列出其包含的组件或其他部件。

List > Picked Entities：一个非常有用的命令，选择该命令将打开一个选取对话框，该对话框称为模型查询选取器。可以从模型上直接选取感兴趣的图元，并查看相关信息，也可以提供简单的集合/载荷信息。当用户在一个已存在的模型上操作，或者想要施加与模型数据相关的力和载荷时，该功能特别有用。

3. 模型查询选取器

模型查询选取器的对话框如图 2-14 所示，在该选取器中，选取指示包括 Pick（选取）和 Unpick（撤销选取），可以在图形窗口中单击鼠标右键在选取和撤销选取之间进行切换。

通过选取模式，可以设置是单选图元，还是使用矩形框、圆形或其他区域选取图元。当只选取极为少量图元时，建议采用单选。当图元较多并具有一定规则时，就应当采用区域包含方式来选取。

查询项目和列表选项包括属性、距离、面积、其上的各种载荷、初始条件等，可以通过它来显示你感兴趣的项目。

选取跟踪是对选取情况的描述，例如已经选取的数目、最大和最小选取数目、当前选取的图元号。通过该选取跟踪来确认你的选取是否正确。

键盘输入选项让你决定是直接输入图元号，还是通过迭代输入。使用迭代输入时，需要输入其最小值、最大值及增长值。对于要输入较多个有一定规律的图元号时，用该方法是合适的。这时，需要先设置好键盘输入的含义，然后在文本框中输入数据。

以上方法都是通过产生一个新对话框来显示信息，也可以直接在图形窗口上显示对应信息，这就需要打开三维注释（Generate 3D Anno）功能。由于其具有三维功能，所以旋转视角后，它也能够保持在图元中的适当位置，便于查看。也可以像其他三维注释一样，修改查询注释。菜单路径为 Utility Menu > PlotCtrls > Annotation > Create 3D Annotation。

图 2-14　模型查询选取器

4. 属性列表

List > Properties 命令用于列出单元类型、实常数设置、材料属性等。

对某些 BEAM 单元，可以列出其截面属性。

对层单元，列出层属性。

对非线性材料属性，列出非线性数据表。

可以对所有项目都进行列表，也可以只对某些项目的属性列表。

5. 载荷列表

List > Loads 命令用于列出施加到模型的载荷方向、大小。这些载荷包括如下几项。

* DOF Constraints：自由度约束，可以列出全部或者指定节点、关键点、线、面上的自由度约束。
* Force：集中力，可以列出全部或者指定节点或者关键点上的集中力。
* Surface：列出节点、单元、线、面上的表面载荷。
* Body：列出节点、单元、线、面、体、关键点上的体载荷。可以列出所有图元上的体载荷，也可以列出指定图元上的体载荷。
* Inertia Loads：列出惯性载荷。
* Solid Model Loads：列出所有实体模型的边界条件。
* Initial Conditions：列出节点上的初始条件。
* Joint Element DOF Constraints：关键单元自由度约束。
* Joint Element Forces：关键单元上的集中力。

需要注意的是，上面提到的"所有"，是依赖于当前的选取状态的。这种列表有助于查看载荷施加是否正确。

6. 结果列表

List > Results 命令用于列出求解所得的结果（如节点位移、单元变形等）、求解状态（如残差、载荷步）、定义的单元表、轨线数据等。

通过对感兴趣区域的列表，来确定求解是否正确。

该列表操作只有在通用后处理器中把结果数据读入数据库后，才能进行。

7．其他列表

List > Others 命令用于对其他不便于归类的选项进行列表显示，但这并不意味着这些列表选项不重要。可以对如下项目进行列表，这些列表后面都将用到，这里不详细叙述其含义。

- Local Coord Sys：显示定义的所有坐标系。
- Master DOF：主自由度。在缩减分析时，需要用它来列出主自由度。
- Gap Conditions：缝隙条件。
- Coupled Sets：列出耦合自由度设置。
- Constraints Eqns：列出约束方程的设置。
- Parameters 和 Named Parameters：列出所有参量或者某个参量的定义及值。
- Components：列出部件或者组件的内容。
- Database Summary：列出数据库的摘要信息。
- Superelem Data：列出超单元的数据信息。

2.3.4　绘图菜单

Plot（绘图）菜单用于绘制关键点、线、面、体、节点、单元和其他可以以图形显示的数据。绘图操作与列表操作有很多对应之处，所以这里简要叙述。

- Plot > Replot 命令用于更新图形窗口，许多命令执行之后，并不能自动更新显示，所以需要该操作来更新图形显示。由于其经常使用，所以用命令方式也许更快捷。可以在任何时候输入 "/Repl" 命令重新绘制。

- Keypoints、Lines、Areas、Volumes、Nodes、Elements 命令用于绘制单独的关键点、线、面、体、节点和单元。

- Specified Entites 命令用于绘制指定图元号范围内的单元，这有利于对模型进行局部观察。也可以首先用 "Select" 选取，然后用上面提到的方法绘制。不过用 Specified Entites 命令更为简单。

- Materials 命令用于以图形方式显示材料属性随温度的变化。这种图形显示是曲线图，在设置材料的温度特性时，也有必要利用该功能来显示设置是否正确。

- Data Tables 命令用于对非线性材料属性进行图示化显示。

- Array Parameters 命令用于对数组参量进行图形显示，这时，需要设置图形显示的纵横坐标。对于 Array 数组，用直方图显示；对于 Table 形数组，则用曲线图显示。

- Result 命令用于绘制结果图。可以绘制变形图、等值线图、矢量图、轨线图、流线图、通量图、三维动画等。

- Multi-plots 命令是一个多窗口绘图指令。在建模或者其他图形显示操作中，多窗口显示有很多好处。

例如，在建模中，一个窗口显示主视图，一个窗口显示俯视图，一个窗口显示左视图，这样就能够方便观察建模的结果。在使用该菜单操作前，需要用绘图控制设置好窗口及每个窗口的显示内容。

- Components 命令用于绘制组件或部件，当设置好组件或部件后，用该操作可以方便地显示模型的某个部分。

2.3.5　绘图控制菜单

PlotCtrls（绘图控制）菜单包含了对视图、格式和其他图形显示特征的控制。许多情况下，绘图控制对于输出正确、合理、美观的图形具有重要作用。

1．观察设置

选择 PlotCtrls > Pan,Zoom,Rotate 命令，打开一个移动、缩放和旋转对话框，如图 2-15 所示。其中 Window 项表示要控制的窗口。多窗口时，需要用该下拉列表框设置控制哪一个窗口。

视角方向代表查看模型的方向，通常，查看的模型是以其质心为焦点的。可以从模型的上（Top）、下（Bot）、前（Front）后（Back）、左（Left）右（Right）方向查看模型，Iso 代表从较近的右上方查看，坐标为（1，1，1）；Obliq 代表从较远的右上方看，坐标为（1，2，3）；WP 代表从当前工作平面上查看。只需要单击对应按钮就可以切换到某个观察方向了。对三维绘图来说，选择适当的观察方向，与选取适当的工作平面具有同等重要的意义。

为了对视角进行更多控制，可以用 PlotCtrl > View Settings 命令进行设置。

缩放选项通过定义一个方框来确定显示的区域，其中，"Zoom" 按钮用于通过中心及其边缘来确定显示区域；"Box Zoom" 按钮用于通过两个方框的两个角来确定方框大小，而不是通过中心；"Win Zoom" 按钮也是通过方框的中心及其边缘来确定显示区域的大小，但与 "Box Zoom" 不同，它只能按当前窗口的宽高比进行缩放；"Back Up" 按钮用于返回上一个显示区域。

移动、缩放按钮中，点号代表缩放，三角代表移动。

旋转按钮代表了围绕某个坐标旋转，正号表示以坐标的正向为转轴。

速率滑动条代表了操作的程度。速率越大，每次操作缩放、移动或旋转的程度越大，速率的大小依赖于当前显示需要的精度。

动态模式表示可以在图形窗口中动态地移动、缩放和旋转模型。其中有如下两个选项。

- Model：在 2D 图形设置下，只能使用这种模式。在图形窗口中，按下左键并拖动就可以移动模型，按下右键并拖动就可以旋转模型，按下中键（对两键鼠标，用 Shift+右键）左右拖动表示旋转，按下中键上下拖动表示缩放。

- Lights：该模式只能在三维设备下使用。它可以控制光源的位置、强度及模型的反光率；按下左键并拖动鼠标沿 X 方向移动时，可以增加或减少模型的反光率；按下左键并拖动鼠标沿 Y 方向移动时，将改变入射光源的强度。按下右键并拖动鼠标沿 X 方向移动时，将使得入射光源在 X 方向旋转。按下右键并拖动鼠标沿 Y 方向移动时，将使得入射光源在 Y 方向旋转。按下中键并拖动鼠标沿 X 方向移动时，将使得入射光源在 Z 方向旋转。按下中键并拖动鼠标沿 Y 方向移动时，将改变背景光的强度。可以使用动态模式方便地得到需要的视角和大小，但可能不够精确。

可以不打开 "Pan,Zoom,Rotate" 对话框直接进行动态缩放、移动和旋转。操作方法为按住<Ctrl>键不放，图形窗口上将出现动态图标，然后就可以拖动鼠标左键、中键、右键进行缩放、移动或者旋转了。

2．数字显示控制

PlotCtrls > Numbering 命令用于设置在图形窗口上显示的数字信息。它也是经常使用的一个命令，选择该命令打开的对话框如图 2-16 所示。

该对话框设置是否在图形窗口中显示图元号，包括关键点号（KP）、线号（LINE）、面号（AREA）、体号（VOLU）、节点号（NODE）。

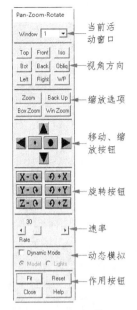

图 2-15 移动、缩放和旋转对话框

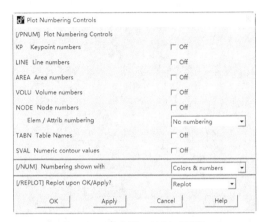

图 2-16 数字显示控制对话框

对于单元，可以设置显示的多项数字信息，如单元号、材料号、单元类型号、实常数号、单元坐标系号等，需要在"Elem/Attrib numbering"选项下进行选择。

TABN 选项用于显示表格边界条件。当设置了表格边界条件，并打开该选项时，则表格名将显示在图形上。

SVAL 选项用于在后处理中显示应力值或者表面载荷值。

/NUM 选项控制是否显示颜色和数字，有如下 4 种方式。

- Colors & numbers：既用颜色又用数字标识不同的图元。
- Colors Only：只用颜色标识不同图元。
- Numbers Only：只用数字标识不同图元。
- No color/numbers：不标识不同图元，在这种情况下，即使设置了要显示图元号，图形中也不会显示。

通常，当需要对某些具体图元进行操作时，打开该图元数字显示，便于通过图元号进行选取。例如，想对某个面加表面载荷，但又不知道该面的面号时，就打开面（AREA）号的显示。但要注意：不要打开过多的图元数字显示，否则图形窗口会很凌乱。

3. 符号控制

PlotCtrls > Symbols 菜单用于决定在图形窗口中是否出现某些符号。包括边界条件符号（/PBC）、表面载荷符号（/PSF）、体载荷符号（/PBF）以及坐标系、线和面的方向线等符号（/PSYMB）。这些符号在需要的时候能提供明确的指示，但当不需要时，它们可能使图形窗口看起来很凌乱，所以在不需要时最好关闭它们。

符号控制对话框如图 2-17 所示。该对话框对应了多个命令，每个命令都有丰富的含义，对于更好地建模和显示输出具有重要意义。

4. 样式控制

PlotCtrls > Style 子菜单用于控制绘图样式。它包含的命令如图 2-18 所示，在每个样式控制中都可以指定这种控制所适用的窗口号。

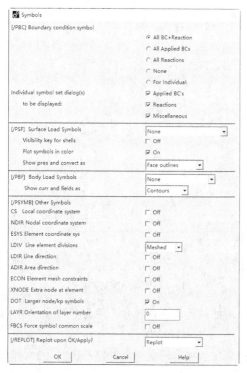

图 2-17　符号控制对话框

图 2-18　绘图样式子菜单

Hidden Line Options 命令用于设置隐藏线选项，其中有 3 个主要选项：显示类型、表面阴影类型和是否使用增强图形功能（PowerGraphics）。显示类型包括如下几种。

- BASIC 型（Non-Hidden）：没有隐藏，也就是说，可以透过截面看到实体内部的线或面。
- SECT 型（Section）：平面视图，只显示截面。截面要么垂直于视线，要么位于工作平面上。
- HIDC 型（Centroid Hidden）：基于图元质心类别的质心隐藏显示，在这种显示模式下，物体不存在透视，只能看到物体表面。
- HIDD 型（Face Hidden）：面隐藏显示。与 HIDC 类似，但它是基于面质心的。
- HIDP 型（Precise Hidden）：精确显示不可见部分。与 HIDD 相同，只是其显示计算更为精确。
- CAP 型（Capped Hidden）：SECT 和 HIDD 的组合，也就是说，在截面之前，存在透视，在截面之后，则不存在。
- ZBUF 型（Z-buffered）：类似于 HIDD，但是截面后还能看出物体的边线。
- ZCAP 型（Capped Z-buffered）：ZBUF 和 SECT 的组合。
- ZQSL 型（Q-Slice Z-buffered）：类似于 SECT，但是截面后不能看出物体的边线。
- HQSL 型（Q-Slice precise）：类似于 ZQSL，但是计算更精确。

Size and Shape 命令用于控制图形显示的尺寸和形状，如图 2-19 所示。主要控制收缩（Shrink）和扭曲（Distortion），通常情况下，不需要设置收缩和扭曲，但对细长体结构（如流管等），用该选项能够更好地观察模型。此外，还可以控制每个单元边上的显示，例如：设置/EFACET 为 2，当在单元显示时，如果通过 Utility Menu > PlotCtrls > Numbering 命令设置显示单元号，则在每个单元边上显示两个面号。

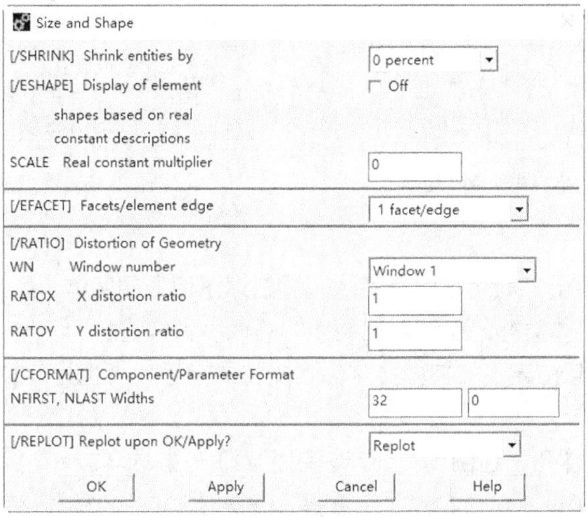

图 2-19　图形显示的尺寸和形状控制

　　Contours 命令用来控制等值线显示，包括控制等值线的数目、所用值的范围及间隔、非均匀等值线设置、矢量模式下等值线标号的样式等。

　　Graphs 命令用于控制曲线图。当绘制轨线图或者其他二维曲线图时，这是很有用的，它可以用来设置曲线的粗细，修改曲线图上的网格，设置坐标和图上的文字等。

　　Colors 命令用来设置图形显示的颜色，可以设置整个图形窗口的显示颜色，曲线图、等值线图、边界、实体、组件等颜色。在这里，还可以自定义颜色表。但通常情况下，用系统默认的颜色设置就可以了。还可以选择 Utility Menu：PlotCtrls > Style > Color > Reverse Video 命令反白显示，当要对屏幕硬复制时，并且打印输出并非彩色时，原来的黑底并不适合，这时需要首先把背景设置为黑色，然后用该命令使其变成白底。

　　Light Source 命令用于光源控制，Tanslucency 命令用于半透明控制，Texturing 命令用于纹理控制，都是为了增强显示效果的。

　　Background 命令用于设置背景。通常用彩色或者带有纹理的背景能够增加图形的表现力，但是在某些情况下，则需要使图形变得更为简单朴素，这依赖于用户的需要。

　　Multilegend Options 命令用于设置当存在多个图例时，这些图例的位置和内容。文本图例设置的对话框如图 2-20 所示，其中 WN 代表图例应用于哪一个窗口，Class 代表图例的类型，Loc 用于设置图例在整个图形中的相对位置。

　　Displacement Scaling 命令用于设置位移显示时的缩放因子。对绝大多数分析而言，物体的位移（特别是形变）都不大，与原始尺寸相比，形变通常在 0.1%以下，如果真实显示形变的话，根本看不出来形变，该选项就是用来设置形变缩放的。它在后处理的 Main Menu > General Postproc > Plot Results > Deformed Shape 命令中尤其有用。

　　Floating Point Format 命令用于设置浮点数的图形显示格式，该格式只影响浮点数的显示，而不会影响其内在的值。可以选择 3 种格式的浮点数：G 格式、F 格式和 E 格式。可以为显示浮点数设置字长和小数点的位数，如图 2-21 所示。

　　Vector Arrow Scaling 命令用于画矢量图时，设置矢量箭头的长度是依赖于值的大小，还是使用统一的长度。

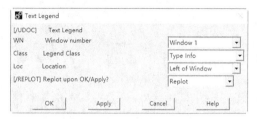

图 2-20　文本图例的设置　　　　图 2-21　浮点数格式设置

5. 字体控制

Font Controls 命令用于控制显示的文字形式。包括图例上的字体、图元上的字体、曲线图和注释字体。不但可以控制字体类型、还可以控制字体的大小和样式。

遗憾的是，ANSYS 目前还不支持中文字体，支持的字号大小也为数较少。

6. 窗口控制

Windows Controls 命令用于控制窗口显示，包括如下一些内容。

Windows Layout 用于设置窗口布局，主要是设置某个窗口的位置，可以设置为 ANSYS 预先定义好的位置，如上半部分，右下部分等；也可以将其放置在指定位置，只需要在打开的对话框的 Window geometry 下拉列表框中选中"Picked"单选按钮，单击"OK"按钮后，再在图形窗口上单击两个点作为矩形框的两个角点，这两个角点决定的矩形框就是当前窗口。

Window Options 用于控制窗口的显示内容，包括是否显示图例、如何显示图例、是否显示标题、是否显示 Windows 边框、是否自动调整窗口尺寸，是否显示坐标指示，以及 ANSYS 产品标志如何显示等。

Window On 或 Off 用于打开或者关闭某个图形窗口。

还可以创建、显示和删除图形窗口，可以把一个窗口的内容复制到另一个窗口中。

7. 动画显示

PlotCtrls > Animate 命令控制或者创建动画。可以创建的动画包括形状和变形、物理量随时间或频率的变化显示、Q 切片的等值线图或者矢量图、等值面显示、粒子轨迹等。但是，不是所有的动画显示都能在任何情况下运行，如物理量随时间变化就只能对瞬态分析时可用，随频率变化只能在谐波分析时可用，粒子轨迹图只能在流体和电磁场分析中可用。

8. 注释

PlotCtrls > Annotation 命令用于控制、创建、显示和删除注释。可以创建二维注释，也可以创建三维注释。三维注释使其在各个方向上都可以看见。

注释有多种，包括文字、箭头、符号、图形等。创建三维符号注释创建对话框如图 2-22 所示。

注释类型包括 Text（文本）、Lines（线）、Areas（面）、Symbols（符号）、Arrows（箭头）和 Options（选项）。可以只应用一种，也可以综合应用各种注释方式，来对同一位置或者同一项目进行注释。

位置方式用来设置注释定位于什么图元上。可以定位注释在节点、单元、关键点、线、面和体图元上，也可以通过坐标位置来定位注释的位置，或者锁定注释在当前视图上。如果选定的位置方式是坐标方式，就要求从输入窗口输入注释符号放置的坐标，当使用 On Node 时，就可以通过选取节点或者输入节点来设置注释位置。

符号样式用来选取想要的符号，包括线、空心箭头、实心圆、实心箭头和星号。当在注释类型中选择其他类型时，该符号样式中的选项是不同的。

符号尺寸用来设置符号的大小拖动滑动条到想要的大小。这是相对大小，可以尝试变化来获得想要的值。

宽度指的是线宽，只对线和空心箭头有效。

作用按钮控制是否撤销当前注释（Undo）、是否刷新显示（Refresh）、是否关闭该对话框（Close），以及是否需要帮助（Help）。

当在注释类型中选择"Options"选项时对话框如图 2-23 所示。在该选项中，可以复制（Copy）、移动（Move）、尺寸重设（Resize）、删除（Delete 和 Box Delete）注释，Delete All 用于删除所有注释。"Save"和"Restore"按钮用于保存或者恢复注释的设置及注释内容。

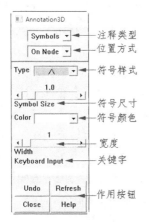

图 2-22　三维符号注释创建对话框　　　　图 2-23　注释类型选项对话框

9. 设备选项

PlotCtrls > Device Options 子菜单中，有一个重要选项"/DEVI"，它控制是否打开矢量模式，当矢量模式打开时，物体只以线框方式显示；当矢量模式关闭光栅模式打开时，物体将以光照样式显示。

10. 图形输出

ANSYS 提供了 3 种图形输出功能：重定向输出、硬复制、输出图元文件。

PlotCtrls > Redirect Plots 命令用于重定向输出。当在 GUI 方式时，默认情况下，图形输出屏幕。可以利用重定向功能使其输出到文件中。输出的文件类型有很多种，如 JPEG、TIFF、GRPH、PSCR 和 HPGL 等。在批处理方式下运行时，多采用该方式。

PlotCtrls > Hard Copy > To Printer 命令用于把图形硬复制并输出打印机。它提供了图形打印功能。

PlotCtrls > Hard Copy > To File 命令用于把图形硬复制并输出文件，在 GUI 方式下，用该方式能够方便地把图形输出文件，并且能够控制输出图形的格式和模式。这种方式下，支持的文件格式有 BMP、Postscript、TIFF 和 JPEG。

PlotCtrls > Captrue Image 命令用于获取当前窗口的快照，然后保存或打印；PlotCtrls > Restore Image 命令用于恢复图像，结合使用这两个命令，可以把不同结果同时显示，以方便比较。

PlotCtrls > Write Metatile 命令用于把当前窗体内容作为图元文件输出，它只能在 Win32 图形设备下使用。

2.3.6　工作平面菜单

WorkPlane（工作平面）菜单用于打开、关闭、移动、旋转工作平面或者对工作平面进行其他操作，还可以对坐标系进行操作。图形窗口上的所有操作都是基于工作平面的，对三维模型来说，工作平面相当于一个截面，用户的操作可以只在该截面上（面命令、线命令等），也可以针对该截面及其纵深。

1. 工作平面属性

WorkPlane > WP Settings 命令用于设置工作平面的属性，选择该命令，打开"WP Settings"对话框，这是经常使用的一个对话框，如图 2-24 所示。

坐标形式代表了工作平面所用的坐标系，可以选择 Cartesian（直角坐标系）或 Polar（极坐标系）。

显示选项用于确定的工作平面的显示方式。可以显示栅格和坐标三元素（坐标原点、X 轴方向、Y 轴方向）、也可以只显示栅格（GridOnly）或者坐标三元素（Triad Only）。

捕捉模式决定是否打开捕捉。当打开时，可以设置捕捉的精度（即捕捉增量 Snap Incr 或 Snap Ang），这时，只能在坐标平面上选取从原点开始的，坐标值为捕捉增量倍数的点。要注意的是，捕捉增量只对选取有效，对键盘输入是没有意义的。

当在显示选项中设置要显示栅格时，可以用栅格设置来设置栅格密度。通过设置栅格最小值（Minimum）、最大值（Maximum）和栅格间隙（Spacing），来决定栅格密度。通常情况下，不需要把栅格设置到整个模型，只要在感兴趣的区域产生栅格就可以了。

容差（Tolerance）的意义是：如果选取的点不在工作平面上，而是在工作平面附近，那么，为了在工作平面上选取到该点，就必须要移动工作平面。这时可以通过设置适当的容差，实现在工作平面附近选取该点。当设置容差为 δ 时，容差平面就是工作平面向两个方向的偏移。从而所有容差平面间的点都被看成是在工作平面上，可以被选取到，如图 2-25 所示。

WorkPlane > Show WP Status 命令用于显示工作平面的设置情况。

WorkPlane > Display Working Plane 是一个开关命令，用来打开或者关闭工作平面的显示。

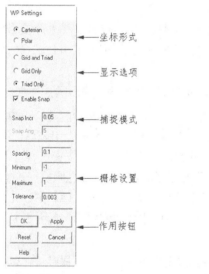

图 2-24　设置工作平面

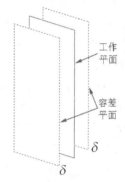

图 2-25　容差的意义

2. 工作平面的定位

使用 WorkPlane > Offset WP by Increment 或 Offset WP to 或 Align WP with 命令，可以把工作平面设置到某个方向和位置。

Offset WP by Increment 命令直接设置工作平面原点相对于当前平面原点的偏移，方向相对于当前平面方向的旋转。可以直接输入偏移和旋转的大小，也可以通过其按钮进行。

Offset WP to 命令用于偏移工作平面原点到某个指定的位置，可以把原点移动到全局坐标系或当前坐标原点，也可以设置工作平面原点到指定的坐标点、关键点或节点。当指定多个点时，原点将位于这些点的中心位置。

Align WP with 命令可以通过 3 个点构成的平面来确定工作平面，其中第一个点为工作平面的原点。既可以让工作平面垂直于某条线，也可以设置工作平面与某坐标系一致。此时，不但其原点在坐标原点，平面方向也与坐标方向一致，而 Offset WP to 命令则只改变原点，不改变方向。

3．坐标系

坐标系在 ANSYS 建模、加载、求解和结果处理中有重要作用。ANSYS 区分了很多坐标系，如结果坐标系、显示坐标系、节点坐标系、单元坐标系等。这些坐标系可以使用全局坐标系，也可以使用局部坐标系。

WorkPlane > Local Coordinate Systems 命令提供了对局部坐标系的创建和删除。局部坐标系是用户自己定义的坐标系，能够方便用户建模。可以创建直角坐标系、柱坐标系、球坐标系、椭球坐标系和环面坐标系。局部坐标号一定要大于 10，一旦创建了一个坐标系，它立刻会成为活动坐标系。

可以设置某个坐标系为活动坐标系（选择 Utility Menu > WorkPlane > Change Active CS to 命令）；也可以设置某个坐标系为显示坐标系（选择 Utility Menu > WorkPlane > Change Display CS to 命令）；还可以显示所有定义的坐标系状态（选择 Utility Menu > List > Other > Local Coord Sys 命令）。

不管位于什么处理器中，除非做出明确改变，否则当前坐标系将一直保持为活动。

2.3.7　参量菜单

Parameters（参量）菜单用于定义、编辑或者删除标量、矢量和数组参量。对那些经常要用到的数据或符号，以及从 ANSYS 中要获取的数据，都需要定义参量，参量是 ANSYS 参数设计语言（APDL）的基础。

如果已经大量采用 Parameters 菜单来创建模型、获取数据或输入数据，那么你的 ANSYS 水平应该不错了，这时，使用命令输入方式也许能更快速有效地建模。

1．标量参量

选择 Parameters > Scalar Parameters 命令将打开一个标量参量的定义、修改和删除对话框，如图 2-26 所示。

用户只需要在"Selection"文本框中输入要定义的参量名及其值就可以定义一个参量。重新输入该变量及其值就可以修改它，也可以在"Items"下拉列表框中选择参量，然后在"Selection"文本框中修改值。要删除一个标量有两种方法，一是单击"Delete"按钮，二是输入某个参量名，但不对其赋值。例如，在 Selection 文本框中输入"GRAV="，按 Enter 键之后，将删除 GRAV 参量。

Parameters > Get Scalar Data 命令用于获取 ANSYS 内部的数据，如节点号、面积、程序设置值、计算结果等。要对程序运行过

图 2-26　标量参量对话框

程控制或者进行优化等操作时，就需要从 ANSYS 程序内部获取值，以进行与程序内部过程的交互。

2．数组参量

Parameters > Array Parameters 命令用于对数组参量进行定义、修改或删除，与标量参量的操作相似。但是，标量参量可以不事先定义而直接使用，数组参量则必须事先定义，包括定义其维数。

ANSYS 除了提供通常的数组 ARRAY，还提供了一种称为表数组的参量 TABLE。表数组包含整数或者实数元素。它们以表格方式排列，基本上与 ARRAY 数组相同，但有以下 3 点重要区别。

- 表数组能够通过线性插值方式，计算出两个元素值之间的任何值。
- 一个表包含了 0 行和 0 列，作为索引值；与 ARRAY 不同的是，该索引参量可以为实数。但这

些实数必须定义，如果不定义，则默认对其赋予极小值（7.88860905210^{-31}），并且要以增长方式排列。

- 一个页的索引值位于每页的（0，0）位置。

简单地说，表数组就是在 0 行 0 列加入了索引的普通数组。其元素的定义也像普通数组一样，通过整数的行列下标值可以在任何一页中修改，但该修改将应用到所有页。

ANSYS 提供了大量对数组元素赋值的命令，包括直接对元素赋值（Parameters > Array Parameters > Define/Edit）、把矢量赋给数组（Parameters > Array Parameters > Fill）、从文件数据（Parameters > Get Array Data）。

Parameters > Array Operations 命令能够对数组进行数学操作，包括矢量和矩阵的数学运算、一些通用函数操作和矩阵的傅里叶变换等。

3. 函数定义和载入

Parameters > Functions > Define/Edit··· 命令用于定义和编辑函数，并将其保存到文件中。

Parameters > Functions > Read from file 命令用于将函数文件读入 ANSYS，与上面的命令配合使用，在加载方面具有特别简化的作用，因为该方式允许定义复杂的载荷函数。

例如，当某个平面载荷是距离的函数，而所有坐标系为直角坐标系时，就需要得到任何一点到原点的距离，如果不作用自定义函数，就会有很多重复输入，但是函数定义则能够相对简化，具体步骤如下。

（1）选择 Parameters > Functions > Define/Edit··· 命令，打开 "Function Editor" 对话框，输入或者通过单击界面上的按钮，使得 "Result=" 文本框中的内容为 SQRT({X}^2+{Y}^2)*PCONST，如图 2-27 所示。需要注意的是，尽管可以用输入的方法得到表达式，但是当不确定基本自变量时，建议还是采用单击按钮和选择变量的方式来输入。例如，对结构分析来说，基本自变量为时间（TIME）、位置（X、Y、Z）和温度（TEMP），所以，在定义一个压力载荷时，就只能使用以上 5 个基本自变量，尽管在定义函数时也可以定义其他的方程自变量（Equation Variable），但在实际使用时，这些自变量必须提前赋值，如图 2-27 所示中的 PCONST 变量。也可以定义分段函数，这时需要定义每一段函数的分段变量及范围。用于分段的变量必须在整个分段范围内是连续的。

（2）选择 File > Save 命令，在打开的对话框中设置自定义函数的文件名。假设本函数保存的文件名为 PLANEPRE.FUNC。

（3）选择 Parameters > Functions > Read from file 命令从文件中读入函数，作为载荷边界条件读入程序。在打开的对话框中输入图 2-28 所示的内容。

图 2-27　函数定义

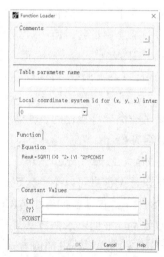

图 2-28　函数载入

（4）单击"OK"按钮，就可以把函数所表达的压力载荷施加到选定的区域上了。

4. 参量存储和恢复

为了在多个工程中共享参量，需要保存或者读取参量。

Parameters > Save Parameters 命令用于保存参量。参量文件是一个 ASCII 码文件，其扩展名默认为 parm。参量文件中包含了大量 APDL 命令"*SET"。所以，也可以用文本编辑器对其进行编辑。以下是一个参量文件。

```
/NOPR
*SET,A          ,    10.00000000000
*SET,B          ,    254.0000000000
*SET,C          ,    'string '
*SET,_RETURN    ,    0.000000000000E+00
*SET,_STATUS    ,    1.000000000000
*SET,_ZX        ,    '       '
/GO
```

其中，"/NOPR"命令用于禁止随后命令的输出，"/GO"命令用于打开随后命令的输出。在 GUI 方式下，使用/NOPR 命令，后续输入的操作就不会在输出窗口上显示。

Parameters > Restore Parameters 命令用于读取参量文件到数据库中。

2.3.8 宏菜单

Macro（宏）菜单用于创建、编辑、删除或者运行宏或数据块。也可以对缩略词（对应于工具条上的快捷按钮）进行修改。

宏是包含一系列命令集合的文件，这些命令序列通常能完成特定功能。可以把多个宏包含在一个文件中，该文件称为宏库文件，这时每个宏就称为数据块。

一旦创建了宏，该宏事实上相当于一个新的 ANSYS 命令。如果使用默认的宏扩展名，并且宏文件在 ANSYS 宏搜索路径之内，则可以像使用其他 ANSYS 命令一样直接使用宏。

1. 创建宏

Macro > Create Macro 命令用于创建宏。采用这种方式时，可以创建最多包含 18 条命令的宏。如果宏比较简短，采用这种方式创建是方便的；但如果宏很长，则使用其他文本编辑器创建更好一些。这时，只需要把命令序列加入文件即可。

宏文件名可以是任意与 ANSYS 不冲突的文件名，扩展名也可以是任意合法的扩展名。但使用 MAC 作为扩展名时，就可以像其他 ANSYS 命令一样执行。

宏库文件可以使用任何合法的扩展名。

2. 执行宏

Macro > Execute Macro 命令用于执行宏文件。

Macro > Execute Data Block 命令用于执行宏文件中的数据块。

为了执行一个不在宏搜索路径内的宏文件或者宏库文件，需要选择 Macro > Macro Search Path 命令以使 ANSYS 能搜索到它。

3. 缩略词

Macro > Edit Abbreviations 命令用于编辑缩略词，以修改工具条。默认的缩略词（即工具条上的按钮）有 4 个：SAVE_DB、RESUM_DB、QUIT 和 POWRGRPH，如图 2-29 所示。

可以在输入窗口中直接输入缩略词定义，也可以在如图 2-29 所示的对话框的"Selection"文本框中输入。但是要注意，使用命

图 2-29 工具条编辑对话框

令方式输入时，需要更新才能添加缩略词到工具条上（更新命令为 Utility Menu：MenuCtrl > Update Toolbar）。输入缩略词的语法如下。

```
*ABBR,abbr,string
```

其中，abbr 是缩略词名，也就是显示在工具条按钮上的名称，abbr 是超不过 8 位的字符串。string 是想要执行的命令或宏，如果 string 是宏，则该宏一定要位于宏搜索路径之中，如果 string 是选取菜单或者对话框，则需要加入"Fnc_"标志，表示其代表的是菜单函数，例如：

```
*ABBR,QUIT,Fnc_/EXIT
```

string 可以包含多达 60 个字符，但是，它不能包含字符"$"和如下命令：C**、/COM、/GOPR、/NOPR、/QUIT、/UI 或者*END。

工具条可以嵌套，也就是说，某个按钮可能对应了一个打开工具条的命令，这样一来，尽管每个工具条上最多可以有 100 个按钮，但理论上可以定义无限多个按钮（缩略词）。

需要注意的是，缩略词不能被自动保存，必须选择 Macro > Save Abbr 命令来保存缩略词。并且退出 ANSYS 后重新进入时，需要选择 Macro > Restore Abbr 命令对其重新加载。

2.3.9　菜单控制菜单

MenuCtrls（菜单控制）菜单可以设置菜单可见，设置是否使用机械工具条（Mechanical Toolbar），也可以创建、编辑或删除工具条上的快捷按钮，并输出信息。

可以创建自己喜欢的界面布局，然后选择 MenuCtrls > Save Menu Layout 命令保存它，下次启动时，将显示保存的布局。

MenuCtrls > Message Controls 命令用于控制显示和程序运行，选择该命令打开的对话框如图 2-30 所示。

图 2-30　信息控制对话框

其中，"NMERR"文本框用于设置每个命令的最大显示警告和错误信息个数。当某个命令的警告和错误个数超过 NMABT 值时，程序将退出。

2.4　输入窗口

图 2-31　输入窗口

输入窗口（Input Window）主要用于直接输入命令或其他数据，输入窗口包含了 4 个部分，如图 2-31 所示。

● 文本框：用于输入命令。

● 提示区：在文本框与历史记录框之间，提示当前需要进行的操作，要经常注意提示区的内容，以便能够按顺序正确输入或进行其他操作（如选取）。

- 历史记录框：包含所有之前输入的命令。在该框中单击某选项就会把该命令复制到文本框中，双击则会自动执行该命令。ANSYS 提供了用键盘的上下箭头来选择历史记录的功能，也可以用上下箭头选择命令。
- 垂直滚动条：方便选取历史记录框内的内容。

2.5 主菜单

主菜单（Main Menu）包含了不同处理器下的基本 ANSYS 操作。它基于操作的顺序排列，同样，应该在完成一个处理器下的操作后再进入下一个处理器。当然，用户也可以随时进入任何一个处理器，然后退出再进入其他处理器（但这不是一个好习惯，应该是做好详细规划，然后按部就班地进行。这样才能使程序具有可读性，并降低程序运行错误的概率）。

主菜单中的所有函数都是模态的，完成一个函数之后才能进行另外的操作，而通用菜单则是非模态的。例如，如果在工作平面上创建关键点，那么不能同时创建线、面或体，但是可以利用通用菜单定义标量参数。

主菜单的每个命令都有一个子菜单（用"＞"号指示），或者可以执行一项操作。主菜单不支持快捷键。默认主菜单提供了 11 类菜单主题，这里介绍最主要的 7 种，如图 2-32 所示。

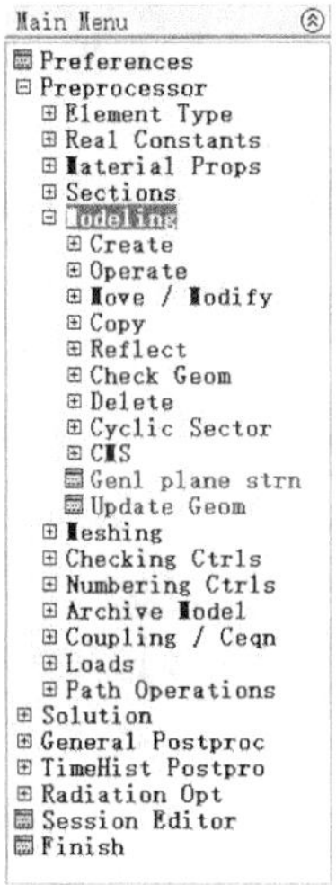

- Preferences（优选项）：打开一个对话框，可以选择某个学科的有限元方法。系统默认选择所有学科，通常设置分析学科为一个或几个，为以后的操作提供较大方便。
- Preprocessor（预处理器）：包含 PREP7 操作，如建模、分网和加载等，但是在本书中，把加载作为了求解器中的内容。求解器中的加载菜单与预处理器中的加载菜单相同，两者都对应了相同的命令，并无差别。以后涉及加载时，将只列出求解器中的菜单路径。
- Solution（求解器）：包含 SOLUTION 操作，如分析类型选项、加载、载荷步选项、求解控制和求解等。
- General Postproc（通用后处理器）：包含了 POST1 后处理操作，如结果的图形显示和列表。

图 2-32 主菜单

- TimeHist Postpro（时间历程后处理器）：包含了 POST26 的操作，如对结果变量的定义、列表或者图形显示。
- Session Editor（记录编辑器）：用于查看在保存或恢复之后的所有操作记录。
- Finish（结束）：退出当前处理器，回到开始级。

2.5.1 优选项

优选项（Preferences）选择分析任务涉及的学科，以及在该学科中所用的方法，如图 2-33 所示。该步骤可以不选，但会导致在以后的分析中，面临一大堆选择项目。所以，让优选项过滤掉你不需要的选项是明智的办法。尽管系统默认的是所有学科，但这些学科并不是都能同时使用。例如，不可以把流体动力学（FLOTRAN）单元和其他某些单元同时使用。

在学科方法中，P-Method 方法是高阶计算方法，通常比 H-Method 方法具有更高的精度和收敛性，但是，该方法消耗的计算时间比后者增加很多，且不是所有学科都适用 P-Method 方法，只有在结构静力分析、热稳态分析、电磁场分析中可用，其他场合下都采用 H-Method 方法。

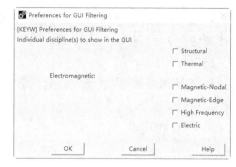

图 2-33　优选对话框

2.5.2　预处理器

预处理器（Preprocessor）提供了建模、分网和加载的函数。选择 Main Menu > Preprocessor 命令或在命令输入窗口中输入"/PREP7"，都将进入预处理器，不同的是，命令方式并不打开预处理菜单。

预处理器的主要功能包括单元定义、实体建模、分网。

1. 单元定义

Element Type 用于定义、编辑或删除单元。如果单元需要设置选项，用该方法比用命令方法更为直观方便。

不可以把单元从一种类型转换到另一种类型，或者为单元添加或删除自由度。单元的转换可以在如下情况下进行：隐式单元和显式单元之间、热单元和结构单元之间、磁单元转换到热单元、电单元转换到结构单元、流体单元转换到结构单元。其他形式的转换都是不合法的。

ANSYS 单元库中包含了 100 多种不同单元，单元是根据不同的号和前缀来识别的。不同前缀代表不同单元种类，不同的号代表该种类中的具体单元形式。如 BEAM4、PLANE7、SOLID96 等。ANSYS 中有如下一些种类的单元：BEAM、COMBIN、CONTAC、FLUID、HYPER、INFIN、LINK、MASS、MATRIX、PIPE、PLANE、SHELL、SOLID、SOURC、SURF、TARGE、USER、INTER 和 VISCO。

具体选择何种单元，由以下一些因素决定。

- 分析学科：如结构、流体、电磁等。
- 分析物体的几何性质：是否可以近似为二维。
- 分析的精度：是否线性。

举例来说，MASS21 是一个点单元，有 3 个平移自由度和 3 个转动自由度，能够模拟 3D 空间。而 FLUID79 用于器皿内的流体运动，它只有两个自由度 UX、UY，所以它只能模拟 2D 运动。

可以通过 Help > HelpTopic > Elements 命令来查看哪种单元适合当前的分析。但是，这种适合并不是绝对的，可能有多种单元都适合分析任务。

必须定义单元类型。一旦定义了某个单元，就定义了其单元类型号，后续操作将通过单元类型号来引用该单元。这种类型号与单元之间的对应关系称为单元类型表，单元类型表可以通过菜单命令来显示和指定：Main Menu > Preprocessor > Modeling > Create > Elements > Elem Attributes。

单元只包含了基本的几何信息和自由度信息，但在分析中，单元代表了物体，所以还可能具有其他一些几何和物理信息。这种单元本身不能描述的信息用实常数（Real Constants）来描述。如 Beam 单元的截面积（AREA），Mass 单元的质量（MASSX、MASSY、MASSZ）等。但不是所有的单元都需要实常数，如 PLANE42 单元在默认选项下就不需要实常数。某些单元只有在某些选项设置下才需要实常数，如 PLANE42 单元，设置其 Keyopt(3)=3，就需要平面单元的厚度信息。

Material Props 用于定义单元的材料属性。每个分析任务都针对具体的实体，这些实体都具有物理特性，所以，大部分单元类型都需要材料属性。材料属性可以分为如下几种。

- 线性材料和非线性材料。
- 各向同性、正交各向异性和非弹性材料。
- 温度相关和温度无关材料。

2. 实体建模

Main Menu > Preprocessor > Modeling > Create 命令用于创建模型（可以创建实体模型，也可以直接创建有限元模型，这里只介绍创建实体模型）。ANSYS 中有两种基本的实体建模方法。

自底向上建模：首先创建关键点，它是实体建模的顶点。然后把关键点连接成线、面和体。所有关键点都是以笛卡儿直角坐标系上的坐标值定义的，但并不是必须按顺序创建。例如，可以直接连接关键点为面。

自顶向下建模：利用 ANSYS 提供的几何原形创建模型，这些原型是完全定义好了的面或体。创建原型时，程序自动创建较低级的实体。

使用自底向上还是自顶向下的建模方法取决于习惯和问题的复杂程度，通常情况是同时使用两种方式才能高效建模。

Preprocessor > Modeling > Operate 命令用于模型操作，包括拉伸、缩放和布尔操作。布尔操作对于创建复杂形体很有用，可用的布尔操作包括相加（Add）、相减（Subtract）、相交（Intersect）、分解（Divide）、合并（Glue）、搭接（Overlap）等，不仅适用于简单原型的图元，也适用于从 CAD 系统输入的其他复杂几何模型。在默认情况下，布尔操作完成后输入的图元将被删除，被删除的图元编号变成空号，这些空号将被赋给新创建的图元。

尽管布尔操作很方便，但很耗机时。也可以通过布尔操作直接对模型进行拖动和旋转。例如拉伸（Extrude）或旋转一个面，就能创建一个体。对存在相同部分的复杂模型，可以使用复制（Copy）和镜像（Reflect）。

Preprocessor > Modeling > Move/Modify 命令用于移动或修改实体模型图元。

Preprocessor > Modeling > Copy 命令用于复制实体模型图元。

Preprocessor > Modeling > Reflect 命令用于镜像实体模型图元。

Preprocessor > Modeling > Delete 命令用于删除实体模型图元。

Preprocessor > Modeling > Check Geom 命令用于检查实体模型图元，如选取短线段、检查退化、检查节点或关键点之间的距离。

在修改和删除模型之前，如果较低级的实体与较高级的实体相关联（如点与线相关联），那么，除非删除高级实体，否则不能删除低级实体。所以，如果不能删除单元和单元载荷，则不能删除与其相关联的体；如果不能删除面，则不能删除与其相关联的线。模型图元的级别如表 2-2 所示。

表 2-2　图元级别

级别	单元和单元载荷
最高级	节点和节点载荷
	体和实体模型体载荷
↓	面和实体模型表面载荷
	线和实体模型线载荷
最低级	关键点和实体模型点载荷

3．分网

一般情况下，由于形体的复杂性和材料的多样性，需要多种单元，所以，在分网前，定义单元属性是很有必要的。

Preprocessor >Meshing > MeshTool 命令用于分网。它将常用分网选项集中到一个"MeshTool（网格工具）"对话框中，如图 2-34 所示。该对话框能够帮助完成几乎所有的分网工作。单元属性用于设置整个或某个图元的单元属性，首先在下拉列表框中选择想设置的图元，单击"Set"按钮；然后在选取对话框中选取该图元的全部（单击"Pick All"按钮）或部分，设置其单元类型、实常数、材料属性、单元坐标系。

使用智能网格选项，可以方便地由程序自动分网，省去分网控制的麻烦。只需要拖动滑块控制分网的精度，其中 1 为最精细，10 为最粗糙，默认精度为 6。但是，智能分网只适用于自由网格，而不宜在映射网格中采用。自由网格和映射网格的区别如图 2-35 所示。

图 2-34　网格工具对话框　　　　　图 2-35　自由网格和映射网格

局部网格控制提供了更多、更细致的单元尺寸设置。可以设置全部（Global）、面（Areas）、线（Lines）、层（Layer）、关键点（Keypts）的网格密度。对面而言，需要设置单元边长；对线而言，可以设置线上的单元数，也可以用"Clear"按钮来清除设置；对线单元而言，可以把一条线的网格设置复制到另外几条线上，将线上的间隔比进行转换（Flip）；对层单元而言，还可以设置层网格。在某些需要特别注意的关键点上，可以直接设置其网格尺寸来设置关键点附近网格单元的边长。

一旦完成了网格属性和网格尺寸设置，就可以进行分网操作了，主要有如下 4 个步骤。

（1）选择对什么图元进行分网，可以对线、面、体和关键点分网。

（2）选择网格单元的形状（如图 2-34 所示的"Shape"选项，对面而言，网格单元形状为三角形或四边形；对体而言，网格单元形状为四面体或六面体；对线和关键点，该选择是不可选的）。

（3）确定网格属性是自由网格（Free）、映射网格（Mapped）还是扫掠分网（Sweep）。对面使用映射分网时，如果形体是三角形或四边形，则在下拉列表框中选择"3 or 4 sided"选项；如果形体是其他不规则图形，则在下拉列表框中选择"pick corners"选项。对体分网时，四面体网格只能是自由网格，六面体网格则既可以是映射网格，也可以是扫掠网格。当为扫掠时，在下拉列表框中选择"Auto Src/Trg"选项，将自动决定扫掠的起点和终点位置，否则，需要用户指定。

（4）选择好上述选项之后，单击"Mesh"或"Sweep"（对 Sweep 体分网）按钮，选择要分网的图元，就可以完成分网了。注意根据输入窗口的指示来选取面、体或关键点。

对某些网格要求较高的地方，如应力集中区，需要用"Refine"按钮来细化网格。首先选择想要细化的部分，然后确定细化的程度，1 表示细化程度最小，10 表示细化程度最大。

要对分网进行更多控制，可以使用"Meshing"级联菜单。该菜单中主要包括如下一些命令。

- Size Cntrls：网格尺寸控制。
- Mesher Opts：分网器选项。
- Concatenate：线面的连接。
- Mesh：分网操作。
- Modify Mesh：修改网格。
- Check Mesh：网格检查。
- Clear：清除网格。

4. 其他预处理操作

Preprocessor > Checking Ctrls 命令用于对模型和形状进行检查，用该菜单可以控制实体模型（关键点、线、面和体）和有限元模型（节点和面）之间的联系，控制后续操作中的单元形状和参数等。

Preprocessor > Numbering Ctrls 命令用于对图元号和实常数号等进行操作，包括号的压缩和合并、号的起始值设置、偏移值设置等。例如，当对面 1 和面 6 进行了操作，形成一个新面，而面号 1 和面号 6 则空出来了。这时，用压缩面号操作（Compress Numbers）能够把面进行重新编号，原来的 2 号变为 1 号，3 号变为 2 号，依次类推。

Preprocessor > Archive Model 命令用于输入/输出模型的几何形状、材料属性、载荷或其他数据。也可以只输入/输出其中的某一部分。实体模型和载荷的文件扩展名为 IGES，其他数据则是命令序列，文件格式为文本。

Preprocessor > Coupling/Ceqn 命令用于添加、修改或删除耦合约束，设置约束方程。

Preprocessor > Loads 命令用于载荷的施加、修改和删除。

Preprocessor > Physics 命令用于对单元信息进行读出、写入、删除或者列表操作。当对同一个模型进行多学科分析而又不同时对其分析时（如分析管路模型的结构和 CFD 时），就需要用到该操作。

2.5.3 求解器

求解器（Solution）包含了与求解器相关的命令，包括分析选项、加载、载荷步设置、求解控制和求解。启动后，选择 MainMenu > Solution 命令打开求解器菜单，如图 2-36 所示。这是一个缩略菜单，用于静态或者完全瞬态分析。

可以选择最下面的"Unabridged Menu"命令打开完整的求解器菜单，在完整求解器菜单中选择"Abridged Menu"命令又可以使其恢复为缩略方式。

在完整求解菜单中，大致有如下几类操作。

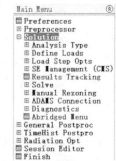

图 2-36　求解器缩略菜单

1. 分析类型和分析选项

Main Menu > Solution > Analysis Type > New Analysis 命令用于开始一次新的分析。在此用户需要决定分析类型。ANSYS 提供了静态分析、模态分析、谐分析、瞬态分析、功率谱分析、屈曲分析和子结构分析。选择何种分析类型要根据所研究的内容、载荷条件和要计算的响应来决定。例如，要计算固有频率，就必须使用模态分析。一旦选定分析类型后，应当设置分析选项，其菜单路径为 Main Menu > Solution > Analysis Type > Analysis Option，不同的分析类型有不同的分析选项。

Solution > Analysis Type > Restart 命令用于进行重启动分析。有两种重启动分析：单点和多点。绝大多数情况下，都应当开始一个新的分析。对静态、谐波、子结构和瞬态分析可使用一般重启动分析，以在结束点或中断点继续求解。多点重启动分析可以在任何点处开始分析，只适用于静态或完全瞬态结构分析。重启动分析不能改变分析类型和分析选项。

选择 Solution > Analysis Type > Sol's Control 命令打开一个求解控制对话框，这是一个标签对话框，包含 5 个选项卡。该对话框只适用于静态和全瞬态分析，它把大多数求解控制选项集成在一起。其中包括 "Basic" 选项卡中的分析类型、时间设置、输出项目 "Transient" 选项卡中的完全瞬态选项、载荷形式、积分参数，"Sol's Option" 选项卡中的求解方法和重启动控制 "Nonlinear" 选项卡中的非线性选项、平衡迭代、蠕变、"Advanced NL" 选项卡中的终止条件准则和弧长法选项等。当进行静态和全瞬态分析时，使用该对话框很方便。

对某些分析类型，还可能有如下一些分析选项。

- ExpasionPass：模态扩展分析。只能用于模态分析、子结构分析、屈曲分析、使用模态叠加法的瞬态动力学分析。
- Model Cyclic Sym：进行模态循环对称分析。在分析类型为模态分析时才能使用。
- Dynamic Gap Cond：间隙条件设置。它只能用于缩减或模态叠加法的瞬态分析中。

2. 载荷和载荷步选项

DOF 约束（Constraints）：用于固定自由度为确定值。如在结构分析中指定位移或对称边条，在热分析中指定温度和热能量的平行边条。

集中载荷（Forces）：用在模型的节点或者关键点上。如结构分析中的力和力矩、热分析中的热流率、磁场分析中的电流段。

表面载荷（Surface Loads）：应用于表面的分布载荷，如结构分析中的压强、热分析中的对流和热能量。

体载荷（Body Loads）：一个体积或场载荷。如结构分析中的温度、热分析中的热生成率、磁场分析中的电流密度。

惯性载荷（Inertia Loads）：与惯性（质量矩阵）有关的载荷，如重力加速度、角速度和角加速度，主要用于结构分析中。

耦合场载荷（Coupled-field Loads）：载荷的特殊情况。从一个学科分析的结果成为另一个学科分析中的载荷。如磁场分析中产生的磁力能够成为结构中的载荷。

这 6 种载荷包括了边界条件、外部或内部的广义函数。在不同的学科中，载荷有如下不同的含义。

- 在结构学中，载荷有位移、力、压强、温度等。
- 在热学中，载荷有温度、热流率、对流、热生成率、无限远面等。
- 在磁学中，载荷有磁动势、磁通量、磁电流段、流源密度、无限远面等。
- 在电学中，载荷有电位、电流、电荷、电荷密度、无限远面等。

- 在流体学中，载荷有速度、压强等。

Solution > Define Loads > Settings 命令用于设置载荷的施加选项，如表面载荷的梯度和节点函数设置，新施加载荷的方式，如图 2-37 所示。其中，最重要的是设置载荷的添加方式，有 3 种方式：改写、叠加和忽略。当在同一位置施加载荷时，如果该位置存在同类型载荷，则其要么重新设置载荷、要么与以前的载荷相加、要么忽略它。默认情况下是改写。

Solution> Define Loads > Apply 命令用于施加载荷。其中包括结构、热、磁、电、流体学科的载荷选项以及初始条件。只有选择了单元后，这些选项才能成为活动的。

初始条件用来定义节点处各个自由度的初始值，对结构分析而言，还可以定义其初始的速度。初始条件只对稳态和全瞬态分析有效。在定义初始自由度值时，要注意避免这些值发生冲突。例如，当在刚性结构分析中，对一些节点定义了速度，而另外节点定义了初始条件。

Solution> Define Loads > Delete 命令用于删除载荷和载荷步（LS）文件。

Solution> Define Loads > Operate 命令用于载荷操作，包括有限元载荷的缩放、实体模型载荷与有限元载荷的转换、载荷步文件的删除等。

Solution > Load Step Opts 命令用于设置载荷步选项。

一个载荷步就是载荷的一个布局，包括空间和时间上的布局，两个不同布局之间用载荷步来区分。一个载荷步只可能有两种时间状况：阶跃方式和坡道方式。如果有其他形式的载荷，则需要将其离散为这两种形式，并以不同载荷步近似表达。

- 子步是一个载荷步内的计算点，在不同分析中有不同用途。
- 在非线性静态或稳态分析中，使用子步以获得精确解。
- 在瞬态分析中，使用子步以得到较小的积分步长。
- 在谐分析中，使用子步来得到不同频率下的解。

平衡迭代用于非线性分析，是在一个给定的子步上进行的额外计算，其目的是使计算值收敛。在非线性分析中，平衡迭代作为一种迭代校正，具有重要作用。

载荷步、子步和平衡迭代之间的区别如图 2-38 所示。

在载荷步选项菜单中，包含输出控制（Output Ctrls）、求解控制（Solution Ctrls）、时间/频率设置（Time/Frequency）、非线性设置（Nonlinear）、频谱设置（Spectrum）等。

有 3 种方式进行载荷设置：多步直接设置、利用载荷文件、使用载荷数组参量。其中，Solution > Solve > From LS File 命令用于读出载荷文件，Solution > Load Step Opts > Write LS File 命令用于写入载荷文件。在 ANSYS 中，载荷文件是以 Jobname.SNN 来定义的，其中 NN 代表载荷步号。

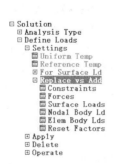
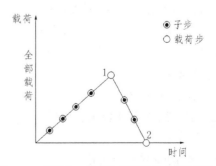

图 2-37 载荷设置选项　　图 2-38 载荷步、子步和平衡迭代之间的区别

3. 求解

Solution > Solve > Current LS 命令用于指示 ANSYS 求解当前载荷步。

Solution > Solve > From LS File 命令用于指示 ANSYS 读取载荷文件中的载荷和载荷选项来求解，可以指定多个载荷步文件。

多数情况下，使用"Current LS"命令就可以了。

2.5.4 通用后处理器

当一个分析运行完成后，需要检查分析是否正确、获得并输出有用结果，这就是后处理器的功能。

后处理器分为通用后处理器和时间历程后处理器，前者用于查看载荷步和子步的结果。也就是说，它是在某一时间点或频率点上，对整个模型显示或列表；后者则用于查看某一空间点上的值随时间的变化情况。为了查看整个模型在时间上的变化，可以使用动画技术。

在命令窗口中，输入"/POST1"进入通用后处理器，输入"/POST26"进入时间历程后处理器。

求解阶段计算的两类结果数据是基本数据和导出数据。基本数据是节点解数据的一部分，指节点上的自由度解。导出数据是由基本数据计算得到的，包括节点上除基本数据外的解数据。不同学科分析中的基本数据和导出数据如表 2-3 所示。在后处理操作中，需要确定要处理的数据是节点解数据还是单元解数据。

通用后处理器包含了以下一些功能：结果读取、结果显示、结果计算、解的定义和修改等。

表 2-3 基本数据和导出数据

学科	基本数据	导出数据
结构分析	位移	应力、应变、反作用力等
热分析	温度	热流量、热流梯度等
流场分析	速度、压强	压强梯度、热流量等
电场分析	标量电势	电场、电流密度等
磁场分析	磁势	磁能量、磁流密度等

1. 结果读取

General Postproc > Data & File Opts 命令用于定义从哪个结果文件中读取数据和读入哪些数据。如果不指定，则从当前分析结果文件中读入所有数据。其文件名为当前工程名，扩展名以 R 开头，不同学科有不同扩展名。结构分析的扩展名为 RST，热力分析的扩展名为 RTH，电磁场分析的扩展名为 RMG。

General Postproc > Read Results 子菜单用于从结果文件中读取结果数据到数据库，如图 2-39 所示。ANSYS 求解后，结果并不自动读入数据库，而需要对其进行操作和后处理。正如前面提到的，通用后处理器只能处理某个载荷步或载荷子步的结果，所以，只能读入某个载荷步或子步的数据。

* First Set：读第一子步数据。
* Next Set：读下一子步数据。
* Previous Set：读前一子步数据。
* Last Set：读最后一子步数据。
* By Pick：列出所有结果数据后，可选择读取某一子步数据。
* By Load Step：通过指定载荷步及其子步来读入数据。
* By Time/Freq：通过指定时间或频率点读取数据，具体读入时间或频率的值由所进行的分析决定。当指定的时间或频率点位于分析序列的中

```
☐ General Postproc
   ▣ Data & File Opts
   ▣ Results Summary
   ▣ Read Results
      ▣ First Set
      ▣ Next Set
      ▣ Previous Set
      ▣ Last Set
      ▣ By Pick
      ▣ By Load Step
      ▣ By Time/Freq
      ▣ By Set Number
   ▣ Options for Outp
```

图 2-39 结果读取选项

间某点时，程序自动用内插法设置该时间点或频率点的值。

- By Set Number：直接读取指定步的结果数据。

General Postproc > Options for Outp 命令用于控制输出选项。

2. 结果显示

在通用后处理器中，有 3 种结果显示：图形显示、列表显示和查询显示。

General Postproc > Plot Result 命令用于显示图形结果。ANSYS 提供了丰富的图形显示功能，包括变形显示（Deformed Shape）、等值线图（Contour Plot）、矢量图（Vector Plot）、轨线图（Plot Path Item）、流动轨迹图（Flow Trace）及浇混图（Concrete Plot）。

绘制这些图形之前，必须注意以下两点。

- 先定义好所要绘制的内容，如是角节点上的值、中节点上的值，还是单元上的值。
- 确定对什么结果项目感兴趣，是压强、应力、速度还是变形程度等。有的图形能够显示整个模型的值，如等值线图。而有的只能显示其中某个或某些点处的值，如流动轨线图。

在 Utility Menu：Plot > Result 菜单中，也有相应的图形绘制功能。

General Postproc > List Results 命令用于对结果进行列表显示，可以显示节点解数据（Nodal Solution）、单元解数据（Element Solution）；也可以列出反作用力（Reaction Sou）或节点载荷（Nodal Loads）值；还可以列出单元表数据（Elem Table Data）、矢量数据（Vector Data）、轨线上的项目值（Path Items）等。

列表结果可以以某一解的升序或降序排列（Sorted Node 和 Sorted Elems），也可以以节点或单元的升序排列（Unsorted Node 和 Unsorted Elems）。

在 Utility Menu > List > Results 菜单中，也有相应的列表功能。但用菜单的列表命令显得按部就班一些，也更符合习惯用法。

"Query Results"命令显示结果查询，可直接在模型上显示结果数据。例如，为了显示某点的速度，选取 Query Result > Subgrid Solu 命令，在弹出的对话框中选择速度选项，然后在模型中选取要查看的点，解数据即出现在模型上。也可以使用三维注释功能，使得在三维模型的各个方向都能看到结果数据，要使用该功能，只要选中查询选取对话框中的"generate 3D Anno"复选框即可。

3. 结果计算

General Postproc > Nodal Calcs 命令用于计算选定单元的合力、总的惯性力矩或对其他一些变量做选定单元的表面积分。可以指定力矩的主轴，如果不指定，则默认以结果坐标系（RSYS）轴为主轴。

General Postproc > Element Table 命令用于单元表的定义、修改、删除和其他一些数学运算。

在 ANSYS 中，单元表有以下两个功能。

- 它是在结果数据中进行数学运算的工作空间；
- 可以通过它得到一些不能直接得到的与单元相关的数据，如某些导出数据。

事实上，单元表相当于一个电子表格，每一行代表了单元，每一列代表了该单元的项目，如单元体积、重心、平均应力等。定义单元表时，要注意以下几项。

General Postproc > Element Table > Define Table 命令只用于对选定单元进行列表。也就是说，只有那些选定单元的数据才能复制到单元表中。通过选定不同单元，可以填充不同的表格行。

相同的顺序号组合可以代表不同单元形式的不同数据。所以，如果模型有单元形式的组合，注意选择同种形式的单元。

读入结果文件后，或改变数据后，ANSYS 程序不会自动更新单元表。

用"Define Table"命令来选择单元上要定义的数据项，如压强、应力等。然后使用"Plot Elem Table"命令来显示该数据项的结果，也可以用"List Elem Table"命令对数据项进行列表。

ANSYS 提供了如下一些单元表运算操作，这些运算是对单元上的数据项进行操作。

- Sum of Each Item：列求和。对单元表中的某一列或几列中的数据求和，并显示结果。
- Add Items：行相加。两列中，对应行中的数据相加，可以指定加权因子及其相加常数。
- Multiply：行相乘。两列中，对应行中的数据相乘，可以指定乘数因子。
- Find Maximum 和 Find Minimum：两列中，对应行各乘以一个因子，然后比较并列出其最大值或最小值。
- Exponentiate：对两列中的数据先指数化后相乘。
- Cross Product：对两个列的矢量取叉积。
- Dot Product：对两个列的矢量取点积。
- Abs Value Option：设置操作单元表时，在加、减、乘和求极值操作之前，是否先对列取绝对值。
- Erase Table：删除整个单元表。

General Postproc > Path Operation 命令用于轨线操作。所谓轨线，就是模型上的一系列点，这些点上的某个结果项及其变化是用户关心的。而轨线操作就是对轨线定义、修改和删除，并把关心的数据项（称为"轨线变量"）映射到轨线上来。通常是以各点到第一个点的距离为横坐标。然后就可以对轨线标量进行列表或图形显示了。

General Postproc > Fatigue 命令用于对结构进行疲劳计算。

General Postproc > Safety Factor 命令用于计算结构的安全系数，它把计算的应力结果转换为安全系数或安全裕度，然后进行图形或列表显示。

4．解的定义和修改

General Postproc > Submodeling 命令用于对子模型数据进行修改和显示。

General Postproc > Define/Modify > Nodal Results 命令用于定义和修改节点解。

General Postproc > Define/Modify > Elem Results 命令用于定义和修改单元解。

General Postproc > Define/Modify > Elem Tabl Data 命令用于定义或修改单元表格数据。

首先选取要修改的节点或单元，然后选取要修改的数据项，如应力、压强等，然后输入其值，对某些项（如应力项），其存在 3 个方向的值，则可能需要输入 3 个方向的数据。即使不进行求解（Solution）运算，也可以定义或修改解结果，并像运算得到结果一样进行显示操作。

General Postproc > Reset 命令用于重置通用后处理器的默认设置。该函数将删除所有单元表、轨线、疲劳数据和载荷组指针，所以要小心使用该函数。

2.5.5 时间历程后处理器

时间历程后处理器（TimeHist Postpro）可以用来观察某点结果随时间或频率的变化，如图 2-40 所示，包含图形显示、列表、微积分操作、响应频谱等功能。一个典型的应用是在瞬态分析中绘制结果项与时间的关系曲线，或者在非线性结构中绘制力与变形的关系曲线。在 ANSYS 中，该处理器为 POST26。

所有的 POST26 操作都是基于变量的，此时，变量代表了与时间（或频率）相对应的结果项数据。每个变量都被赋予一个参考号，该参考号大于等于 2，参考号 1 赋给

图 2-40 时间历程后处理器

了时间（或频率）。显示、列表或数学运算都是通过变量参考号进行的。

　　TimeHist Postpro > Settings 命令用于设置文件和读取的数据范围。默认情况下，最多可以定义 10 个变量，但可以通过 Settings > Files 命令来设置多达 200 个的变量。默认情况下，POST26 使用 POST1 中的结果文件，但可以使用 Settings > Files 命令来指定新的时间历程处理结果文件。

　　Settings > Data 命令用于设置读取的数据范围及其增量。默认情况下，读取所有数据。

　　TimeHist Postpro > Define Variable 命令用来定义 POST26 变量，可以定义节点解数据、单元解数据和节点反作用力数据。

　　TimeHist Postpro > Store Data 命令用于存储变量，定义变量时，就建立了指向结果文件中某个数据指针，但并不意味着已经把数据提取到了数据库中。存储变量则是把数据从结果文件复制到数据库中。有 3 种存储变量的方式。

- MERGE：添加新定义的变量到以前的存储的变量中。也就是说，数据库中将增加更多列。
- NEW：替代以前存储的变量，删除以前计算的变量，存储新定义的变量。当改变了时间范围或其增量时，应当用此方式。因为以前存储的变量与当前的时间范围不一致了，也就是说，以前定义的变量与当前的时间点并不存在对应关系了，显然这些变量也就没有意义了。
- APPEND：追加数据到以前存储的变量。当要从两个文件中连接同一个变量时，这种方式是很有用的。当然，首先需要选择 Main Menu > TimeHist Postpro > Settings > Files 命令来设置结果文件名。

　　TimeHist Postpro > List Variables 命令用于列表方式显示变量值。

　　TimeHist Postpro > List Extremes 命令用于列出变量的极大值、极小值及对应的时间点，对复数而言，它只考虑其实部。

　　TimeHist Postpro > Graph Variables 命令用于以图形显示变量随时间/频率的变化。对复数而言，默认情况下其显示为负值，可以通过 TimeHist Postpro > Setting > Graph 命令进行修改，以显示实部、虚部或者相位角。

　　TimeHist Postpro > Math Operations 命令用于对定义的变量进行数学运算。例如在瞬态分析时定义了位移变量，将其对时间求导就会得到速度变量，再次求导就会得到加速度。其他一些数学运算包括加、乘、除、绝对值、平方根、指数、常用对数、自然对数、微分、积分、复数的变换和求最大值、最小值等。

　　TimeHist Postpro > Table Operations 命令用于对变量、数组进行赋值。首先设置一个矢量数组，然后把它的值赋给变量，也可以把 POST26 变量值赋给该矢量值数组，还可以直接对变量赋值（Table Operations > Fill Data），此时，可以对变量的元素逐个赋值，如果要赋的值是线性变化的，则可以设置其初始值及变化增量。

　　TimeHist Postpro > Generate Spectrm 命令允许在给定的位移时间历程中生成位移、速度、加速度响应谱，频谱分析中的响应谱可用于计算整个结构的响应。该菜单操作通常用于单自由度系统的瞬态分析。它需要两个变量，一个是含有响应谱的频率值，另一个是含有位移的时间历程。频率值不仅代表响应谱曲线的横坐标，也代表用于产生响应谱的单自由度激励的频率。

　　TimeHist Postpro > Reset Postproc 命令重置后处理器。这将删除所有定义的变量及设置的选项。

　　退出 POST26 时，将删除其中的变量、设置选项和操作结果。由于这些不是数据库的内容，故不能保存。然而，这些命令保存在 LOG 文件中。所以，当退出 POST26 后，再重新进入时，要重新定义变量。

2.5.6　记录编辑器

记录编辑器（Session Editor）记录了在保存或恢复操作之后的所有命令。单击该命令后将打开一个编辑器窗口，可以查看其中的操作或者编辑命令，如图 2-41 所示。

窗口上方的菜单具有如下功能。

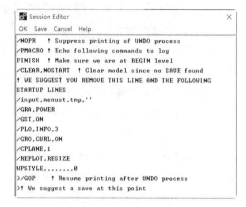

图 2-41　记录编辑器窗口

● OK：输入显示在窗口中的操作序列，此菜单用于输入修改后的命令。

● Save：将显示在窗口中的命令保存为分开的文件。其文件名为"jobname???.cmds"，其中序号依次递增。可以用"/INPUT"命令输入已经存盘的文件。

● Cancel：放弃当前窗口的内容，回到 ANSYS 主界面中。

● Help：显示帮助。

2.6　输出窗口

输出窗口（Output Window）接受所有从程序来的文本输出：命令响应、注解、警告、错误及其他信息。初始时，该窗口可能位于其他窗口之下。

输出窗口的信息能够指导用户进行正确的操作。典型的输出窗口如图 2-42 所示。

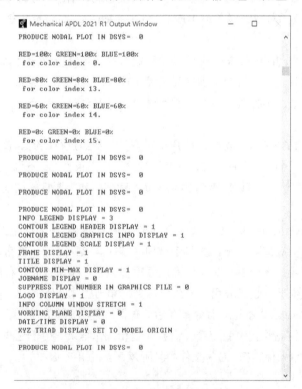

图 2-42　输出窗口

2.7　工具条

工具条（Toolbar）中包含需要经常使用的命令或函数。工具条上的每个按钮对应一个命令或菜单函数或宏。可以通过定义缩写来添加按钮。ANSYS 提供的默认工具条如图 2-43 所示。

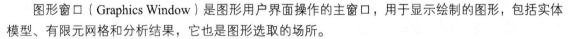

图 2-43　工具条

要添加按钮到工具条，只需要创建缩略词到工具条，一个缩略词是一个 ANSYS 命令或 GUI 函数的别名。有两个途径可以打开创建缩略词对话框。

选择 Utility Menu > MenuCtrls > Edit Toolbar 命令。
选择 Utility Menu > Macro > Edit Abbreviations 命令。

工具条上能够立即反映出在该对话框中所做的修改。

在输入窗口中输入"*ABBR"也可以创建缩略词，但使用该方法时，需要选择 Utility Menu > MenuCtrls > Update Toolbar 命令更新工具条。

缩略词在工具条上的放置顺序由缩略词的定义顺序决定，不能在 GUI 中修改。但可以把缩略词集保存为一个文件，编辑这个文件，就可以改变其次序。其菜单路径为如下。

Utility Menu > MenuCtrls > Save Toolbar 或 Utility Menu > Macro > Save Abbr.

由于有的命令或菜单函数对应不同的处理器，所以在一个处理器下单击其他处理器的缩略词按钮时，会得到"无法识别的命令"警告。

2.8　图形窗口

图形窗口（Graphics Window）是图形用户界面操作的主窗口，用于显示绘制的图形，包括实体模型、有限元网格和分析结果，它也是图形选取的场所。

ANSYS 能够利用图形和图片描述模型的细节，这些图形可以在显示器上查看、存入文件、打印输出。

ANSYS 提供了两种图形模式：交互式图形和外部图形。前者指能够直接在屏幕终端查看的图形，后者指输出到文件中的图形，可以控制一个图形或图片是输出屏幕还是输出文件。通常，在批处理命令中，是将图形输出文件。

本节主要介绍图形窗口，并简单介绍如何把图形输出到外部文件。

可以改变图形窗口的大小，但保持其宽高比为 4 : 3 在视觉上会显得好一些。

图形窗口的标题显示刚完成的命令。当打开多个图形窗口时，这一点很有用。

在 PREP7 模块中时，标题中还将显示如下信息。

- 当前有限元类型属性指示（type）。
- 当前材料属性指示（mat）。
- 当前实常数设置属性指示（real）。
- 当前坐标系参考号（csys）。

2.8.1　图形显示

通常，显示一个图形需要两个步骤。

（1）选择 Utility Menu > PlotCtrls 命令设置图形控制选项。

（2）选择 Utility Menu > Plot 命令绘图。可以绘制的图形有很多，包括几何显示，如节点、关键点、线和面等；结果显示，如变形图、等值线图和结果动画等；曲线图显示，如应力应变曲线、时间历程曲线和轨线图等。

在显示之前，或者在绘图建模之前，有必要理解图形的显示模式。在图形窗口中，有两种显示模式：直接模式和 XOR 模式。只能在预处理器中切换这两种模式，在其他处理器中，直接模式是无效的。图 2-44 所示为用于计算无限长圆柱体的模型，可以通过纹理等控制来使模型更真实美观。

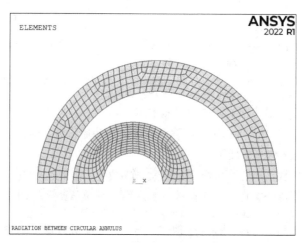

图 2-44 ANSYS 图形窗口

1. 直接模式

GUI 在默认情况下，一旦创建了新图元，模型会立即显示在图形窗口中，这就叫直接模式。然而，如果在图形窗口中有菜单或对话框，移动菜单或对话框将把图形上的显示破坏掉，而且会改变图形窗口的大小。例如，将图形窗口缩小为图标，然后再恢复时，直接模式显示的图将不会显示，除非进行其他绘图操作，如用"/REPLOT"命令重新绘制。

直接模式自动对用户的图形绘制和修改命令进行显示。要注意的是，它只是一个临时性显示，所以当图形窗口被其他窗口覆盖，或者图形最小化之后，图形将被毁坏。

窗口的缩放依赖于最近的绘图命令，如果新的实体位于窗口之外，将不能完全显示新的实体。为了显示完整的新的实体，需要一个绘图指令。

数字或符号（如关键点的序号或边界符号）以直接模式绘制。所以它们符合上面两条规则，除非在"PlotCtrls"命令中明确指出要打开这些数字或符号。

当定义了一个模型但是又不需要立即显示时，可以用下面的操作关闭直接显示模式。

选择 Utility Menu > PlotCtrls > Erase Options > Immediate Disply 命令。

在输入窗口中输入"IMMED"命令。

当不使用 GUI 方式而交互运行 ANSYS 时，默认情况下，直接模式是关闭的。

2. XOR 模式

该模式用来在不改变当前已存在的显示的情况下，迅速绘制或擦除图形，也用来显示工作平面。

使用 XOR 模式的好处是它产生一个即时显示，该显示不会影响窗口中的已有图形，缺点是当在同一个位置两次创建图形时，它将擦除原来的显示。例如，当在已有面上再画一个面时，即使用"/Replot"命令重画图形，也不能得到该面的显示。但是在直接模式下时，当打开了面号（Utility

Menu > PlotCtrls > Numbering）时，可以立刻看到新绘制的图形。

3．矢量模式和光栅模式

矢量模式和光栅模式对图形显示有较大影响。矢量模式只显示图形的线框，光栅模式则显示图形实体；矢量模式用于透视，光栅模式用于立体显示。一般情况下都采用光栅模式，但是，在图形查询选取等情况下，用矢量模式是很方便的。

选择 Utility Menu > PlotCtrls > Device Options 命令，然后选中"vector mode"复选框，使其变为"On"或"Off"。可以在矢量模式和光栅模式间切换。

2.8.2　多窗口绘图

ANSYS 提供了多窗口绘图，使得在建模时能够从各个角度观察图形，在后处理时能够方便地比较结果。进行多窗口操作的步骤如下。

（1）定义窗口布局。

（2）选择想要在窗口中显示的内容。

（3）如果要显示单元和图形，选择用于绘图的单元和图形显示类型。

（4）执行多窗口绘图操作，显示图形。

1．定义窗口布局

所谓窗口布局，即窗口外观，包括窗口的数目、每个窗口的位置及大小。

Utility Menu > PlotCtrls > Multi-window Layout 命令用于定义窗口布局，对应的命令是"/WINDOW"。

在打开的对话框中，包括如下一些窗口布局设置。

- One Window：单窗口；
- Two（Left-Right）：2 个窗口，左右排列。
- Two（Top-Bottom）：2 个窗口，上下排列。
- Three（2Top/Bot）：3 个窗口，2 个上面，1 个下面。
- Three（Top/2Bot）：3 个窗口，2 个下面，1 个上面。
- Four（2Top/2Bot）：4 个窗口，2 个上面，2 个下面。

在该对话框中，"Display upon OK/Apply"选项的设置比较重要。有如下选项。

- No Redisplay：单击"OK"按钮或者"Apply"按钮后，并不更新图形窗口。
- Replot：重新绘制所有图形窗口的图形。
- Multi-Plots：多重绘图，实现窗口之间的不同绘图模式时，通常使用该选项，例如，在一个窗口内绘制矢量图，在另一个窗口内绘制等值线图。还可以选择 Utility Menu > PlotCtrls > Windows Controls > Window Layout 命令定义窗口布局，打开的对话框如图 2-45 所示。

首先选择想要设置的窗口号 WN，然后设置其位置和大小，对应的命令是"/WINDOW"。这种设置将覆盖"Multi-window Layout"的设置。具体地说，如果定义了 3 个窗口，2 个在上，1 个在下，则在上的窗口为 1 和 2，在下的窗口为 3。如果用"/WINDOW"命令设置窗口 3 在右半部分，则它将覆盖窗口 2。

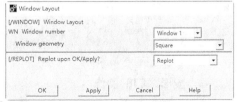

图 2-45　窗口布局

在该对话框中，如果在"Window geometry"下拉列表框中选择"Picked"选项，则可以通过鼠标调节窗口的位置和大小，也可以从输入窗口中输入其位置，在输入时，以整个图形窗口的中心作为原点。例如，对原始尺寸来说，设置（−1.0，1.67，1.1）表示原始窗口的全屏幕。Utility Menu > PlotCtrls > Style > Colors > Window Colors 命令用于设置每个窗口的背景色。

2. 设置显示类型

一旦完成了窗口布局设置，就要选择每个窗口要显示的类型。每个窗口可以显示模型图元、曲线图或其他图形。

Utility Menu > PlotCtrls > Multi-Plot Controls 命令用来设置每个窗口显示的内容。

在打开的对话框中，首先选择要设置的窗口号（Edit Window），但绘制曲线图时，不用设置该选项。因为程序默认情况是绘制模型（实体模型和有限元模型）的所有项目，包括关键点、线、面、体、节点和单元。在单元选项中，可以设置当前的绘图是单元，或者 POST1 中的变形、节点解、单元解，又或者单元表数据的等值线图、矢量图。

这些绘图设置与单个窗口的绘图设置相同，例如，绘制等值线图或者矢量图打开的对话框与在通用后处理中打开的对话框是一样的。

为了绘制曲线图，应当将"Display Type"设置为"Graph Plots"，这样就可以绘制所有的曲线图，包括材料属性图、轨线图、线性应力和数组变量的列矢量图等。对应的命令为"/GCMD"。

完成这些设置后，还可以对所有窗口进行通用设置，菜单路径为 Utility Menu > PlotCtrls > Style，图形的通用设置包括设置颜色、字体、样式等。

尽管多窗口绘图可以绘制不同类型的图，但是，其最主要的用途是在三维建模过程中。在图形用户交互建模过程中，可以设置 4 个窗口，其中一个显示前视图，一个显示顶视图，一个显示左视图，另一个则显示 ISO 立体视图。这样，就可以很方便地理解图形并建模。

3. 绘图显示

设置好窗口后，选择 Utility Menu > Plot > Multi-Plot 命令，就可以进行多窗口绘图操作了，对应的命令是"/GPLOT"。

以下是一个多窗口绘图的命令及结果（假设已经进行了计算）完整的命令序列（可以在命令窗口内逐行输入）。

```
/POST1
SET,LAST                    ! 读入数据到数据库
/WIND,1,LEFT                ! 创建两个窗口，左右排列
/WIND,2,RIGHT
/TRIAD,OFF                  ! 关闭全局坐标显示
/PLOPTS,INFO,0              ! 关闭图例
/GTYPE,ALL,KEYP,0           ! 关闭关键点、线、面、体和节点的显示
/GTYPE,ALL,LINE,0
/GTYPE,ALL,AREA,0
/GTYPE,ALL,VOLU,0
/GTYPE,ALL,NODE,0
/GTYPE,ALL, ELEM,1          ! 在所有窗口中都使用单元显示
/GCMD,1,PLDI,2              ! 在窗口1中绘制变形图，2代表了绘制未变形边界
/GCMD,2,PLVE,U              ! 在窗口2 中绘制位移矢量图
GPLOT                       ! 执行绘制命令
```

所得结果如图 2-46 所示。

4. 图形窗口的操作

定义了图形窗口，在完成绘图操作之前或之后，可以对窗口及其内容进行复制、删除、激活或关闭窗口。

Utility Menu > PlotCtrls > Window Controls > Window On or Off 命

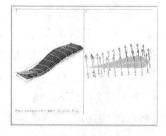

图 2-46　多窗口绘图

令用于激活或者关闭窗口，对应的命令是"WINDOW,wn,ON"或者"/WINDOW,wn, OFF"。其中"wn"是窗口号。

Utility Menu > PlotCtrls > Window Controls > Delete Window 命令用于删除窗口，对应的命令是"/WINDOW,wn,DELE"。

Utility Menu > PlotCtrls > Window Controls > Copy Window Specs 命令用于把一个窗口的显示设置复制到另一个窗口中。

Utility Menu > PlotCtrls > Erase Options > Erase between Plots 命令是一个开关操作。如果不选中该选项，则在屏幕显示之间不会进行屏幕擦除。这使得新的显示在原有显示上重叠，有时，这种重叠是有意义的，但多数情况下，它只能使屏幕看起来很乱。其对应的命令是"/NOERASET"和"/ERASE"。

5. 捕获图像

捕获图像能够得到一个图像快照，用户通过对该图像存盘或恢复，来比较不同视角、不同结果或其他有明显差异的图像，菜单路径为"Utility Menu > PlotCtrls > Capture Image"。

2.8.3 增强图形显示

ANSYS 提供两种图形显示方式。

全模式显示方式：菜单路径为"Toolbar > POWRGRPH"，在打开的对话框中，选择"OFF"，对应的命令为"GRAPHICS,FULL"。

增强图形显示方式：菜单路径为"Toolbar > POWRGRPH"，在打开的对话框中，选择"ON"，对应的命令为"GRAPHICS,POWER"。

默认情况下，除存在电路单元外，所有其他分析都使用增强图形显示方式。通常情况下，能用增强图形显示时，尽量使用它，因为它的显示速度比全模式显示方式快很多，但是，有一些操作只支持增强图形显示方式，有一些绘图操作只支持全模式方式。除了显示速度快这个优点，增强图形显示方式还有很多优点。

* 对具有中节点的单元绘制二次表面。当设置多个显示小平面（Utility Menu > PlotCtrls > Style > Size and Shape）时，用该方法能够绘制有各种曲率的图形，指定的小平面越多（1~4），绘制的单元表面就越光滑。
* 对材料类型和实常数不连续的单元，它能够显示不连续结果。
* 壳单元的结果可同时在顶层和底层显示。
* 可用"QUERY"命令在图形用户界面方式下查询结果。

使用增强图形显示方式的缺点如下。

* 不支持电路单元。
* 当被绘制的结果数据不能被增强图形显示方式支持时，结果将用全模式方式绘制出来。
* 在绘制结果数据时，它只支持结果坐标系下的结果，而不支持基于单元坐标系的绘制。
* 当结果数据要求平均时，增强图形显示方式只用于绘制或者列表模型的外表面，而全模型方法则对整个外表面和内表面的结果都进行平均。
* 使用增强图形显示方式时，图形显示的最大值可能和列表输出的最大值不同，因为图形显示非连续处是不进行结果平均，而列表输出则是在非连续处进行了结果平均。

POWERGRAPHIC 还有其他一些使用上的限制，它不能支持如下命令：/CTYPE、DSYS、/EDGE、/ESHAPE、*GET、/PNUM、/PSYMB、RSYS、SHELL 和*VGET。另外有些命令，不管增强图形显

示方式是否打开，都使用全模式方式显示，如/PBF、PRETAB、PRSECT 等。

2.9　个性化界面

图形用户界面可以根据用户的需要和喜好来定制，以获得个性化的界面。存在不同的定制水平，由低到高依次如下。

- 改变颜色和字体。
- 改变 GUI 的启动菜单。
- 菜单链接和对话框设计。

2.9.1　改变字体和颜色

可能通过 Windows 控制面板改变 GUI 组件的颜色、字体。对于 UNIX 系统，通过编辑 X-资源文件来改变字体和颜色。要注意的是，在 Windows 系统下，如果把字体设为大字体，可能会使屏幕不能显示某些对话框和菜单的完整组件。

在 ANSYS 程序内，可以改变出现在图形窗口的数字和文字的属性，如颜色、字体和大小。其菜单路径为"Utility Menu > Plot Controls > Font Controls"和"Utility Menu > PlotCtrls > Style > Colors"。

可以改变 ANSYS 的背景显示，使其显示带有颜色或纹理，以更富有表现力。对应的菜单路径为"Utility Menu > PlotCtrls > Style > Background"。

2.9.2　改变 GUI 的启动菜单显示

默认情况下，启动时 6 个主要菜单（通用菜单、主菜单、工具条、输入窗口、输出窗口和图形窗口）都将出现。但可以用"/MSTART"命令来选择哪些菜单在启动时出现。

首先在 ANSYS Inc\v150\ansys\apdl 文件中找到并打开文件"start150.ans"，然后添加"/MSTART"命令。例如，为了在启动时不显示主菜单，而显示移动—缩放—旋转菜单，添加的命令如下。

- /MSTART,MAIN,OFF
- /MSTART,ZOOM,ON

用这种方式时，在 ANSYS 启动时要选择读取"start150.ans"文件。

2.9.3　改变菜单链接和对话框

这是高级的 GUI 配置方式，为了分析更为方便，可以改变菜单链接、改变对话框的设计、添加链接于菜单的对话框（其内部形式是宏）。

ANSYS 程序在启动时读入"menulist150.ans"文件，该文件列出了包含在 ANSYS 菜单中的所有文件名。通常，该文件存在于 ANSYS Inc\v150\ansys\gui\en-us\UIDL 子目录下。但是，工作目录和根目录下的"menulist150.ans"文件也将被 ANSYS 搜索，从而允许用户设置自己的菜单系统。

如果要修改 ANSYS 菜单和对话框，需要学习 ANSYS 高级 GUI 编程语言 UIDL。

另一种修改菜单链接和对话框的方法是使用工具命令语言和工具箱 Tcl/Tk。

第 3 章

几何建模

本章介绍利用输入法和创建法两种方法建立有限元模型。其中创建法可以自顶向下（从上而下）建立模型，也可以自底向上（从下而上）建立模型。

通过本章的学习，读者可以初步掌握 ANSYS 基本建模方法，为后面的有限元分析进行必要的准备。

3.1 几何建模概论

有限元分析的最终目的是还原一个实际工程系统的数学行为特征，换句话说，分析必须是针对一个有物理原型的准确数学模型。由节点和单元构成的有限元模型与结构系统的几何外形是基本一致的，广义上讲，模型包括所有的节点、单元、材料属性、边界条件，以及用来表现这个物理系统的特征，所有这些特征都反映在有限元网格及其设定上。在 ANSYS 中，有限元模型的建立分为直接法和间接法。直接法直接根据结构的几何外形建立节点和单元而得到有限元模型，它一般只适用于简单的结构系统。间接法是利用点、线、面和体等基本图元，先建立几何外形，再对该模型进行实体网格划分，以完成有限元模型的建立，因此它适用于节点及单元数目较多的复杂几何外形的结构系统。下面对间接法建立几何模型做简单的介绍。

1. 自底向上创建几何模型

所谓的自底向上建立模型，顾名思义就是由最低单元的点到最高单元的体来构造实体模型。即首先定义关键点，然后利用这些关键点定义较高级的实体图元，如线、面和体，这就是所谓的自底向上的建模方法，如图 3-1 所示。一定要牢记自底向上创建的有限元模型是在当前激活的坐标系内定义的。

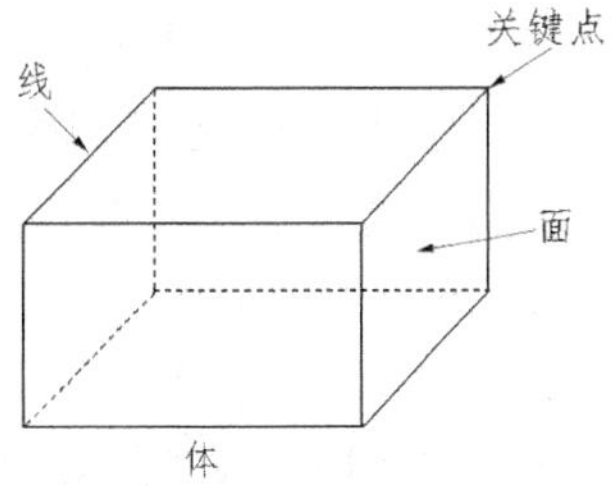

图 3-1　自底向上创建模型

2. 自顶向下创建几何模型

ANSYS 软件允许通过汇集线、面、体等几何体素的方法创建模型。当生成一种体素时，ANSYS 程序会自动生成所有从属于该体素的较低级图元，这种一开始从较高级的实体图元构造模型的方法就是所谓的自顶向下的建模方法，如图 3-2 所示。可以根据需要自由地组合自底向上和自顶向下的建模技术。注意几何体素是在工作平面内建立的，而自底向上的建模技术是在激活的坐标系上定义的。如果混合使用这两种技术，那么应该考虑使用 "CSYS，WP" 或 "CSYS，4" 命令强迫坐标系跟随工作平面变化。另外，建议不要在环坐标系中进行实体建模操作，因为这样可能会生成其他不想要的

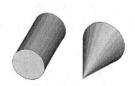

图 3-2　自顶向下创建模型

面或体。

3．布尔运算操作

可以使用求交、相减或其他布尔操作来雕刻实体模型。通过布尔操作，可以直接用较高级的图元生成复杂的形体，如图 3-3 所示。布尔运算对通过自底向上或自顶向下方法生成的图元均有效。

创建模型时要用到布尔操作，ANSYS 具有以下布尔操作功能。

加：把几个类型相同的体素（点、线、面、体）合在一起形成一个体素。

减：从几个类型相同的体素（点、线、面、体）中去掉相同的部分得到一个体素。

合并：将两个图元连接到一起，并保留各自边界，如图 3-4 所示。考虑网格划分，由于网格划分器划分几个小部件比划分一个大部件更加方便，所以合并常常比加操作更加便捷。

图 3-3　使用布尔运算生成的复杂形体

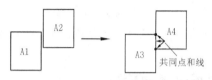

图 3-4　合并操作

叠分：叠分与合并操作功能基本相同，不同的是叠分操作输入的图元具有重叠的区域。

分解：将一个图元分解为两个图元，但两者之间保持连接。可用于将一个复杂体修剪剖切为多个规则体，为网格划分带来方便。分解操作的"剖切工具"可以是工作平面、面或线。

相交：将重叠的图元生成一个新的图元。

4．拖拉和旋转

尽管布尔运算操作很方便，但一般需耗费较多的计算时间，所以在构造模型时，可以采用拖拉或旋转的方法建模，如图 3-5 所示。它往往可以节省很多计算时间，提高效率。

5．移动和复制

一个复杂的面或体在模型中重复出现时仅需构造一次。之后可以将其移动、旋转或复制到所需的地方，如图 3-6 所示。会发现先在方便之处生成几何体素再将其移动到所需之处，往往比直接改变工作平面生成所需体素更方便。图中黑色区域表示原始图元，其余的图元都是复制生成的。

图 3-5　拖拉一个面生成一个体

6．修改模型（清除和删除）

在修改模型时，需要知道实体模型和有限元模型中图元的层次关系，不能删除依附于较高级图元的低级图元。例如，不能删除已划分网格的体，也不能删除依附于面的

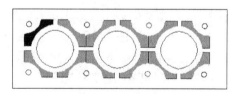

图 3-6　复制一个面

线等。若一个实体已经加载了载荷，那么删除或修改该实体时附加在该实体上的载荷也将从数据库中删除，图元中的层次关系如下。

（1）高级图元。

① 单元（包括单元载荷）

② 节点（包括节点载荷）

③ 实体（包括实体载荷）

④ 面（包括面载荷）

⑤ 线（包括线载荷）

⑥ 关键点（包括点载荷）

（2）低级图元。

在修改已划分网格的实体模型时，首先必须清除该实体模型上的所有节点和单元，然后可以自顶向下地删除或重新定义图元，以达到修改模型的目的，如图 3-7 所示。

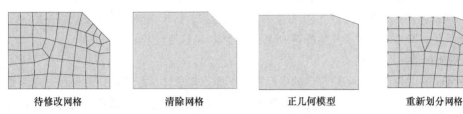

待修改网格　　　　清除网格　　　　正几何模型　　　　重新划分网格

图 3-7　修改已划分网格的模型

7. 从 IGES 文件将几何模型导入 ANSYS

可以在 ANSYS 里直接建立模型，也可以先在 CAD 系统里建立实体模型，然后把模型存为 IGES 文件格式，再把这个模型输入 ANSYS 系统，一旦模型被成功地输入，就可以像对在 ANSYS 中创建的模型那样对这个模型进行修改和划分网格。

3.2　坐标系简介

ANSYS 有多种坐标系供选择。

（1）总体坐标系和局部坐标系：用来定位几何形状参数（节点、关键点等）和空间位置。

（2）显示坐标系：用于几何形状参数的列表和显示。

（3）节点坐标系：定义每个节点的自由度和结果数据的方向。

（4）单元坐标系：确定材料特性主轴和单元结果数据的方向。

（5）结果坐标系：用来列表、显示或在通用后处理操作中将节点和单元结果转换到一个特定的坐标系中。

3.2.1　总体坐标系和局部坐标系

总体坐标系和局部坐标系用来定位几何体。默认地，当定义一个节点或关键点时，其坐标系为总体笛卡儿坐标系。ANSYS 程序允许用任意预定义的 3 种（总体）坐标系的任意一种来输入几何数据，或者在任何其他定义的（局部）坐标系中进行此项工作。

1. 总体坐标系

总体坐标系是一个绝对的参考系。ANSYS 程序提供了前面定义的 3 种总体坐标系：笛卡儿坐标系、柱坐标系和球坐标系，这 3 种坐标系都遵循右手法则，而且有共同的原点。

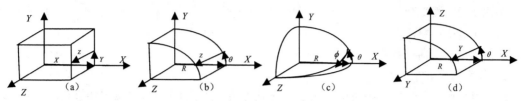

图 3-8　总体坐标系

图 3-8（a）表示笛卡儿坐标系；图 3-8（b）表示第一类圆柱坐标系（其 Z 轴同笛卡儿坐标系的 Z 轴一致），坐标系统标号是 1；图 3-8（c）表示球坐标系，坐标系统标号是 2；图 3-8（d）表示第二类圆柱坐标系（其 Z 轴与笛卡儿坐标系的 Y 轴一致），坐标系统标号是 3。

2. 局部坐标系

在许多情况下，必须建立用户自己的坐标系。其原点与总体坐标系的原点偏移一定距离，或其方位不同于先前定义的总体坐标系，图 3-9 所示为一个局部坐标系，它是通过局部、节点或工作平面坐标系旋转一定欧拉角来定义的。可以按以下方式定义局部坐标系。

（1）按总体笛卡儿坐标定义局部坐标系。

命令：LOCAL。
GUI：Utility Menu > WorkPlane > Local Coordinate Systems > Create Local CS > At Specified Loc +。

（2）通过已有节点定义局部坐标系。

命令：CS
GUI：Utility Menu > WorkPlane > Local Coordinate Systems > Create Local CS > By 3 Nodes +。

（3）通过已有关键点定义局部坐标系。

命令：CSKP。
GUI：Utility Menu > WorkPlane > Local Coordinate Systems > Create Local CS > By 3 Keypoints +。

（4）以当前定义的工作平面的原点为中心定义局部坐标系。

命令：CSWPLA。
GUI：Utility Menu > WorkPlane > Local Coordinate Systems > Create Local CS > At WP Origin。

图 3-8 中 X，Y，Z 表示总体坐标系，然后通过旋转该总体坐标系来建立局部坐标系。图 3-9（a）表示将总体坐标系绕 Z 轴旋转一个角度得到 X_1，Y_1，$Z（Z_1）$；图 3-9（b）表示将 X_1，Y_1，$Z（Z_1）$ 绕 X_1 轴旋转一个角度得到 $X_1（X_2）$，Y_2，Z_2。

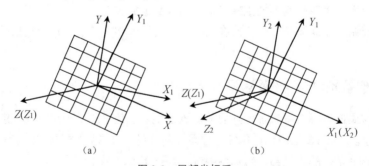

图 3-9　局部坐标系

当定义了一个局部坐标系后，它就会被激活。当创建了局部坐标系后，系统分配一个坐标系号（必须是 11 或更大），可以在 ANSYS 程序中的任何阶段建立或删除局部坐标系。若要删除一个局部坐标系，可以使用下面的方法。

命令：CSDELE。
GUI：Utility Menu > WorkPlane > Local Coordinate Systems > Delete Local CS。

若要查看所有的总体坐标系和局部坐标系，可以使用下面的方法。

```
命令：CSLIST。
GUI：Utility Menu > List > Other > Local Coord Sys。
```

与 3 个预定义的总体坐标系类似，局部坐标系可以是笛卡儿坐标系、柱坐标系或球坐标系。局部坐标系可以是圆形的，也可以是椭圆形的，另外，还可以建立环形局部坐标系，如图 3-10 所示。

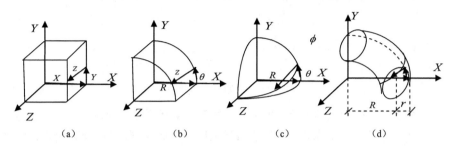

图 3-10　局部坐标系类型

图 2-10（a）表示局部笛卡儿坐标系，图 3-10（b）表示局部圆柱坐标系，图 3-10（c）表示局部球坐标系，图 3-10（d）表示局部环坐标系。

3. 坐标系的激活

可以同时定义多个坐标系，但某一时刻只能有一个坐标系被激活。激活坐标系的方法：首先自动激活总体笛卡儿坐标系，当定义一个新的局部坐标系后，这个新的坐标系就会自动被激活，如果要激活一个与总体坐标系相关的坐标系或以前定义的坐标系，可以使用下列方法。

```
命令：CSYS。
GUI：Utility Menu > WorkPlane > Change Active CS to > Global Cartesian。
Utility Menu > WorkPlane > Change Active CS to > Global Cylindrical。
Utility Menu > WorkPlane > Change Active CS to > Global Spherical。
Utility Menu > WorkPlane > Change Active CS to > Specified Coord Sys。
Utility Menu > WorkPlane > Change Active CS to > Working Plane。
```

在 ANSYS 程序运行的任何阶段都可以激活某个坐标系，若没有明确地改变激活的坐标系，当前激活的坐标系将一直保持不变。

在定义节点或关键点时，不管哪个坐标系是激活的，程序都将坐标系标为 X、Y 和 Z，如果激活的不是笛卡儿坐标系，应将 X、Y 和 Z 理解为柱坐标系中的 R、θ、Z 或球坐标系中的 R、θ、φ。

3.2.2　显示坐标系

在默认情况下，即使是在局部坐标系中定义的节点和关键点，其列表都显示它们在总体笛卡儿坐标系中的位置，可以用下列方法改变显示坐标系。

```
命令：DSYS。
GUI：Utility Menu > WorkPlane > Change Display CS to > Global Cartesian。
Utility Menu > WorkPlane > Change Display CS to > Global Cylindrical。
Utility Menu > WorkPlane > Change Display CS to > Global Spherical。
Utility Menu > WorkPlane > Change Display CS to > Specified Coord Sys。
```

改变显示坐标系也会影响图形显示。除非有特殊的需要，一般在用诸如 "NPLOT，EPLOT" 命令显示图形时，应将显示坐标系重置为总体笛卡儿坐标系。"DSYS" 命令对 "LPLOT" "APLOT" 和 "VPLOT" 命令无影响。

3.2.3　节点坐标系

总体坐标系和局部坐标系用于定位几何体，而节点坐标系则用于定义节点自由度的方向。每个节点都有自己的节点坐标系，默认情况下，它总是平行于总体笛卡儿坐标系（与定义节点的激活坐标系无关）。可用下列方法将任意节点坐标系旋转到所需方向，如图 3-11 所示。

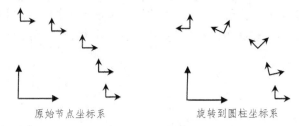

原始节点坐标系　　　　　　　旋转到圆柱坐标系

图 3-11　旋转节点坐标系

（1）将节点坐标系旋转到激活坐标系的方向。即节点坐标系的 X 轴旋转为平行于激活坐标系的 X 轴或 R 轴，节点坐标系的 Y 轴旋转为平行于激活坐标系的 Y 轴或 θ 轴，节点坐标系的 Z 轴旋转为平行于激活坐标系的 Z 轴或 ϕ 轴。

```
命令：NROTAT。
GUI：Main Menu > Preprocessor > Modeling > Create > Nodes > Rotate Node CS > To Active CS。
Main Menu > Preprocessor > Modeling > Move/Modify > Rotate Node CS > To Active CS。
```

（2）按给定的旋转角旋转节点坐标系（因为通常不易得到旋转角，因此"NROTAT"命令可能更有用），在生成节点时可以定义旋转角，或对已有节点修改旋转角（使用"NMODIF"命令）。

```
命令：N。
GUI：Main Menu > Preprocessor > Modeling > Create > Nodes > In Active CS。
命令：NMODIF。
GUI：Main Menu > Preprocessor > Modeling > Create > Nodes > Rotate Node CS > By Angles。
Main Menu > Preprocessor > Modeling > Move/Modify > Rotate Node CS > By Angles。
```

可以用下列方法列出节点坐标系相对于总体笛卡儿坐标系旋转的角度。

```
命令：NANG。
GUI：Main Menu > Preprocessor > Modeling > Create > Nodes > Rotate Node CS > By Vectors。
Main Menu > Preprocessor > Modeling > Move/Modify > Rotate Node CS > By Vectors。
命令：NLIST。
GUI：Utility Menu > List > Nodes。
Utility Menu > List > Picked Entities > Nodes。
```

3.2.4　单元坐标系

每个单元都有自己的坐标系，单元坐标系用于规定正交材料特性的方向，施加压力和显示结果（如应力、应变）的输出方向。所有的单元坐标系都遵循右手法则。

大多数单元坐标系的默认方向遵循以下规则。

（1）线单元的 X 轴通常从该单元的 I 节点指向 J 节点。

（2）壳单元的 X 轴通常也取 I 节点到 J 节点的方向，Z 轴过 I 节点且与壳面垂直，其正方向由单元的 I、J 和 K 节点按右手法则确定，Y 轴垂直于 X 轴和 Z 轴。

（3）二维和三维实体单元的单元坐标系总是平行于总体笛卡儿坐标系。

并非所有的单元坐标系都符合上述规则，对于特定单元坐标系的默认方向可参考 ANSYS 帮助文档单元说明部分。许多单元类型都包含一些选项，这些选项用于修改单元坐标系的默认方向。对面单元和体单元而言，可用下列命令将单元坐标系的方向调整到已定义的局部坐标系上。

```
命令：ESYS。
GUI：Main Menu > Preprocessor > Meshing > Mesh Attributes > Default Attribs。
Main Menu > Preprocessor > Modeling > Create > Elements > Elem Attributes。
```

3.2.5　结果坐标系

在求解过程中，计算的结果数据有位移、梯度、应力、应变等，这些数据存储在数据库和结果文件中，要么是在节点坐标系文件中（初始或节点数据），要么是在单元坐标系文件中（导出或单元数据）。但是，结果数据通常在激活的坐标系（默认为总体坐标系）中进行云图显示、列表显示和单元数据存储（ETABLE 命令）等操作。

可以将活动的结果坐标系转到另一个坐标系（如总体坐标系或一个局部坐标系），或转到求解时所用的坐标系（如节点坐标系和单元坐标系）。如果要列表显示或操作这些结果数据，则它们首先需要被旋转到结果坐标系下。利用下列方法可改变结果坐标系。

```
命令：RSYS。
GUI：Main Menu > General Postproc > Options for Output。
Utility Menu > List > Results > Options。
```

3.3　工作平面

尽管光标在屏幕上只表现为一个点，但它实际上代表的是空间中垂直于屏幕的一条线。为了能用光标拾取一个点，首先必须定义一个假想的平面，当该平面与光标所代表的垂线相交时，能唯一地确定空间中的一个点，这个假想的平面就是工作平面。从另一种角度想象光标与工作平面的关系，可以描述为光标就像一个点在工作平面上来回游荡，工作平面因此就如同在上面写字的平板一样，工作平面可以不平行于显示屏，如图 3-12 所示。

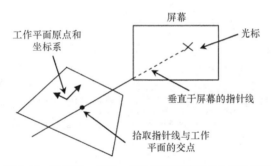

图 3-12　显示屏、光标、工作平面及拾取点之间的关系

工作平面是一个无限平面，有原点、二维坐标系、捕捉增量和显示栅格。在同一时刻只能定义一个工作平面（当定义一个新的工作平面时就会删除已有的工作平面）。工作平面是与坐标系独立使用的。例如，工作平面与激活的坐标系可以有不同的原点和旋转方向。

进入 ANSYS 程序时，有一个默认的工作平面，即总体笛卡儿坐标系的 X-Y 平面。工作平面的 X 轴、Y 轴分别取总体笛卡儿坐标系的 X 轴和 Y 轴。

3.3.1　定义一个新的工作平面

（1）可以用下列方法定义一个新的工作平面。

① 由 3 点定义一个工作平面。

```
命令：WPLANE。
GUI：Utility Menu > WorkPlane > Align WP with > XYZ Locations。
```

② 由 3 个节点定义一个工作平面。

命令：NWPLAN。
GUI: Utility Menu > WorkPlane > Align WP with > Nodes.

③ 由 3 个关键点定义一个工作平面。

命令：KWPLAN。
GUI: Utility Menu > WorkPlane > Align WP with > Keypoints.

④ 通过一个指定线上的点做垂直于该直线的平面，将其定义为工作平面。

命令：LWPLAN。
GUI: Utility Menu > WorkPlane > Align WP with > Plane Normal to Line.

⑤ 通过现有坐标系的 *X-Y*（或 *R-θ*）平面定义工作平面。

命令：WPCSYS。
GUI: Utility Menu > WorkPlane > Align WP with > Active Coord Sys.
Utility Menu > WorkPlane > Align WP with > Global Cartesian.
Utility Menu > WorkPlane > Align WP with > Specified Coord Sys.

（2）控制工作平面的显示和样式

为获得工作平面的状态（位置、方向、增量）可以使用下面的方法。

命令：WPSTYL,STAT。
GUI: Utility Menu > List > Status > Working Plane.

为将工作平面重置为默认状态下的位置和样式，可利用命令 WPSTYL，DEFA。

3.3.2 移动工作平面

将工作平面移动到与原位置平行的新的位置，方法如下。

（1）将工作平面的原点移动到关键点。

命令：KWPAVE。
GUI: Utility Menu > WorkPlane > Offset WP to > Keypoints.

（2）将工作平面的原点移动到节点。

命令：NWPAVE。
GUI: Utility Menu > WorkPlane > Offset WP to > Nodes.

（3）将工作平面的原点移动到指定点。

命令：WPAVE。
GUI: Utility Menu > WorkPlane > Offset WP to > Global Origin.
Utility Menu > WorkPlane > Offset WP to > Origin of Active CS.
Utility Menu > WorkPlane > Offset WP to > XYZ Locations.

（4）将工作平面平移指定量。

命令：WPOFFS。
GUI: Utility Menu > WorkPlane > Offset WP by Increments.

3.3.3 旋转工作平面

可以将工作平面旋转到一个新的方向，也可以在工作平面内旋转 *X-Y* 轴，还可以使整个工作平面都旋转到一个新的位置。如果不清楚旋转角度，利用前面的方法可以很容易地在正确的方向上创建一个新的工作平面。旋转工作平面的方法如下。

命令：WPROTA。
GUI: Utility Menu > WorkPlane > Offset WP by Increments.

3.3.4 还原一个已定义的工作平面

尽管实际上不能存储一个工作平面，但可以在工作平面的原点创建一个局部坐标系，然后利用这个局部坐标系还原一个已定义的工作平面。

在工作平面的原点创建局部坐标系的方法如下。

命令：CSWPLA。
GUI: Utility Menu > WorkPlane > Local Coordinate Systems > Create Local CS > At WP Origin.

利用局部坐标系还原一个已定义的工作平面的方法如下。

```
命令: WPCSYS。
GUI: Utility Menu > WorkPlane > Align WP with > Active Coord Sys。
Utility Menu > WorkPlane > Align WP with > Global Cartesian。
Utility Menu > WorkPlane > Align WP with > Specified Coord Sys。
```

3.4 自底向上创建几何模型

无论是使用自底向上还是自顶向下的方法创建实体模型，实体模型均由关键点、线、面和体组成，如图 3-13 所示。

模型顶点为关键点，边为线，表面为面，而整个物体内部为体。这些图元底层次关系是，最高级的体图元以次高级的面图元为边界，面图元又以线图元为边界，线图元则以关键点图元为端点。

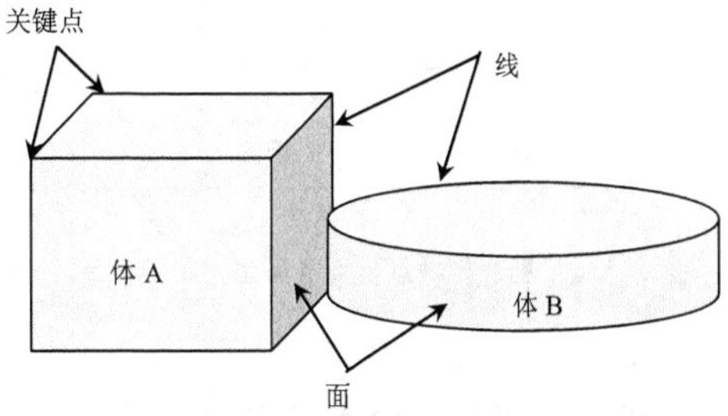

图 3-13 基本实体模型图元

3.4.1 关键点

用自底向上的方法创建模型时，首先定义最低级的图元——关键点。关键点是在当前激活的坐标系内定义的。不必总是按从低级到高级的办法定义所有的图元来生成高级图元，可以直接在它们的顶点由关键点来直接定义面和体，中间的图元需要时可自动生成。例如，一个长方体可用 8 个角的关键点来定义，ANSYS 程序会自动地生成该长方形中所有的面和线。可以直接定义关键点，也可以从已有的关键点生成新的关键点，定义好关键点后，可以对它进行查看、选择和删除等操作。

1. 定义关键点

定义关键点的命令及 GUI 方式如表 3-1 所示。

表 3-1 定义关键点

位置	命令	GUI 方式
在当前坐标系下	K	Main Menu > Preprocessor > Modeling > Create > Keypoints > In Active CS Main Menu > Preprocessor > Modeling > Create > Keypoints > On Working Plane
在线上的指定位置	KL	Main Menu > Preprocessor > Modeling > Create > Keypoints > On Line Main Menu > Preprocessor > Modeling > Create > Keypoints > On Line w/Ratio

2. 从已有的关键点生成关键点

从已有的关键点生成关键点的命令及 GUI 方式如表 3-2 所示。

表 3-2 从已有的关键点生成关键点

位置	命令	GUI 方式
在两个关键点之间创建一个新的关键点	KBETW	Main Menu > Preprocessor > Modeling > Create > Keypoints > KP between KPs
在两个关键点之间填充多个关键点	KFILL	Main Menu > Preprocessor > Modeling > Create > Keypoints > Fill between KPs
在 3 点定义的圆弧中心定义关键点	KCENTER	Main Menu > Preprocessor > Modeling > Create > Keypoints > KP at center

（续表）

位置	命令	GUI 方式
由一种模式的关键点生成另外的关键点	KGEN	Main Menu > Preprocessor > Modeling > Copy > Keypoints
从已给定模型的关键点生成一定比例的关键点	KSCALE	该命令没有相应 GUI 方式
通过镜像产生关键点	KSYMM	Main Menu > Preprocessor > Modeling > Reflect > Keypoints
将一种模式的关键点转到另外一个坐标系中	KTRAN	Main Menu > Preprocessor > Modeling > Move/Modify > Transfer Coord > Keypoints
给未定义的关键点定义一个默认位置	SOURCE	该命令没有相应 GUI 方式
计算并将一个关键点移动到一个交点上	KMOVE	Main Menu > Preprocessor > Modeling > Move/Modify > Keypoints > To Intersect
在已有节点处定义一个关键点	KNODE	Main Menu > Preprocessor > Modeling > Create > Keypoints > On Node
计算两关键点之间的距离	KDIST	Main Menu > Preprocessor > Modeling > Check Geom > KP distances
修改关键点的坐标系	KMODIF	MainMenu > Preprocessor > Modeling > Move/Modify > Keypoints > Set of KPs MainMenu > Preprocessor > Modeling > Move/Modify > Keypoints > Single KP

3. 查看、选择和删除关键点

查看、选择和删除关键点的命令及 GUI 方式如表 3-3 所示。

表 3-3　查看、选择和删除关键点

用途	命令	GUI 方式
列表显示关键点	KLIST	Utility Menu > List > Keypoints > Coordinates+Attributes Utility Menu > List > Keypoints > Coordinates only Utility Menu > List > Keypoints > Hard Points
选择关键点	KSEL	Utility Menu > Select > Entities
屏幕显示关键点	KPLOT	Utility Menu > Plot > Keypoints > Keypoints Utility Menu > Plot > Specified Entities > Keypoints
删除关键点	KDELE	Main Menu > Preprocessor > Modeling > Delete > Keypoints

3.4.2　硬点

硬点实际上是一种特殊的关键点，它表示网格必须通过的点。硬点不会改变模型的几何形状和拓扑结构，大多数关键点命令，如 FK、KLIST 和 KSEL 适用于硬点，而且它还有自己的命令集和 GUI 方式。

如果发出更新图元几何形状的命令，例如布尔操作或简化命令，任何与图元相连的硬点都将自动删除；不能用复制、移动或修改关键点的命令操作硬点；当使用硬点时，不支持映射网格划分。

1. 定义硬点

定义硬点的命令及 GUI 方式如表 3-4 所示。

表 3-4　定义硬点

位置	命令	GUI 方式
在线上定义硬点	HPTCREATE LINE	Main Menu > Preprocessor > Modeling > Create > Keypoints > Hard PT on line > Hard PT by ratio Main Menu > Preprocessor > Modeling > Create > Keypoints > Hard PT on line > Hard PT by coordinates Main Menu > Preprocessor > Modeling > Create > Keypoints > Hard PT on line > Hard PT by picking

（续表）

位置	命令	GUI 方式
在面上定义硬点	HPTCREATE AREA	Main Menu > Preprocessor > Modeling > Create > Keypoints > Hard PT on area > Hard PT by coordinates Main Menu > Preprocessor > Modeling > Create > Keypoints > Hard PT on area > Hard PT by picking

2. 选择硬点

选择硬点的命令及 GUI 方式如表 3-5 所示。

表 3-5　选择硬点

位置	命令	GUI 方式
硬点	KSEL	Utility Menu > Select > Entities
附在线上的硬点	LSEL	Utility Menu > Select > Entities
附在面上的硬点	ASEL	Utility Menu > Select > Entities

3. 查看和删除硬点

查看和删除硬点的命令及 GUI 方式如表 3-6 所示。

表 3-6　查看和删除硬点

用途	命令	GUI 方式
列表显示硬点	KLIST	Utility Menu > List > Keypoint > Hard Points
列表显示线及附属的硬点	LLIST	Utility Menu > List > Lines
列表显示面及附属的硬点	ALIST	Utility Menu > List > Areas
屏幕显示硬点	KPLOT	Utility Menu > Plot > Keypoints > Hard Points
删除硬点	HPTDELETE	Main Menu > Preprocessor > Modeling > Delete > Hard Points

3.4.3　线

线主要用于表示实体的边。像关键点一样，线是在当前激活的坐标系内定义的，并不总是需要明确地定义所有的线，因为 ANSYS 程序在定义面和体时，会自动生成相关的线。只有在生成线单元（如梁）或想通过线来定义面时，才需要专门定义线。

1. 定义线

定义线的命令及 GUI 方式如表 3-7 所示。

表 3-7　定义线

用法	命令	GUI 方式
在指定的关键点之间创建直线（与坐标系有关）	L	Main Menu > Preprocessor > Modeling > Create > Lines > Lines > In Active Coord
通过 3 个关键点创建弧线（或者通过两个关键点和指定半径创建弧线）	LARC	Main Menu > Preprocessor > Modeling > Create > Lines > Arcs > By End KPs & Rad Main Menu > Preprocessor > Modeling > Create > Lines > Arcs > Through 3 KPs
创建多义线	BSPLIN	Main Menu > Preprocessor > Modeling > Create > Lines > Splines > Spline thru KPs Main Menu > Preprocessor > Modeling > Create > Lines > Splines > Spline thru Locs Main Menu > Preprocessor > Modeling > Create > Lines > Splines > With Options > Spline thru KPs Main Menu > Preprocessor > Modeling > Create > Lines > Splines > With Options > Spline thru Locs

（续表）

用法	命令	GUI 方式
创建圆弧线	CIRCLE	Main Menu > Preprocessor > Modeling > Create > Lines > Arcs > By Cent & Radius Main Menu > Preprocessor > Modeling > Create > Lines > Arcs > Full Circle
创建分段式多义线	SPLINE	Main Menu > Preprocessor > Modeling > Create > Lines > Splines > Segmented Spline Main Menu > Preprocessor > Modeling > Create > Lines > Splines > With Options > Segmented Spline
创建与另一条直线成一定角度的直线	LANG	Main Menu > Preprocessor > Modeling > Create > Lines > Lines > At angle to Line Main Menu > Preprocessor > Modeling > Create > Lines > Lines > Normal to Line
创建与另外两条直线成一定角度的直线	L2ANG	Main Menu > Preprocessor > Modeling > Create > Lines > Lines > Angle to 2 Lines Main Menu > Preprocessor > Modeling > Create > Lines > Lines > Norm to 2 Lines
创建一条与已有线相同终点且相切的线	LTAN	Main Menu > Preprocessor > Modeling > Create > Lines > Lines > Tan to Line
生成一条与两条线相切的线	L2TAN	Main Menu > Preprocessor > Modeling > Create > Lines > Lines > Tan to 2 Lines
生成一个面上两关键点之间最短的线	LAREA	Main Menu > Preprocessor > Modeling > Create > Lines > Lines > Overlaid on Area
通过一个关键点按一定路径延伸成线	LDRAG	Main Menu > Preprocessor > Modeling > Operate > Extrude > Keypoints > Along Lines
使一个关键点按一条轴旋转生成线	LROTAT	Main Menu > Preprocessor > Modeling > Operate > Extrude > Keypoints > About Axis
在两相交线之间生成倒角线	LFILLT	Main Menu > Preprocessor > Modeling > Create > Lines > Line Fillet
生成与激活坐标系无关的直线	LSTR	Main Menu > Preprocessor > Modeling > Create > Lines > Lines > Straight Line

2. 从已有线生成新线

从已有的线生成线的命令及 GUI 方式如表 3-8 所示。

表 3-8　生成新的线

用法	命令	GUI 方式
通过已有线生成新线	LGEN	Main Menu > Preprocessor > Modeling > Copy > Lines Main Menu > Preprocessor > Modeling > Move/Modify > Lines
从已有线对称镜像生成新线	LSYMM	Main Menu > Preprocessor > Modeling > Reflect > Lines
将已有线转到另一个坐标系	LTRAN	Main Menu > Preprocessor > Modeling > Move/Modify > Transfer Coord > Lines

3. 修改线

修改线的命令及 GUI 方式如表 3-9 所示。

表 3-9　修改线

用法	命令	GUI 方式
将一条线分成更小的线段	LDIV	Main Menu > Preprocessor > Modeling > Operate > Booleans > Divide > Line into 2 Ln's Main Menu > Preprocessor > Modeling > Operate > Booleans > Divide > Line into N Ln's Main Menu > Preprocessor > Modeling > Operate > Booleans > Divide > Lines w/ Options
将一条线与另一条线合并	LCOMB	Main Menu > Preprocessor > Modeling > Operate > Booleans > Add > Lines
将线的一端延长	LEXTND	Main Menu > Preprocessor > Modeling > Operate > Extend Line

4. 查看和删除线

查看和删除线的命令及 GUI 方式如表 3-10 所示。

表 3-10　查看和删除线

用法	命令	GUI 方式
列表显示线	LLIST	Utility Menu > List > Lines
屏幕显示线	LPLOT	Utility Menu > Plot > Lines Utility Menu > Plot > Specified Entities > Lines
选择线	LSEL	Utility Menu > Select > Entities
删除线	LDELE	Main Menu > Preprocessor > Modeling > Delete > Line and Below Main Menu > Preprocessor > Modeling > Delete > Lines Only

3.4.4　面

平面可以表示二维实体（如平板和轴对称实体）。曲面和平面都可以表示三维的面（如壳、三维实体的面等）。与线类似，只有用到面单元或者由面生成体时，才需要专门定义面。生成面的命令将自动生成依附于该面的线和关键点，同样，面也可以在定义体时自动生成。

1. 定义面

定义面的命令及 GUI 方式如表 3-11 所示。

表 3-11　定义面

用法	命令	GUI 方式
通过关键点定义一个面	A	Main Menu > Preprocessor > Modeling > Create > Areas > Arbitrary > Through KPs
通过其边界线定义一个面	AL	Main Menu > Preprocessor > Modeling > Create > Areas > Arbitrary > By Lines
沿一条路径拖动一条线生成面	ADRAG	Main Menu > Preprocessor > Modeling > Operate > Extrude >Lines > Along Lines
沿一轴线旋转一条线生成面	AROTAT	Main Menu > Preprocessor > Modeling > Operate > Extrude >Line > About Axis
在两面之间生成倒角面	AFILLT	Main Menu > Preprocessor > Modeling > Create > Areas > Area Fillet
通过引导线生成光滑曲面	ASKIN	Main Menu > Preprocessor > Modeling > Create > Areas > Arbitrary > By Skinning

2. 通过已有面生成新的面

通过已有面生成新的面的命令及 GUI 方式如表 3-12 所示。

表 3-12　生成新的面

用法	命令	GUI 方式
通过已有面生成另外的面	AGEN	Main Menu > Preprocessor > Modeling > Copy > Areas Main Menu > Preprocessor > Modeling > Move/Modify > Areas > Areas
通过对称镜像生成面	ARSYM	Main Menu > Preprocessor > Modeling > Reflect > Areas
将面转到另外的坐标系下	ATRAN	Main Menu > Preprocessor > Modeling > Move/Modify > Transfer Coord > Areas
复制一个面的部分	ASUB	Main Menu > Preprocessor > Modeling > Create > Areas > Arbitrary > Overlaid on Area
通过偏移一个面生成新的面	AOFFST	Main Menu > Preprocessor > Modeling > Create > Areas > Arbitrary > By Offset

3. 查看、选择和删除面

查看、选择和删除面的命令及 GUI 菜单路径如表 3-13 所示。

表 3-13　查看、选择和删除面

用法	命令	GUI 方式
列表显示面	ALIST	Utility Menu > List > Areas Utility Menu > List > Picked Entities > Areas
屏幕显示面	APLOT	Utility Menu > Plot > Areas Utility Menu > Plot > Specified Entities > Areas
选择面	ASEL	Utility Menu > Select > Entities
删除面	ADELE	Main Menu > Preprocessor > Modeling > Delete > Area and Below Main Menu > Preprocessor > Modeling > Delete > Areas Only

3.4.5　体

体用于描述三维实体，仅当需要用体单元时才必须建立体，生成体的命令将自动生成低级的图元。

1. 定义体

定义体的命令及 GUI 方式如表 3-14 所示。

表 3-14　定义体

用法	命令	GUI 方式
通过顶点定义体（即通过关键点）	V	Main Menu > Preprocessor > Modeling > Create > Volumes > Arbitrary > Through KPs
通过边界定义体（即用一系列的面来定义）	VA	Main Menu > Preprocessor > Modeling > Create > Volumes by Areas
将面沿某个路径拖拉生成体	VDRAG	Main Menu > Preprocessor > Modeling > Operate > Extrude > Areas > Along Lines
将面沿某根轴旋转生成体	VROTAT	Main Menu > Preprocessor > Modeling > Operate > Extrude > Areas > About Axis
将面沿其法向偏移生成体	VOFFST	Main Menu > Preprocessor > Modeling > Operate > Extrude > Areas > Along Normal
在当前坐标系下对面进行拖拉和缩放生成体	VEXT	Main Menu > Preprocessor > Modeling > Operate > Extrude > Areas > By XYZ Offset

其中，"VOFFST"命令和"VEXT"命令操作示意如图 3-14 所示。

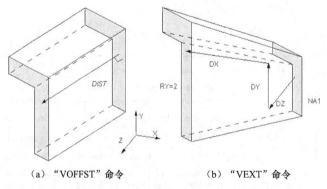

（a）"VOFFST"命令　　　　（b）"VEXT"命令

图 3-14　"VOFFST"命令和"VEXT"命令操作示意

2. 通过已有的体生成新的体

通过已有的体生成新的体的命令及 GUI 方式如表 3-15 所示。

表 3-15　生成新的体

用法	命令	GUI 方式
由一种模式的体生成另外的体	VGEN	Main Menu > Preprocessor > Modeling > Copy > Volumes Main Menu > Preprocessor > Modeling > Move/Modify > Volumes
通过对称镜像生成体	VSYMM	Main Menu > Preprocessor > Modeling > Reflect > Volumes
将体转到另外的坐标系	VTRAN	Main Menu > Preprocessor > Modeling > Move/Modify > Transfer Coord > Volumes

3. 查看、选择和删除体

查看、选择和删除体的命令及 GUI 方式如表 3-16 所示。

表 3-16　查看、选择和删除体

用法	命令	GUI 方式
列表显示体	VLIST	Utility Menu > List > Volumes
屏幕显示体	VPLOT	Utility Menu > Plot > Specified Entities > Volumes Utility Menu > Plot > Volumes
选择体	VSEL	Utility Menu > Select > Entities
删除体	VDELE	Main Menu > Preprocessor > Modeling > Delete > Volume and Below Main Menu > Preprocessor > Modeling > Delete > Volumes Only

3.5　自顶向下创建几何模型

几何模型（体素）是用单个 ANSYS 命令创建的常用实体模型，如球、正棱柱等。因为体素是高级图元，不用先定义任何关键点而形成，所以称利用体素进行建模的方法为自顶向下建模。当生成一个体素时，ANSYS 程序会自动生成所有属于该体素的必要的低级图元。

3.5.1　创建面体素

创建面体素的命令及 GUI 方式如表 3-17 所示。

表 3-17　创建面体素

用法	命令	GUI 方式
在工作平面上创建矩形面	RECTNG	Main Menu > Preprocessor > Modeling > Create > Areas > Rectangle > By Dimensions
通过角点生成矩形面	BLC4	Main Menu > Preprocessor > Modeling > Create > Areas > Rectangle > By 2 Corners
通过中心和角点生成矩形面	BLC5	Main Menu > Preprocessor > Modeling > Create > Areas > Rectangle > By Centr & Cornr
在工作平面上生成以其原点为圆心的环形面	PCIRC	Main Menu > Preprocessor > Modeling > Create > Areas > Circle > By Dimensions
在工作平面上生成环形面	CYL4	Main Menu > Preprocessor > Modeling > Create > Areas > Circle > Annulus or > Partial Annulus or > Solid Circle
通过端点生成环形面	CYL5	Main Menu > Preprocessor > Modeling > Create > Areas > Circle > By End Points
以工作平面原点为中心创建正多边形	RPOLY	Main Menu > Preprocessor > Modeling > Create > Areas > Polygon > By Circumscr Rad or > By Inscribed Rad or > By Side Length
在工作平面的任意位置创建正多边形	RPR4	Main Menu > Preprocessor > Modeling > Create > Areas > Polygon > Hexagon or > Octagon or > Pentagon or > Septagon or > Square or > Triangle
基于工作平面坐标对生成任意多边形	POLY	该命令没有相应 GUI 方式

3.5.2　创建实体体素

创建实体体素的命令及 GUI 方式如表 3-18 所示。

表 3-18　创建实体体素

用法	命令	GUI 方式
在工作平面上创建长方体	BLOCK	Main Menu > Preprocessor > Modeling > Create > Volumes > Block > By Dimensions
通过角点生成长方体	BLC4	Main Menu > Preprocessor > Modeling > Create > Volumes > Block > By 2 Corners & Z
通过中心和角点生成长方体	BLC5	Main Menu > Preprocessor > Modeling > Create > Volumes > Block > By Centr,Cornr,Z
以工作平面原点为圆心生成圆柱体	CYLIND	Main Menu > Preprocessor > Modeling > Create > Volumes > Cylinder > By Dimensions
在工作平面的任意位置创建圆柱体	CYL4	Main Menu > Preprocessor > Modeling > Create > Volumes > Cylinder > Hollow Cylinder or > Partial Cylinder or > Solid Cylinder
通过端点创建圆柱体	CYL5	Main Menu > Preprocessor > Modeling > Create > Volumes > Cylinder > By End Pts & Z
以工作平面的原点为中心创建正棱柱体	RPRISM	Main Menu > Preprocessor > Modeling > Create > Volumes > Prism > By Circumscr Rad or > By Inscribed Rad or > By Side Length
在工作平面的任意位置创建正棱柱体	RPR4	Main Menu > Preprocessor > Modeling > Create > Volumes > Prism > Hexagonal or > Octagonal or > Pentagonal or > Septagonal or > Square or > Triangular
基于工作平面坐标对创建任意多棱柱体	PRISM	该命令没有相应 GUI 方式
以工作平面原点为中心创建球体	SPHERE	Main Menu > Preprocessor > Modeling > Create > Volumes > Sphere > By Dimensions
在工作平面的任意位置创建球体	SPH4	Main Menu > Preprocessor > Modeling > Create > Volumes > Sphere > Hollow Sphere or > Solid Sphere
通过直径的端点生成球体	SPH5	Main Menu > Preprocessor > Modeling > Create > Volumes > Sphere > By End Points
以工作平面原点为中心生成圆锥体	CONE	Main Menu > Preprocessor > Modeling > Create > Volumes > Cone > By Dimensions
在工作平面的任意位置创建圆锥体	CON4	Main Menu > Preprocessor > Modeling > Create > Volumes > Cone > By Picking
生成环体	TORUS	Main Menu > Preprocessor > Modeling > Create > Volumes > Torus

图 3-15 所示为环形体素和环形扇区体素。

图 3-16 所示为空心圆球体素和圆台体素。

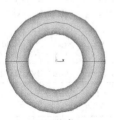

环形体素　　　　环形扇区体素

图 3-15　环形体素和环形扇区体素

空心圆球体素　　　　圆台体素

图 3-16　空心圆球体素和圆台体素

3.6 使用布尔运算操作来修正几何模型

在布尔运算中，对一组数据可用诸如交、并、减等逻辑运算处理，ANSYS 程序也允许对实体模型进行同样的操作，这样修改实体模型就更加容易。

无论是自顶向下还是自底向上创建的实体模型，都可以对它进行布尔运算操作。需注意的是，凡是通过连接生成的图元，布尔运算对其无效，对退化的图元也不能进行某些布尔运算。通常，完成布尔运算之后，紧接着就是实体模型的加载和单元属性的定义，如果用布尔运算修改了已有的模型，需注意重新定义单元属性和重新加载模型。

3.6.1 布尔运算的设置

对两个或多个图元进行布尔运算时，可以通过以下的方式确定是否保留原始图元，如图 3-17 所示。

命令：BOPTN。
GUI：Main Menu > Preprocessor > Modeling > Operate > Booleans > Settings。

一般来说，对依附于高级图元的低级图元进行布尔运算是允许的，但不能对已划分网格的图元进行布尔操作，必须在执行布尔操作之前将网格清除。

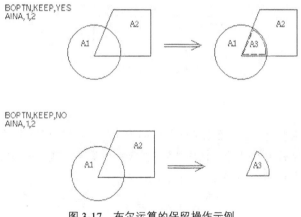

图 3-17　布尔运算的保留操作示例

3.6.2 布尔运算之后的图元编号

ANSYS 的编号程序会对布尔运算输出的图元依据其拓扑结构和几何形状进行编号。例如，面的拓扑信息包括定义的边数、组成面的线数（即三角形面或四边形面）、面中的任何原始线（在布尔运算之前存在的线）的线号、任意原始关键点的关键点号等。面的几何信息包括形心的坐标、端点和其他相对于一些任意的参考坐标系的控制点。控制点是由 NURBS（非均匀有理 B 样条）定义的模型参数。

编号程序首先给输出图元分配按其拓扑结构唯一识别的编号（以一个有效数字开始），所有剩余图元按几何编号。但需注意的是，按几何编号的图元顺序可能会与优化设计的顺序不一致，特别是在多重循环中图元几何位置发生改变的情况下。

3.6.3 交运算

交运算的命令及 GUI 方式如表 3-19 所示。

表 3-19 交运算

用法	命令	GUI 方式
线相交	LINL	Main Menu > Preprocessor > Modeling > Operate > Booleans > Intersect > Common > Lines
面相交	AINA	Main Menu > Preprocessor > Modeling > Operate > Booleans > Intersect > Common > Areas
体相交	VINV	Main Menu > Preprocessor > Modeling > Operate > Booleans > Intersect > Common > Volumes
线和面相交	LINA	Main Menu > Preprocessor > Modeling > Operate > Booleans > Intersect > Line with Area
面和体相交	AINV	Main Menu > Preprocessor > Modeling > Operate > Booleans > Intersect > Area with Volume
线和体相交	LINV	Main Menu > Preprocessor > Modeling > Operate > Booleans > Intersect > Line with Volume

图 3-18 ~ 图 3-22 所示为一些图元相交的实例。

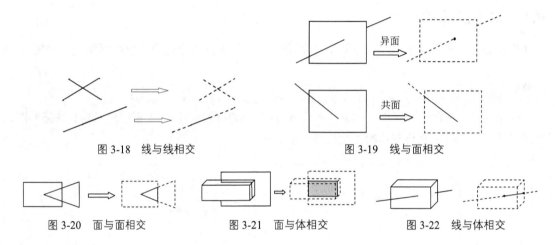

图 3-18 线与线相交   图 3-19 线与面相交

图 3-20 面与面相交   图 3-21 面与体相交   图 3-22 线与体相交

3.6.4 两两相交

两两相交运算是指由图元集叠加而形成一个新的图元集，结果为至少两个图元相交得到的区域。例如，线集两两相交运算后可能得到一个关键点或关键点的集合，或者一条线或线的集合。

布尔两两相交运算的命令及 GUI 方式如表 3-20 所示。

表 3-20 两两相交

用法	命令	GUI 方式
线两两相交	LINP	Main Menu > Preprocessor > Modeling > Operate > Booleans > Intersect > Pairwise > Lines
面两两相交	AINP	Main Menu > Preprocessor > Modeling > Operate > Booleans > Intersect > Pairwise > Areas
体两两相交	VINP	Main Menu > Preprocessor > Modeling > Operate > Booleans > Intersect > Pairwise > Volumes

图 3-23 和图 3-24 所示为一些两两相交的实例。

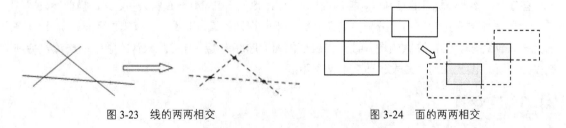

图 3-23 线的两两相交   图 3-24 面的两两相交

3.6.5 相加

加运算的结果是得到一个包含各个原始图元所有部分的新图元，这样形成的新图元是一个单一的、没有接缝的整体。在 ANSYS 程序中，只能对三维实体或二维共面的几个面进行加操作，面相加可以包含面内的孔（内环）。

在网格划分时，搭接形成的图元比加运算形成的图元更容易进行映射网格划分，因此搭接形成的图元所划分的网格质量也会更高。

加运算的命令及 GUI 方式如表 3-21 所示。

表 3-21　相加运算

用法	命令	GUI 方式
面相加	AADD	Main Menu > Preprocessor > Modeling > Operate > Booleans > Add > Areas
体相加	VADD	Main Menu > Preprocessor > Modeling > Operate > Booleans > Add > Volumes

3.6.6 相减

如果从某个图元（E1）减去另一个图元（E2），结果可能有两种情况：一种情况是生成一个新图元 E3（E1–E2=E3），E3 和 E1 有同样的维数，且与 E2 无搭接部分；另一种情况是 E1 与 E2 的搭接部分是个低维的实体，相减后得到两个或多个新的实体（E1–E2=E3，E4）。布尔相减运算的命令及 GUI 方式如表 3-22 所示。

表 3-22　相减运算

用法	命令	GUI 方式
线减去线	LSBL	Main Menu > Preprocessor > Modeling > Operate > Booleans > Subtract > Lines Main Menu > Preprocessor > Modeling > Operate > Booleans > Subtract > With Options > Lines Main Menu > Preprocessor > Modeling > Operate > Booleans > Divide > Line by Line Main Menu > Preprocessor > Modeling > Operate > Booleans > Divide > With Options > Line by Line
面减去面	ASBA	Main Menu > Preprocessor > Modeling > Operate > Booleans > Subtract > Areas Main Menu > Preprocessor > Modeling > Operate > Booleans > Subtract > With Options > Areas Main Menu > Preprocessor > Modeling > Operate > Booleans > Divide > Area by Area Main Menu > Preprocessor > Modeling > Operate > Booleans > Divide > With Options > Area by Area
体减去体	VSBV	Main Menu > Preprocessor > Modeling > Operate > Booleans > Subtract > Volumes Main Menu > Preprocessor > Modeling > Operate > Booleans > Subtract > With Options > Volumes
线减去面	LSBA	Main Menu > Preprocessor > Modeling > Operate > Booleans > Divide > Line by Area Main Menu > Preprocessor > Modeling > Operate > Booleans > Divide > With Options > Line by Area
线减去体	LSBV	Main Menu > Preprocessor > Modeling > Operate > Booleans > Divide > Line by Volume Main Menu > Preprocessor > Modeling > Operate > Booleans > Divide > With Options > Line by Volume
面减去体	ASBV	Main Menu > Preprocessor > Modeling > Operate > Booleans > Divide > Area by Volume Main Menu > Preprocessor > Modeling > Operate > Booleans > Divide > With Options > Area by Volume
面减去线	ASBL[1]	Main Menu > Preprocessor > Modeling > Operate > Booleans > Divide > Area by Line Main Menu > Preprocessor > Modeling > Operate > Booleans > Divide > With Options > Area by Line
体减去面	VSBA	Main Menu > Preprocessor > Modeling > Operate > Booleans > Divide > Volume by Area Main Menu > Preprocessor > Modeling > Operate > Booleans > Divide > With Options > Volume by Area

图 3-25 和图 3-26 所示为一些相减的实例。

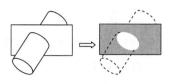

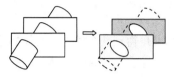

图 3-25　面减去体　　　　　　　　　　图 3-26　多个面减去一个体

3.6.7　利用工作平面做减运算

工作平面可以用来做减运算，从而将一个图元分成两个或多个图元。可以利用命令或相应的 GUI 方式从工作平面减去线、面或体。"SEPO"命令用来确定生成的图元是否有公共边界或者独立但恰好重合的边界，"KEEP"命令用来确定保留或删除图元，而不管"BOPTN"命令（GUI 方式：Main Menu > Preprocessor > Modeling > Operate > Booleans > Settings）的设置如何。

利用工作平面进行减运算的命令及 GUI 方式如表 3-23 所示。

表 3-23　减运算

用法	命令	GUI 方式
利用工作平面减去线	LSBW	Main Menu > Preprocessor > Modeling > Operate > Booleans > Divide > Line by WrkPlane Main Menu > Preprocessor > Modeling > Operate > Booleans > Divide > With Options > Line by WrkPlane
利用工作平面减去面	ASBW	Main Menu > Preprocessor > Operate > Booleans > Divide > Area by WrkPlane Main Menu > Preprocessor > Modeling > Operate > Booleans > Divide > With Options > Area by WrkPlane
利用工作平面减去体	VSBW	Main Menu > Preprocessor > Modeling > Operate > Booleans > Divide > Volu by WrkPlane Main Menu > Preprocessor > Modeling > Operate > Booleans > Divide > With Options > Volu by WrkPlane

3.6.8　搭接

搭接命令用于连接两个或多个图元，以生成 3 个或更多新的图元的集合。搭接命令除了能在搭接区域周围生成了多个边界，其他功能与加运算非常类似。也就是说，搭接操作生成的是多个相对简单的区域，加运算生成一个相对复杂的区域。因而，搭接生成的图元比加运算生成的图元更容易划分网格。

搭接区域必须与原始图元有相同的维数。

搭接运算的命令及 GUI 方式如表 3-24 所示。

表 3-24　搭接运算

用法	命令	GUI 方式
线的搭接	LOVLAP	Main Menu > Preprocessor > Modeling > Operate > Booleans > Overlap > Lines
面的搭接	AOVLAP	Main Menu > Preprocessor > Modeling > Operate > Booleans > Overlap > Areas
体的搭接	VOVLAP	Main Menu > Preprocessor > Modeling > Operate > Booleans > Overlap > Volumes

3.6.9　分割

分割命令用于分割两个或多个图元，以生成 3 个或更多的新图元。如果分割区域与原始图元有相同的维数，那么分割结果与搭接结果相同。但是分割操作与搭接操作不同的是，没有参加分割命令的图元将不被删除。

分割运算的命令及 GUI 方式如表 3-25 所示。

表 3-25　分割运算

用法	命令	GUI 方式
线分割	LPTN	Main Menu > Preprocessor > Modeling > Operate > Booleans > Partition > Lines
面分割	APTN	Main Menu > Preprocessor > Modeling > Operate > Booleans > Partition > Areas
体分割	VPTN	Main Menu > Preprocessor > Modeling > Operate > Booleans > Partition > Volumes

3.6.10　合并

合并命令与搭接命令类似，只是合并命令后的各图元间仅在公共边界处相关，且公共边界的维数低于原始图元的维数。这些图元之间在执行合并操作后仍然相互独立，只是在边界上连接。

合并运算的命令及 GUI 方式如表 3-26 所示。

表 3-26　合并运算

用法	命令	GUI 方式
线的合并	LGLUE	Main Menu > Preprocessor > Modeling > Operate > Booleans > Glue > Lines
面的合并	AGLUE	Main Menu > Preprocessor > Modeling > Operate > Booleans > Glue > Areas
体的合并	VGLUE	Main Menu > Preprocessor > Modeling > Operate > Booleans > Glue > Volumes

3.7　移动、复制和缩放几何模型

如果模型中的相对复杂的图元重复出现，则仅需创建一个图元，然后在所需的位置按所需的方位复制生成其他图元即可完成模型创建。例如，在一个平板上开几个细长的孔，只需生成一个孔，然后再复制该孔即可完成模型创建，如图 3-27 所示。

生成几何体素时，其位置和方向由当前工作平面决定。因为若对生成的每一个新体素都重新定义工作平面很不方便，则允许体素在错误的位置生成，然后将该体素移动到正确的位置即可。当然，这种操作并不局限于几何体素，任何实体模型图元都可以复制或移动。

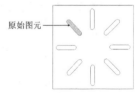

图 3-27　复制面示意

对实体图元进行移动和复制的命令："xGEN""xSYM（M）"和"xTRAN"。其中"xGEN"和"xTRAN"命令对图元的复制进行移动和旋转，这 2 个命令可能最有用。另外需要注意的是，复制一个高级图元将会自动把它所有附带的低级图元一起复制，而且，如果复制图元的单元（NOELEM=0），则所有的单元及其附属的低级图元都将被复制。在"xGEN""xSYM（M）"和"xTRAN"命令中，设置 IMOVE=1 即可实现移动操作。

3.7.1　按照样本生成图元

（1）从关键点的样本生成另外的关键点。

```
命令：KGEN。
GUI：Main Menu > Preprocessor > Modeling > Copy > Keypoints。
```

（2）从线的样本生成另外的线。

命令：LGEN。
GUI: Main Menu > Preprocessor > Modeling > Copy > Lines。
Main Menu > Preprocessor > Modeling > Move/Modify > Lines。

（3）从面的样本生成另外的面。

命令：AGEN。
GUI: Main Menu > Preprocessor > Modeling > Copy > Areas。
Main Menu > Preprocessor > Modeling > Move/Modify > Areas > Areas。

（4）从体的样本生成另外的体。

命令：VGEN。
GUI: Main Menu > Preprocessor > Modeling > Copy > Volumes。
Main Menu > Preprocessor > Modeling > Move/Modify > Volumes。

3.7.2　由对称镜像生成图元

（1）生成关键点的镜像集。

命令：KSYMM。
GUI: Main Menu > Preprocessor > Modeling > Reflect > Keypoints。

（2）样本线通过对称镜像生成线。

命令：LSYMM。
GUI: Main Menu > Preprocessor > Modeling > Reflect > Lines。

（3）样本面通过对称镜像生成面。

命令：ARSYM。
GUI: Main Menu > Preprocessor > Modeling > Reflect > Areas。

（4）样本体通过对称镜像生成体。

命令：VSYMM。
GUI: Main Menu > Preprocessor > Modeling > Reflect > Volumes。

3.7.3　将样本图元转换坐标系

（1）将样本关键点转到另外一个坐标系。

命令：KTRAN。
GUI: Main Menu > Preprocessor > Modeling > Move/Modify > Transfer Coord > Keypoints。

（2）将样本线转到另外一个坐标系。

命令：LTRAN。
GUI: Main Menu > Preprocessor > Modeling > Move/Modify > Transfer Coord > Lines。

（3）将样本面转到另外一个坐标系。

命令：ATRAN。
GUI: Main Menu > Preprocessor > Modeling > Move/Modify > Transfer Coord > Areas。

（4）将样本体转到另外一个坐标系。

命令：VTRAN。
GUI: Main Menu > Preprocessor > Modeling > Move/Modify > Transfer Coord > Volumes。

3.7.4　实体模型图元的缩放

已定义的图元可以进行放大或缩小操作。"XSCALE"命令可用比例缩放激活坐标系下的单个或多个图元，如图 3-28 所示。

4 个定比例命令都是将比例因子用于关键点坐标 X、Y、Z。如果激活坐标系为柱坐标系，则 X、Y 和 Z 分别代表 R、θ 和 Z，其中 θ 是偏转角，如果激活坐标系为球坐标系，则 X、Y 和 Z 分别表示 R、θ 和 ϕ，其中 θ 和 ϕ 都是偏转角。

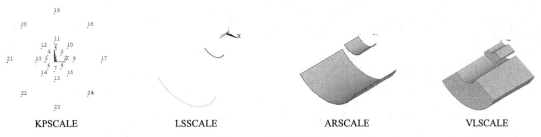

图 3-28　比例缩放图元

（1）从样本关键点生成一定比例的关键点。

命令：KPSCALE。
GUI: Main Menu > Preprocessor > Modeling > Operate > Scale > Keypoints。

（2）从样本线生成一定比例的线。

命令：LSSCALE。
GUI: Main Menu > Preprocessor > Modeling > Operate > Scale > Lines。

（3）从样本面生成一定比例的面。

命令：ARSCALE。
GUI: Main Menu > Preprocessor > Modeling > Operate > Scale > Areas。

（4）从样本体生成一定比例的体。

命令：VLSCALE。
GUI: Main Menu > Preprocessor > Modeling > Operate > Scale > Volumes。

3.8　实例导航——旋转外轮的实体建模

如图 3-29 所示的旋转外轮，一方面其高速旋转，角速度为 62.8rad/s（转每秒），另一方面其在边缘受到压力的作用，压力的大小为 1×10^6Pa。轮的内径为 5，外径为 8，具体的尺寸可以参见建立模型部分。

本例将按照建立几何模型、划分网格、加载、求解，以及后处理查看结果的顺序在本章和以后的几章中依次介绍，以使读者对 ANSYS 的分析过程有一个初步的认识和了解，本章只介绍建立几何模型部分，GUI 方式如下。

图 3-29　旋转外轮示意

注意　本例作为参考例子，没有给出尺寸单位，读者在自己建立模型时，务必要选择好尺寸单位。

实体建模步骤如下。

（1）定义工作文件名和工作标题。

① 定义工作文件名。执行应用菜单中的 Utility Menu > File > Change Jobname 命令，在弹出的"Change Jobname"对话框中输入"roter"，单击"OK"按钮，如图 3-30 所示。

② 定义工作标题。执行应用菜单中的 Utility Menu > File > Change Title 命令，在弹出的"Change Title"对话框中输入"static analysis of a roter"，单击"OK"按钮，如图 3-31 所示。

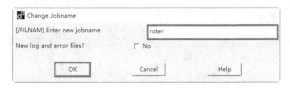

图 3-30　定义工作文件名对话框

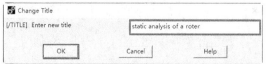

图 3-31　定义工作标题对话框

③ 重新显示。执行应用菜单中的 Utility Menu > Plot > Replot 命令。

④ 从主菜单中选择 Main Menu > Preference 命令，将打开"Preference for GUI Filtering（菜单过滤参数选择）"对话框，选中"Structural"复选框，单击"OK"按钮确定。

（2）建立轮的截面。在使用 PLANE 系列单元时，要求模型必须位于全局 XY 平面内。默认的工作平面即为全局 XY 平面，因此可以直接在默认的工作平面内创建轮的截面，具体步骤如下。

① 建立 3 个矩形面。

a. 从主菜单中选择 Main Menu > Preprocessor > Modeling > Create > Areas > Rectangle > By Dimensions 命令。

b. 依次输入 $X1$=5，$X2$=5.5，$Y1$=0，$Y2$=5，单击"Apply"按钮，如图 3-32 所示。

c. 继续创建矩形面，令 $X1$=5.5，$X2$=7.5，$Y1$=1.5，$Y2$=2.25，单击"Apply"按钮。

d. 继续创建矩形面，令 $X1$=7.5，$X2$=8.0，$Y1$=0.5，$Y2$=3.75，单击"OK"按钮。

② 建立一个圆面。

a. 从主菜单中选择 Main Menu > Preprocessor > Modeling > Create > Areas > Circle > Solid Circle 命令。

b. 输入 X=8，Y=1.875，Radius=0.5，单击"OK"按钮，如图 3-33 所示。

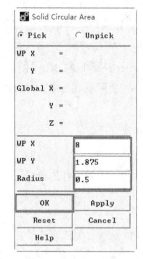

图 3-33　建立圆面

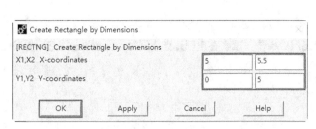

图 3-32　建立矩形

c. 绘制矩形和圆的结果如图 3-34 所示。

③ 将 3 个矩形和一个圆相加。

a. 从主菜单中选择 Main Menu > Preprocessor > Modeling > Operate > Booleans > Add > Areas 命令。

b. 出现"Add Areas"对话框，选择进行相加的面，单击"Pick All"按钮，如图 3-35 所示。

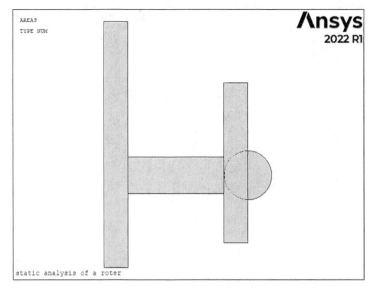

图 3-34　绘制矩形和圆的结果

图 3-35　选择相加的面

④ 打开线编号。

a. 从应用菜单中选择 Utility Menu > PlotCtrls > Numbering。

b. 将线编号设为"ON"，并使"/NUM"设为"Colors & numbers"，单击"OK"按钮，如图 3-36 所示。

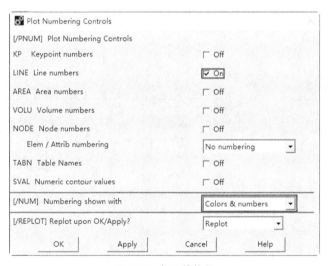

图 3-36　打开线编号

c. 打开线编号的结果，如图 3-37 所示。

⑤ 分别对线 18 与 7、7 与 20、5 与 17、5 与 19 进行倒角，倒角半径为"0.5"。

a. 从主菜单中选择 Main Menu > Preprocessor > Modeling > Create > Lines > Line Fillet 命令。

b. 系统弹出"Line Fillet"对话框，选择进行倒角的线，如图 3-38 所示。

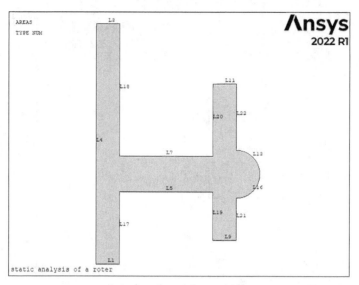

图 3-37　打开线编号的结果

　　c. 拾取线 18 与 7，单击"Apply"按钮，输入圆角半径"0.5"，单击"Apply"按钮，如图 3-39 所示。

图 3-38　选择需倒角的线

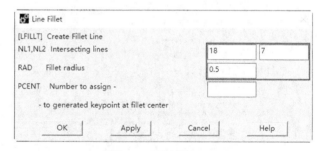

图 3-39　建立倒角

　　d. 拾取线 7 与 20，单击"Apply"按钮，输入圆角半径"0.5"，单击"Apply"按钮。

　　e. 拾取线 5 与 17，单击"Apply"按钮，输入圆角半径"0.5"，单击"Apply"按钮。

　　f. 拾取线 5 与 19，单击"Apply"按钮，输入圆角半径"0.5"，单击"OK"按钮。

　　⑥ 打开关键点编号。

　　a. 从应用菜单中选择 Utility Menu > PlotCtrls > Numbering

　　b. 将线编号设为"OFF"，将关键点编号设为"ON"，并使"/NUM"设为"Colors & numbers"，单击"OK"按钮，显示的结果如图 3-40 所示。

　　⑦ 通过三点画圆弧。

　　a. 从主菜单中选择 Main Menu > Preprocessor > Modeling > Create > Lines > Arcs > By End KPs &

Rad 命令。这时会出现"Arc by End KPs & Rad"对话框，如图 3-41 所示。

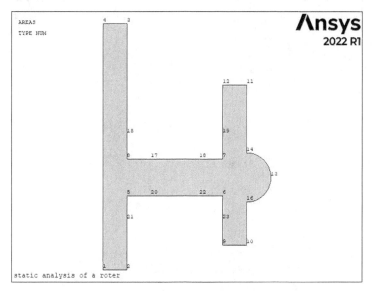

图 3-40　打开关键点编号结果

b. 拾取 12 点及 11 点，单击"Apply"按钮；再拾取 10 点，单击"Apply"按钮；输入圆弧半径 0.4，如图 3-42 所示，单击"Apply"按钮；拾取 9 点及 10 点，单击"Apply"按钮，再拾取 11 点，单击"Apply"按钮；输入圆弧半径 0.4，单击"OK"按钮。

图 3-41　选择点画弧线

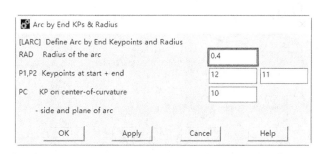

图 3-42　输入半径等参数

c. 生成的圆弧如图 3-43 所示。

⑧ 打开线编号。

a. 从应用菜单中选择 Utility Menu > PlotCtrls > Numbering 命令。

b. 将线编号设为"ON"，将关键点编号设为"OFF"，并使/NUM 设为"Colors & numbers"，单击"OK"按钮。

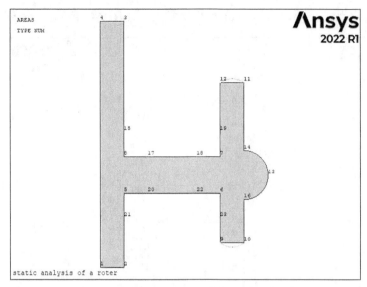

图 3-43　生成圆弧的结果

⑨ 由曲线生成面。

a. 从主菜单中选择 Main Menu > Preprocessor > Modeling > Create > Areas > Arbitrary > By Lines 命令。

b. 这时会出现"Create Area by Lines"对话框，如图 3-44 所示。

图 3-44　选择线创建面

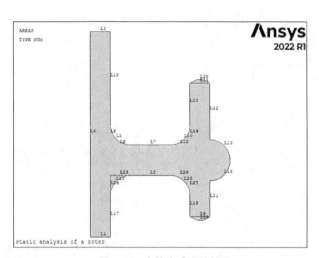

图 3-45　由线生成面的结果

c. 拾取线 6、8、2，单击"Apply"按钮。

d. 拾取线 25、26、27，单击"Apply"按钮。

e. 拾取线 23、15、24，单击"Apply"按钮。

f. 拾取线 10、12、14，单击"Apply"按钮。

g. 拾取线 11、28，单击"Apply"按钮。

h. 拾取线 9、29，单击"OK"按钮，生成的结果如图 3-45 所示。

⑩ 将所有的面加在一起。

a. 从主菜单中选择 Main Menu > Preprocessor > Modeling > Operate > Booleans > Add > Areas 命令。

b. 单击 "Pick All" 按钮。选择所有的面,结果如图 3-46 所示。

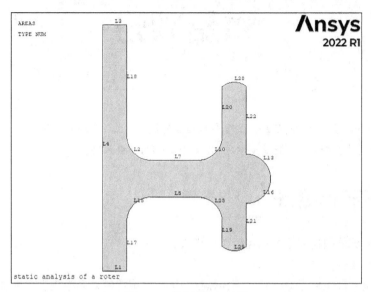

图 3-46 所有面相加结果

(3)保存几何模型

单击 ANSYS 工具条中的 "SAVE_DB" 按钮,保存文件。

第 4 章

网格划分

网格划分是进行有限元分析的基础，需要考虑的因素较多、工作量较大，所划分的网格形式对计算精度和计算规模将产生直接影响，因此需要学习正确合理的网格划分方法。

4.1 有限元网格概论

生成节点和单元的网格划分过程包括 3 个步骤。

（1）定义单元属性。

（2）定义网格生成控制（非必须，因为默认的网格生成控制对多数模型生成都是合适的。如果没有指定网格生成控制，系统会使用 "DSIZE" 命令设置默认网格生成。当然，也可以手动控制生成质量更好的自由网格），ANSYS 程序提供了大量的网格生成控制，可按需要选择。

（3）生成网格。在对模型进行网格划分之前，甚至在建立模型之前，要明确是采用自由网格还是采用映射网格来分析。自由网格对单元形状无限制，并且没有特定的准则。而映射网格则对单元形状有限制，而且必须满足特定的规则。映射面网格只包含四边形或三角形单元，映射体网格只包含六面体单元。另外，映射网格具有规则的排列形状，如果想要使用这种网格类型，所生成的几何模型必须具有一系列相当规则的体或面。图 4-1 所示为自由网格和映射网格示意图。

可用 "MSHESKEY" 命令或相应的 GUI 方式选择自由网格或映射网格。注意，所用的网格生成控制将随自由网格或映射网格划分而不同。

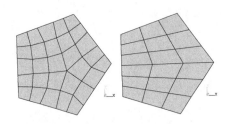

图 4-1　自由网格和映射网格示意

4.2 设定单元属性

在生成节点和单元网格之前，必须定义合适的单元属性，包括如下几项。

（1）单元类型（如 BEAM3、SHELL61 等）。

（2）实常数（如厚度和横截面积）。

（3）材料性质（如弹性模量、热传导系数等）。

（4）单元坐标系。

（5）截面号（只对 BEAM44、BEAM188、BEAM189 单元有效）。

4.2.1　生成单元属性表

为了定义单元属性，首先必须建立一些单元属性表。典型的属性包括单元类型（命令为"ET"或 GUI 方式：Main Menu > Preprocessor > Element Type > Add/Edit/Delete）、实常数（命令为"R"或 GUI 方式：Main Menu > Preprocessor > Real Constants）。

对于用单元类型 BEAM188、BEAM189 划分的梁网格，可利用命令"SECTYPE"和"SECDATA"（GUI 方式：Main Menu > Preprocessor > Sections）创建截面号表格。方向关键点是线的属性而不是单元的属性，所以不能创建方向关键点表格。

可以用命令"ETLIST"来显示单元类型，命令"RLIST"来显示实常数，命令"MPLIST"来显示材料属性，上述 3 个命令操作对应的 GUI 方式是 Utility Menu > List > Properties > Element Type。另外，还可以用命令"CSLIST"（GUI 方式：Utility Menu > List > Other > Local Coord Sys）来显示坐标系，命令"SLIST"（GUI 方式：Main Menu > Preprocessor > Sections > List Sections）来显示截面号。

4.2.2　在划分网格之前分配单元属性

一旦建立单元属性表，可通过指向表中合适的条目对模型的不同部分分配单元属性，其中参考号码包括材料号（MAT）、实常数号（TEAL）、单元类型号（TYPE），坐标系号（ESYS），以及使用"BEAM188"和"BEAM189"单元时的截面号（SECNUM）。可以直接给所选的实体模型图元分配单元属性，或者定义默认的属性在生成单元的网格划分中使用。

如前面所提到的，在划分网格时给线分配的方向关键点是线的属性而不是单元属性，所以必须将单元属性直接分配给所选线，以备后面划分网格时直接使用。

1.　给实体模型图元分配单元属性

给实体模型图元分配单元属性时，允许对模型的每个区域预置单元属性，从而避免在网格划分过程中重置单元属性。清除实体模型的节点和单元不会删除分配给图元的属性。

利用下列命令和相应的 GUI 方式可直接给实体模型分配单元属性。

（1）给关键点分配单元属性。

```
命令：KATT。
GUI：Main Menu > Preprocessor > Meshing > Mesh Attributes > All Keypoints。
Main Menu > Preprocessor > Meshing > Mesh Attributes > Picked KPs。
```

（2）给线分配单元属性。

```
命令：LATT。
GUI：Main Menu > Preprocessor > Meshing > Mesh Attributes > All Lines。
Main Menu > Preprocessor > Meshing > Mesh Attributes > Picked Lines。
```

（3）给面分配单元属性。

```
命令：AATT。
GUI：Main Menu > Preprocessor > Meshing > Mesh Attributes > All Areas。
Main Menu > Preprocessor > Meshing > Mesh Attributes > Picked Areas。
```

（4）给体分配单元属性。

```
命令：VATT。
GUI：Main Menu > Preprocessor > Meshing > Mesh Attributes > All Volumes。
Main Menu > Preprocessor > Meshing > Mesh Attributes > Picked Volumes。
```

2.　给实体模型图元分配默认单元属性

在开始划分网格时，ANSYS 程序会自动将默认单元属性分配给模型。直接分配给模型的单元属性将取代上述默认属性，而且，当清除实体模型图元的节点和单元时，其默认的单元属性也将被删除。

可利用如下方式给实体模型图元分配默认的单元属性。

```
命令: TYPE, REAL, MAT, ESYS, SECNUM。
GUI: Main Menu > Preprocessor > Meshing > Mesh Attributes > Default Attribs.
Main Menu > Preprocessor > Modeling > Create > Elements > Elem Attributes.
```

3. 自动选择维数正确的单元类型

有些情况下，ANSYS 程序能对进行网格划分或拖拉操作的模型图元选择正确的单元类型，当选择明显正确时，不必人为地转换单元类型。

特殊地，当未将单元属性直接分给实体模型时，或者默认的单元属性与要执行的操作维数不匹配时，且已定义的单元属性表中只有一个维数匹配正确的单元，ANSYS 程序会自动利用该单元类型执行这个操作。

4.3 网格划分的控制

网格划分控制能设置实体模型划分网格的因素，如单元形状、中间节点位置、单元大小等。此步骤是整个分析中最重要的步骤之一，因为此阶段得到的有限元网格将对分析的准确性和经济性起决定作用。

4.3.1 ANSYS 网格划分工具（MeshTool）

ANSYS 网格划分工具（GUI 方式：Main Menu > Preprocessor > Meshing > MeshTool）提供了最常用的网格划分控制和网格划分操作的便捷途径，其主要功能如下。

（1）控制"SmartSizing（智能尺寸）"水平。

（2）设置单元尺寸控制。

（3）指定单元形状。

（4）指定网格划分类型（自由或映射）。

（5）对实体模型图元划分网格。

（6）清楚网格。

（7）细化网格。

4.3.2 单元形状

ANSYS 程序允许在同一个划分区域出现多种单元形状，例如同一区域的面单元可以是四边形也可以是三角形，但建议尽量不要在同一个模型中混用六面体和四面体单元。

下面简单介绍一下单元形状的退化，如图 4-2 所示。在划分网格时，应该尽量避免使用退化单元。

用下列方法指定单元形状。

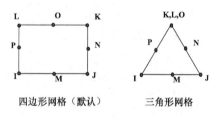

四边形网格（默认）　　　三角形网格

图 4-2　单元形状的退化

```
命令: MSHAPE,KEY,Dimension。
GUI: Main Menu > Preprocessor > Meshing > MeshTool.
Main Menu > Preprocessor > Meshing > Mesher Opts.
Main Menu > Preprocessor > Meshing > Mesh > Volumes > Mapped > 4 to 6 sided.
```

如果正在使用"MSHAPE"命令，维数（2D 或 3D）的值表明待划分的网格模型的维数，KEY 值（0 或 1）表示划分网格的形状。

KEY=0 时，如果 Dimension=2D，ANSYS 将用四边形单元划分网格，如果 Dimension=3D，ANSYS

将用六面体单元划分网格。

KEY=1 时,如果 Dimension=2D,ANSYS 将用三角形单元划分网格,如果 Dimension=3D,ANSYS 将用四面体单元划分网格。

有些情况下,"MSHAPE"命令及合适的网格划分命令（AMESH、VMESH 或相应的 GUI 方式: Main Menu > Preprocessor > Meshing > Mesh > Mesher Opts）就是划分模型网格的全部命令。每个单元的大小由指定的默认单元尺寸（AMRTSIZE 或 DSIZE）确定,如图 4-3 所示,用"VMESH"命令生成默认单元尺寸网格。

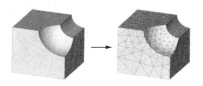

图 4-3　默认单元尺寸

4.3.3　选择自由或映射网格划分

除了指定单元形状,还需指定对模型进行网格划分的类型（自由划分或映射划分）,方法如下。

命令:MSHKEY。
GUI:Main Menu > Preprocessor > Meshing > MeshTool。
Main Menu > Preprocessor > Meshing > Mesher Opts。

单元形状（命令为 MSHAPE）和网格划分类型（命令为 MSHEKEY）的设置共同影响网格的生成,表 4-1 列出了 ANSYS 程序支持的单元形状和网格划分类型。

表 4-1　ANSYS 程序支持的单元形状和网格划分类型

单元形状	自由划分	映射划分	既可以映射划分,又可以自由划分
四边形	是	是	是
三角形	是	是	是
六面体	否	是	否
四面体	是	否	否

4.3.4　控制单元边中间节点的位置

当使用二次单元划分网格时,可以控制中间节点的位置,有如下两种选择。

（1）边界区域单元的中间节点沿着边界线或面的弯曲方向设置,这是默认设置。

（2）设置所有单元的中间节点且单元边是直的,此选项允许沿曲线进行粗糙的网格划分。

可用如下方法控制中间节点的位置。

命令:MSHMID。
GUI:Main Menu > Preprocessor > Meshing > Mesher Opts。

4.3.5　划分自由网格时的单元尺寸控制

默认情况下,在自由网格划分中,"DESIZE"命令控制单元尺寸,但一般推荐使用"SmartSizing"功能,只需利用"SMRTSIZE"命令指定单元尺寸即可。

ANSYS 里面有两种"SmartSizing"控制。

（1）基本的控制。利用基本的控制,可以简单地指定网格划分的粗细程度,从 Level = 1（细网格）到 Level = 10（粗网格）,程序会自动设置一系列独立的控制值来生成用户想要的尺寸,方法如下。

命令:SMRTSIZE,SIZLVL。
GUI:Main Menu > Preprocessor > Meshing > MeshTool。

图 4-4 所示为利用 3 个不同的"SmartSizing"值生成的网格。

| Level = 6（默认） | Level = 0（粗糙） | Level = 10（精细） |

图 4-4　同一模型表面不同控制值的划分结果

（2）高级的控制。ANSYS 还允许使用高级方法人工控制网格质量，方法如下。

命令：SMRTSIZE and ESIZE。
GUI：Main Menu > Preprocessor > Meshing > Size Cntrls > SmartSize > Adv Opts。

4.3.6　映射网格划分中单元的默认尺寸

"DESIZE" 命令（GUI 方式：Main Menu > Preprocessor > Meshing > Size Cntrls > ManualSize > Global > Other）常用来控制映射网格划分的单元尺寸。

对于较大的模型，通过 "DESIZE" 命令查看默认的网格尺寸是明智的，可通过分割显示线来观察将要划分的网格情况。查看网格划分的步骤如下。

（1）建立实体模型。

（2）选择单元类型。

（3）选择容许的单元形状（命令：MSHAPE）。

（4）选择网格划分类型（自由或映射）（命令：MSHKEY）。

（5）键入 "LESIZE，ALL"，或通过 "DESIZE" 命令调整线的分割数。

（6）显示线（命令：LPLOT）。

下面用一个实例来说明。

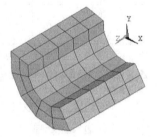

如果觉得网格太粗糙，可通过改变单元尺寸或线上的单元份数来加密网格。从主菜单中选择 Main Menu > Preprocessor > Meshing > Size Cntrls > ManualSize > Layers > Picked Lines，命令弹出 "Elements Sizes on Picked Lines" 拾取菜单，用鼠标单击拾取屏幕上的相应线段，如图 4-5 所示。单击 "OK" 按钮，弹出 "Area Layer-Mesh Controls on Picked Lines" 对话框，在 "SIZE Element edge length" 后面输入具体数值（它表示单元的尺寸），或者是在 "NDIV No. of line divisions" 后面输入正整数（它表示所选择的线段上的单元份数），单击 "OK" 按钮，如图 4-6 所示。然后重新划分网格，如图 4-7 所示。

图 4-5　粗糙的网格

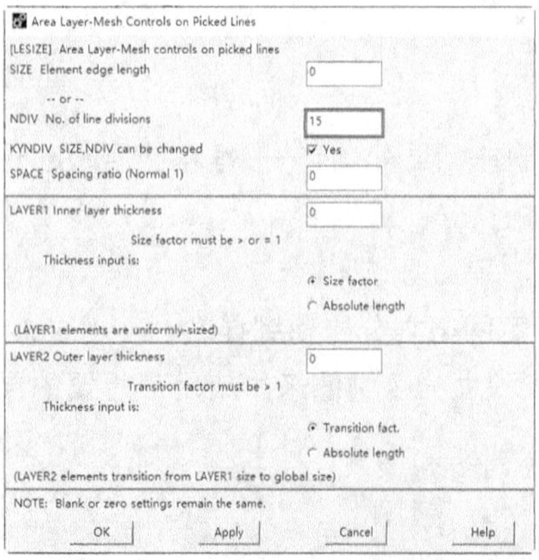

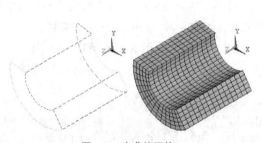

图 4-6　划分单元份数对话框　　　　图 4-7　改进的网格

4.3.7 局部网格划分控制

在许多情况下，分析结构的物理性质时，使用默认单元尺寸生成的网格不合适，例如，有应力集中或奇异的模型。在这种情况下，需要将网格局部细化，详细说明如下。

（1）通过表面的边界所用的单元尺寸控制总体的单元尺寸，或者控制每条线划分的单元数。

命令：ESIZE。
GUI：Main Menu > Preprocessor > Meshing > Size Cntrls > ManualSize > Global > Size。

（2）控制关键点附近的单元尺寸。

命令：KESIZE。
GUI：Main Menu > Preprocessor > Meshing > Size Cntrls > ManualSize > Keypoints > All KPs。
Main Menu > Preprocessor > Meshing > Size Cntrls > ManualSize > Keypoints > Picked KPs。
Main Menu > Preprocessor > Meshing > Size Cntrls > ManualSize > Keypoints > Clr Size。

（3）控制给定线上的单元数。

命令：LESIZE。
GUI：Main Menu > Preprocessor > Meshing > Size Cntrls > ManualSize > Lines > All Lines。
Main Menu > Preprocessor > Meshing > Size Cntrls > ManualSize > Lines > Picked Lines。
Main Menu > Preprocessor > Meshing > Size Cntrls > ManualSize > Lines > Clr Size。

上述所有定义尺寸的方法都可以一起使用，但遵循一定的优先级别。

- 定义单元尺寸时，对任何给定线，沿线定义的单元尺寸命令优先级如下。

用"LESIZE"指定的为最高级，"KESIZE"次之，"ESIZE"再次之，"DESIZE"最低级。

- 定义单元尺寸时，命令优先级："LESIZE"为最高级，"KESIZE"次之，"SMRTSIZE"为最低级。

4.3.8 内部网格划分控制

前面关于网格尺寸的讨论集中在实体模型边界的外部单元（LESIZE、ESIZE 等），然而，也可以在没有引导网格划分的尺寸线情况下，在面的内部（非边界处）控制网格划分，方法如下。

命令：MOPT。
GUI：Main Menu > Preprocessor > Meshing > Size Cntrls > ManualSize > Global > Area Cntrls。

1. 控制网格的扩展

"MOPT"命令中的"Lab=EXPND"选项可以用来引导在一个面的边界处将网格划分较细，而内部则较粗，如图 4-8 所示。

图 4-8 中，左边网格是由"ESIZE"命令（GUI 方式：Main Menu > Preprocessor > Meshing > Size Cntrls > ManualSize > Global > Size）对面进行设定生成的，右边网格是利用"MOPT"命令的扩展功能（Lab=EXPND）生成的，其区别显而易见。

2. 控制网格过渡

图 4-9 中的网格还可以进一步改善，"MOPT"命令中的"Lab=TRANS"项可以用来控制网格从细到粗的过渡，如图 4-9 所示。

没有扩张网格

扩展网（MOPT，EXPND，2.5）

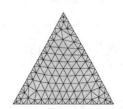

图 4-8　网格扩展示意　　　　　　　图 4-9　控制网格过渡（MOPT，EXPND，1.5）

3. 控制 ANSYS 的网格划分器

可用"MOPT"命令控制表面网格划分器和四面体网格划分器，使 ANSYS 执行网格划分操作。

命令：MOPT。
GUI：Main Menu > Preprocessor > Meshing > Mesher Opts.

弹出"Mesher Options"对话框，如图 4-10 所示。在该对话框中，"AMESH"后面的下拉列表对应三角形表面网格划分，包括 Program chooses（默认）、main、Alternate 和 Alternate2 4 个选项；"QMESH"选项对应四边形表面网格划分，包括 Program chooses（默认）、main 和 Alternate 3 个选项，其中 main 又称为 Q-Morph（quad-morphing）网格划分器，它在多数情况下能得到高质量的单元，利用"Alternate"和"Q-Morph"网格划分器划分网格的效果如图 4-11 所示，另外，Q-Morph 网格划分器要求面的边界线的分割总数是偶数，否则将产生三角形单元；VMESH 对应四面体网格划分，包括 Program chooses（默认）、Alternate 和 main 3 个选项。

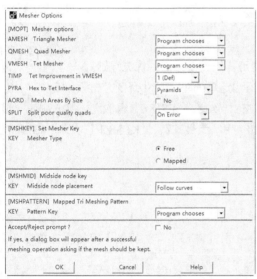

图 4-10　"Mesher Options"对话框

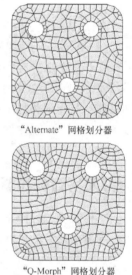

"Alternate"网格划分器

"Q-Morph"网格划分器

图 4-11　网格划分器划分效果

4. 控制四面体单元的改进

ANSYS 程序允许对四面体单元做进一步改进，方法如下。

命令：MOPT,TIMP,Value.
GUI：Main Menu > Preprocessor > Meshing > Mesher Opts.

系统弹出"Mesher Options"对话框，如图 4-10 所示。在该对话框中，"TIMP"后面的下拉列表表示四面体单元改进的程度，从 1 到 6，1 表示提供最小的改进，5 表示对线性四面体单元提供最大的改进，6 表示对二次四面体单元提供最大的改进。

4.3.9　生成过渡棱锥单元

ANSYS 程序在下列情况下会生成过渡的棱锥单元。

（1）准备对体用四面体单元划分网格，待划分的体直接与已用六面体单元划分网格的体相连。

（2）准备用四面体单元划分网格，且目标体上至少有一个面已经用四边形网格划分。

图 4-12 所示为一个过渡网格的示例。

当对体用四面体单元进行网格划分时，为生成过渡棱锥单元，应

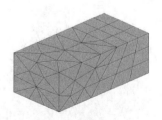

图 4-12　过渡网格示例

事先满足的条件如下。

（1）设定单元属性时，需确定给体分配的单元类型可以退化为棱锥形状，这种单元类型包括 SOLID62、VISCO89、SOLID90、SOLID95、SOLID96、SOLID97、SOLID117、HF120、SOLID122、FLUID142 和 SOLID186。ANSYS 对除此以外的任何单元类型都不支持过渡的棱锥单元。

（2）设置网格划分时，激活过渡单元表面以使三维单元退化。激活过渡单元（默认）的方法如下。

命令：MOPT,PYRA,ON。
GUI：Main Menu > Preprocessor > Meshing > Mesher Opts。

生成退化三维单元的方法如下。

命令：MSHAPE,1,3D。
GUI：Main Menu > Preprocessor > Meshing > Mesher Opts。

4.3.10 将退化的四面体单元转化为非退化的形式

在模型中生成过渡的棱锥单元后，可将模型中的 20 节点退化四面体单元转化成相应的 10 节点非退化单元，方法如下。

命令：TCHG,ELEM1,ELEM2,ETYPE2。
GUI：Main Menu > Preprocessor > Meshing > Modify Mesh > Change Tets。

无论是使用命令还是 GUI 方式，都将按表 4-2 转换合并的单元。

表 4-2　允许 ELEM1 和 ELEM2 单元合并

物理特性	ELEM1	ELEM2
结构	SOLID95 or 95	SOLID92 or 92
热学	SOLID90 or 90	SOLID87 or 87
静电学	SOLID122 or 122	SOLID123 or 123

执行单元转化的优点：节省内存空间，加快求解速度。

4.3.11 执行层网格划分

ANSYS 程序的层网格划分功能（当前只能对二维面）能生成线性梯度的自由网格。

（1）沿线有均匀的单元尺寸（或适当的变化）。

（2）在垂直于线的方向，单元尺寸和数量急剧过渡。

这样的网格适于模拟计算流体动力学边界层的影响及电磁表面层的影响等。

可以通过 GUI 或命令对选定的线设置层网格划分控制。如果用 GUI 方式，则选择 Main Menu > Preprocessor > Meshing > MeshTool，显示网格划分工具控制器，单击 "Layer" 相邻的设置按钮打开选择线的对话框，可在 "Area Layer Mesh Controls on Picked Lines" 对话框上指定单元尺寸（SIZE）、线分割数（NDIV）、线间距比率（SPACE）、内部网格的厚度（LAYER1）和外部网格的厚度（LAYER2）。

"LAYER1" 的单元尺寸是均匀的，相当于在线上给定单元尺寸；"LAYER2" 的单元尺寸会从 "LAYER1" 的尺寸缓慢增加到总体单元的尺寸。另外，内部网格的厚度可以用数值指定，也可以利用尺寸系数（表示网格层数）指定，如果是数值，则应该大于或等于给定线的单元尺寸，如果是尺寸系数，则应该大于 1，图 4-13 所示为层网格的示例。

图 4-13　层网格示例

如果想删除选定线上的层网格划分控制，选择网格划分工具控制器上包含"Layer"的清除按钮即可，也可用"LESIZE"命令定义层网格划分控制和其他单元特性。

用下列方法可查看层网格划分尺寸规格。

```
命令：LLIST。
GUI: Utility Menu > List > Lines。
```

4.4 自由网格划分和映射网格划分控制

4.4.1 自由网格划分

自由网格划分操作，对实体模型无特殊要求。任何几何模型，即使是不规则的，也可以进行自由网格划分。所用单元形状依赖于是对面还是对体进行网格划分，对面时，自由网格可以是四边形，也可以是三角形，或两者混合；对体时，自由网格一般是四面体单元，棱锥单元作为过渡单元也可以加入四面体网格中。

如果选择的单元类型严格限定为三角形或四面体（如单元类型为 PLANE2 和 SOLID92），则程序划分网格时只用这种单元。但是，如果选择的单元类型允许多于一种形状（如单元类型为 PLANE82 和 SOLID95），可通过下列方法指定一种（或几种）形状。

```
命令：MSHAPE。
GUI: Main Menu > Preprocessor > Meshing > Mesher Opts。
```

另外，必须先指定对模型用自由网格划分。

```
命令：MSHKEY,0。
GUI: Main Menu > Preprocessor > Meshing > Mesher Opts。
```

对于支持多于一种形状的单元，自由网格划分时，系统默认会生成混合形状（通常四边形单元占多数），也可用"MSHAPE,1,2D"和"MSHKEY,0"命令来要求全部生成三角形网格。

可能会遇到全部网格都必须为四边形网格的情况，当面边界上总的线分割数为偶数时，使用自由网格划分面时，会全部生成四边形网格，并且四边形单元质量比较好。通过打开"SmartSizing"项决定合适的单元数，可以增加面边界线的线分割数为偶数的概率（而不是通过"LESIZE"命令人工设置任何边界划分的单元数）。应保证四边形分裂项关闭（命令"MOPT,SPLIT,OFF"），以使 ANSYS 不会将形状较差的四边形单元分裂成三角形。

若使体生成一种自由网格，应当选择只允许一种四面体形状的单元类型，或利用支持多种形状的单元类型并将其设置为四面体（如使用命令"MSHAPE,1,3D"和"MSHKEY,0"）。

对自由网格划分操作，生成的单元尺寸依赖于 DESIZ3E、ESIZE、KESIZE 和 LESIZE 的当前设置。如果"SmartSizing"功能打开，单元尺寸将由 AMRTSIZE 和 ESZIE、DESIZE 和 LESIZE 决定，对自由网格划分推荐使用"SmartSizing"功能。

另外，ANSYS 程序有一种划分为扇形网格的特殊自由网格划分，这种划分适用于涉及 TARGE170 单元对三边面进行网格划分的特殊接触分析。当三个边中有两个边只有一个单元分割数，另外一边有任意单元分割数，其网格划分结果为扇形网格，如图 4-14 所示。

记住，使用扇形网格必须满足下列条件。

- 必须对三边面进行网格划分，其中两边必须只有一个单元分割数，第三边有任意单元分割数。

- 必须使用"TARGE170"单元进行网格划分。

- 必须使用自由网格划分。

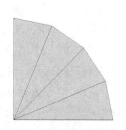

图 4-14　扇形网格划分示例

4.4.2 映射网格划分

映射网格划分要求面或体有一定的形状规则，它可以指定程序全部用四边形面单元、三角形面单元或六面体单元生成网格模型。

映射网格划分时，生成的单元尺寸依赖于 DESIZE 及 ESIZE、KESZIE、LESIZE 和 AESIZE 的设置（GUI 方式：Main Menu > Preprocessor > Meshing > Mesher Opts）。

"SmartSizing"功能（SMRTSIZE）不能用于映射网格划分，硬点不支持映射网格划分。

1. 面映射网格划分

面映射网格划分包括全部划分为四边形单元或全部划分为三角形单元，面映射网格须满足以下条件。

（1）该面必须是 3 条边或 4 条边（有无连接均可）。

（2）如果是 4 条边，面的对边必须划分为相同数目的单元，或者划分为一个过渡型网格。如果是 3 条边，则线分割总数必须为偶数且每条边的分割数相同。

（3）网格划分必须设置为映射网格。图 4-15 所示为面映射网格的示例。

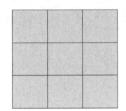

图 4-15　面映射网格

如果一个面多于 4 条边，则不能直接用映射网格划分，但可以使某些线合并或连接，面总线数减少到 4 条之后再使用映射网格划分，如图 4-16 所示，方法如下。

① 连接线。

```
命令：LCCAT。
GUI：Main Menu > Preprocessor > Meshing > Mesh > Areas > Mapped > Concatenate > Lines。
```

② 合并线。

```
命令：LCOMB。
GUI：Main Menu > Preprocessor > Modeling > Operate > Booleans > Add > Lines。
```

须指出的是，线、面或体上的关键点将生成节点，因此，一条连接线上至少有与已定义的关键点数同样多的分割数，而且指定的总体单元尺寸（ESIZE）针对原始线，而不针对连接线，如图 4-17 所示。不能直接给连接线指定线分割数，但可以对合并线（LCOMB）指定分割数，所以通常来说，使用合并线比连接线有优势。

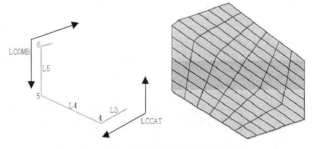

图 4-16　合并或连接线进行映射网格划分

图 4-17　指定 ESIZE 示意

"AMAP" 命令（GUI 方式：Main Menu > Preprocessor > Meshing > Mesh > Areas > Mapped > By Corners）提供了获得映射网格划分的最便捷途径，它使用所指定的关键点作为角点并连接关键点之间的所有线，全部用三角形或四边形单元对面自动进行网格划分。

考察前面连接的例子，现利用 "AMAP" 方法进行网格划分。注意到在已选定的几个关键点之间有多条线，在选定面之后，已按任意顺序拾取关键点 1、2、4 和 5，则得到映射网格如图 4-18 所示。

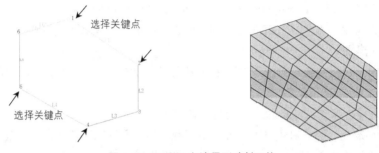

图 4-18　AMAP 方法得到映射网格

另一种生成映射面网格的途径是指定面的对边的分割数，以生成过渡映射四边形网格，如图 4-19 所示。须指出的是，图 4-19（a）和图 4-19（b）中指定的线分割数必须与图 4-20 和图 4-21 所示的模型相对应。

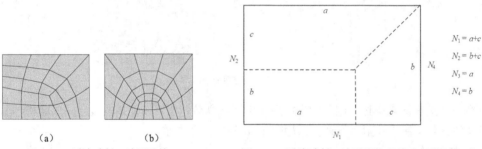

（a）　　　　　　　（b）

图 4-19　过渡映射四边形网格　　　　图 4-20　过渡映射四边形网格的线分割模型（1）

除了过渡映射四边形网格，还可以生成过渡映射三角形网格。为生成过渡映射三角形网格，必须使用支持三角形的单元类型，且须设定为映射划分（MSHKEY,1），并指定形状为容许三角形（MSHAPE,1,2D）。实际上，过渡映射三角形网格的划分是在过渡映射四边形网格划分的基础上自动将四边形网格分割成三角形，如图 4-22 所示，所以，各边的线分割数依然必须满足图 4-20 和图 4-21 所示的模型。

2．体映射网格划分

要将体全部划分为六面体单元，必须满足以下条件。

（1）该体的外形应为块状（6 个面）、楔形或棱柱（5 个面）、四面体（4 个面）。

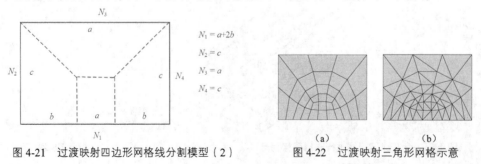

图 4-21　过渡映射四边形网格线分割模型（2）　　　图 4-22　过渡映射三角形网格示意

（2）体的对边必须划分为相同的单元数或分割为符合过渡网格的形式，并适合六面体的网格划分。

（3）如果体为棱柱或四面体，三角形面上的单元分割数必须是偶数。

图 4-23 所示为映射体网格划分示例。

与面网格划分的连接线一样，当需要减少围成体的面数以进行映射网格划分时，可以对面进行相加（AADD）或连接（ACCAT）。如果连接面有边界线，线也必须连接在一起，必须先连接面，再连接线，命令流格式如下。

```
! first, concatenate areas for mapped volume meshing:
ACCAT,...
! next, concatenate lines for mapped meshing of bounding areas:
LCCAT,...
LCCAT,...
VMESH,...
```

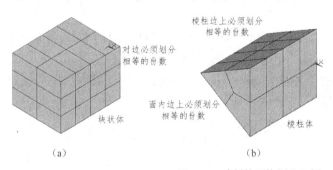
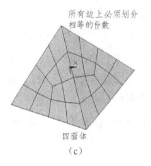

图 4-23　映射体网格划分示例

 说明

一般来说，命令 AADD（面为平面或共面时）的连接效果优于命令 ACCAT。

如上所述，在连接面（ACCAT）之后一般需要连接线（LCCAT），但是，如果相连接的两个面都是由 4 条线组成（无连接线），则连接线操作会自动进行，如果 4-24 所示。另外须注意，删除连接面并不会自动删除相关的连接线。

连接面的方法如下。

```
命令：ACCAT。
GUI：Main Menu > Preprocessor > Meshing > Mesh > volumes > Mapped Concatenate > Areas。
Main Menu > Preprocessor > Meshing > Mesh > Areas > Mapped。
```

将面相加的方法如下。

```
命令：AADD。
GUI：Main Menu > Preprocessor > Modeling > Operate > Booleans > Add > Areas。
```

"ACCAT" 命令不支持用 IGES 功能输入的模型，但是可用 "ARMERGE" 命令合并由 CAD 文件输入的模型的两个或更多面。而且，当使用 "ARMERGE" 命令时，即使在合并线上删除关键点，该位置也不会形成节点。

与生成过渡映射面网格类似，ANSYS 程序允许生成过渡映射体网格。过渡映射体网格的划分只适合 6 个面的体（有无连接面均可），如图 4-25 所示。

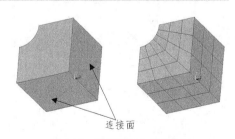

图 4-24　连接线操作自动进行

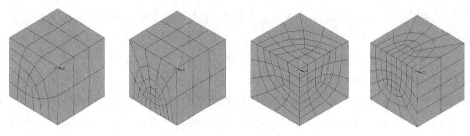

图 4-25　过渡映射体网格示例

4.4.3　实例导航——托架的网格划分

本实例对托架的几何模型进行网格划分，生成有限元模型。

（1）从主菜单中选择 Main Menu > Preprocessor > Meshing > MeshTool 命令，弹出图 4-26 所示的"MeshTool"工具条。

（2）单击"Size Controls"中"Global"项的"Set"按钮，出现图 4-27 所示的划分网格单元尺寸对话框，在"SIZE Element edge length"中输入 0.5，然后单击"OK"按钮。

（3）返回图 4-26 所示的工具条中，单击"Mesh"按钮，在弹出的对话框中，单击"Pick All"按钮生成有限元模型，如图 4-28 所示。

（4）单击 ANSYS 工具条中的"SAVE-DB"按钮进行存盘。

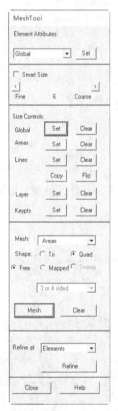

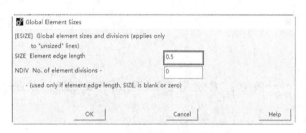

图 4-27　划分网格单元尺寸对话框

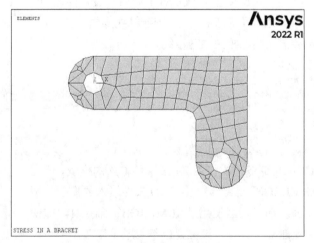

图 4-26　网格划分工具条　　　　　　　图 4-28　划分网格后的托架有限元模型

4.5 延伸和扫掠生成有限元模型

下面介绍一些相对前文生成有限元网格模型方法更为简便的划分网格方法——延伸、旋转和扫掠，其中延伸方法主要用于通过二维模型和二维单元生成三维模型和三维单元，如果不指定延伸类型为单元，那么延伸后就只会生成三维几何模型。扫掠方法利用二维单元在已有的三维几何模型上生成三维单元，该方法对从 CAD 中输入的实体模型特别有用。显然，延伸方法与扫掠方法最大的区别在于：前者能在二维几何模型的基础上生成新的三维模型的同时划分好网格，而后者必须在完整的几何模型基础上划分网格。

4.5.1 延伸生成网格

使用延伸方法生成网络时，先指定延伸的单元属性，如果不指定的话，后面的延伸操作则只会产生相应的几何模型而不会划分网格，另外值得注意的是，如果想生成网格模型，则必须在源面（线）上划分相应的面网格（线网格）。

命令：EXTOPT。
GUI: Main Menu > Preprocessor > Modeling > Operate > Extrude > Elem Ext Opts.

弹出"Element Extrusion Options"对话框，如图 4-29 所示，指定想要生成的单元类型（TYPE）、材料号（MAT）、实常数（REAL）、单元坐标系（ESYS）、单元数（VAL1）、单元比率（VAL2），以及指定是否要删除源面（ACLEAR）。

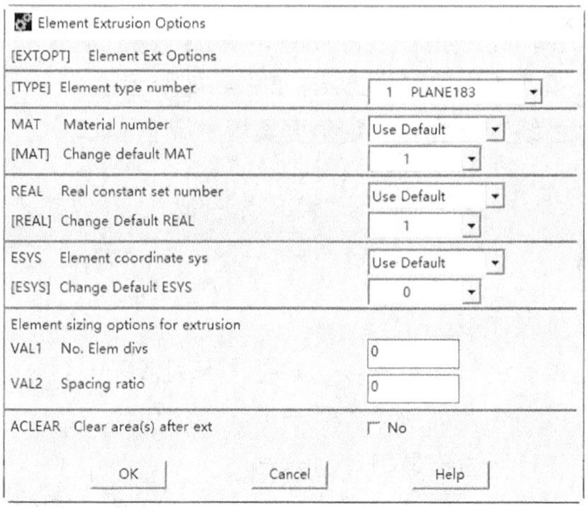

图 4-29 "Element Extrusion Options"对话框

用以下命令可以执行具体的延伸操作。

（1）面沿指定轴线旋转生成体。

命令：VROTAT。
GUI: Main Menu > Preprocessor > Modeling > Operate > Extrude > Areas > About Axis.

（2）面沿指定方向延伸生成体。

命令：VEXT。
GUI: Main Menu > Preprocessor > Modeling > Operate > Extrude > Areas > By XYZ Offset.

（3）面沿其法线生成体。

命令：VOFFST。
GUI: Main Menu > Preprocessor > Modeling > Operate > Extrude > Areas > Along Normal.

需要注意的是，当使用"VEXT"命令或相应 GUI 方式延伸面时，弹出"Extrude Areas by XYZ Offset"对话框，如图 4-30 所示，其中"DX，DY，DZ"表示延伸的方向和长度，而"RX，RY，RZ"表示延伸时的放大倍数，将网格面延伸生成网格体如图 4-31 所示。

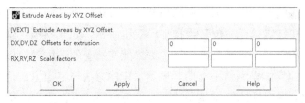

图 4-30　"Extrude Areas by XYZ Offset"对话框

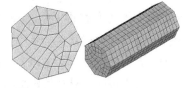

图 4-31　将网格面延伸生成网格体

（4）面沿指定路径延伸生成体。

```
命令：VDRAG。
GUI：Main Menu > Preprocessor > Modeling > Operate > Extrude > Areas > Along Lines.
```

（5）线沿指定轴线旋转生成面。

```
命令：AROTATE。
GUI：Main Menu > Preprocessor > Modeling > Operate > Extrude > Lines > About Axis.
```

（6）线沿指定路径延伸生成面。

```
命令：ADRAG。
GUI：Main Menu > Preprocessor > Modeling > Operate > Extrude > Lines > Along Lines.
```

（7）关键点沿指定轴线旋转生成线。

```
命令：LROTATE。
GUI：Main Menu > Preprocessor > Modeling > Operate > Extrude > Keypoints > About Axis.
```

（8）关键点沿指定路径延伸生成线。

```
命令：LDRAG。
GUI：Main Menu > Preprocessor > Modeling > Operate > Extrude > Keypoints > Along Lines.
```

有时候可以将延伸作为布尔操作的替代方法，如图 4-32 所示，使用此方法可以将空心球截面绕直径旋转一定角度直接生成空心圆球。

4.5.2　扫掠生成网格

使用扫掠方法生成网格步骤如下。

（1）确定体的拓扑模型能够进行扫掠操作，如果是下列情况之一则不能扫掠：体的一个或多个侧面包含多于一个环；体包含多于一个壳；体的拓扑源面与目标面不是相对的。

图 4-32　用延伸方法生成空心圆球

（2）确定已定义合适的二维和三维单元类型。例如，如果对源面进行预网格划分，并想将其扫掠成包含二次六面体的单元，应当先用二次二维面单元划分源面网格。

（3）确定在扫掠操作中生成的单元层数，即沿扫掠方向生成的单元数，可用如下方法控制。

```
命令：EXTOPT, ESIZE, Val1, Val2.
GUI：Main Menu > Preprocessor > Meshing > Mesh > Volume Sweep > Sweep Opts.
```

弹出"Sweep Options"对话框，如图 4-33 所示。框中各项的意义依次如下：清除源面的面网格；在无法扫掠处用四面体单元划分网格；程序自动选择源面和目标面；在扫掠方向生成多少单元数；在扫掠方向生成的单元尺寸比率。其中关于源面、目标面、扫掠方向生成单元数的示意如图 4-34 所示。

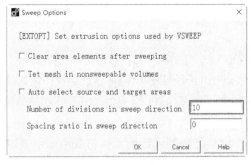

图 4-33 "Sweep Options" 对话框

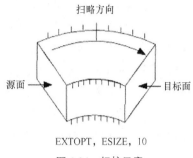

EXTOPT, ESIZE, 10

图 4-34 扫掠示意

（4）确定体的源面和目标面。ANSYS 在源面上使用的是面单元模式（三角形或四边形），用六面体或楔形单元填充体。目标面是仅与源面相对的面。

（5）对源面、目标面和边界面有选择地划分网格。

体扫掠操作的结果会因在扫掠前是否对模型的任何面（源面、目标面和边界面）划分网格而不同。典型情况是在扫掠之前对源面划分网格，如果不划分，则 ANSYS 程序会自动生成临时面单元，在确定了体扫掠模式之后，该临时面单元就会被自动清除。

在扫掠前确定是否预划分网格应当考虑以下因素。

（1）如果想用四边形或三角形映射网格划分源面，那么应当预划分网格。

（2）如果想用初始单元尺寸网格划分源面，那么应当预划分网格。

（3）如果不预划分网格，ANSYS 通常用自由网格划分。

（4）如果不预划分网格，ANSYS 使用由 "MSHAPE" 设置的单元形状来确定对源面的网格划分。"MSHAPE，0，2D" 命令生成四边形单元，"MSHAPE，1，2D" 命令生成三角形单元。

（5）如果与体关联的面或线上出现硬点，则扫掠操作失败，除非对包含硬点的面或线预划分网格。

（6）如果源面和目标面都进行预划分网格，那么面网格必须与它们相匹配。不过，源面和目标面并不要求一定划分成映射网格。

（7）在扫掠之前，体的所有侧面（可以有连接线）必须为映射网格划分或四边形网格划分，如果侧面为划分网格，则必须有一条线在源面上，还有一条线在目标面上。

（8）尽管有时候源面和目标面的拓扑结构不同，但扫掠操作依然可以成功，只需采用适当的方法即可。如图 4-35 所示，将模型先分解为两个模型，然后分别从不同方向进行扫掠即可。

图 4-35 扫掠相邻体

可用如下方法激活体扫掠。

命令：VSWEEP, VNUM, SRCA, TRGA, LSMO。
GUI: Main Menu > Preprocessor > Meshing > Mesh > Volume Sweep > Sweep。

如果用 "VSWEEP" 命令扫掠体，须指定下列变量：待扫掠体（VNUM）、源面（SRCA）、目标面（TRGA），另外可选用 "LSMO" 变量指定 ANSYS 在扫掠体操作中是否执行线的光滑处理。如果采用 GUI 方式，则按下列步骤。

（1）选择菜单路径：Main Menu > Preprocessor > Meshing > Mesh > Volume Sweep > Sweep，弹出体扫掠选择框。

（2）选择待扫掠的体并单击 "Apply" 按钮。

（3）选择源面并单击"Apply"按钮。

（4）选择目标面并单击"OK"按钮。

图 4-36 所示是一个体扫掠网格的示例，图 4-36（a）、图 4-36（c）表示没有预划分网格直接执行体扫掠的结果，图 4-36（b）、图 4-36（d）表示在源面上预划分映射网格，然后执行体扫掠的结果，如果这两种网格结果都不满意，则可以考虑图 4-36（e）~ 图 4-36（g）的形式进行扫掠，步骤如下。

（1）清除网格（VCLEAR）。

（2）在想要分割的位置创建关键点，利用关键点可分割源面的线和目标面的线（LDIV），如图 4-36（e）所示。

（3）如图 4-36（e）所示，将源面上的增线分割并复制到目标面的相应新增线上[新增线是步骤（2）产生的]。该步骤可以通过网格划分工具实现，菜单路径：Main Menu > Preprocessor > Meshing > MeshTool。

（4）手工划分步骤（2）修改过的边界面映射网格，如图 4-36（f）所示。

（5）重新激活和执行体扫掠，结果如图 4-36（g）所示。

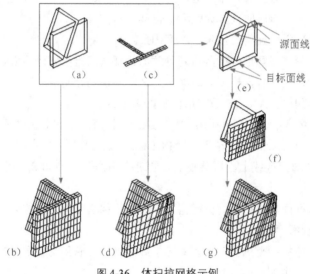

图 4-36　体扫掠网格示例

4.6　修正有限元模型

本节主要介绍一些常用的修改有限元模型的方法，主要包括以下 4 个方面。

（1）局部细化网格。

（2）移动和复制节点和单元。

（3）控制面、线和单元的法向。

（4）修改单元属性。

4.6.1　局部细化网格

通常，遇到下面两种情况时，用户需要考虑对局部区域进行网格细化。

（1）用户已经将一个模型划分了网格，但想在模型的指定区域内得到更好的网格。

（2）用户已经完成分析，同时根据结果想在感兴趣的区域得到更精确的解。

> **注意** 对于由四面体组成的体网格，ANSYS 程序允许用户在指定的节点、单元、关键点、线或面的周围进行局部网格细化，但非四面体单元（如六面体、楔形、棱锥等）不能进行局部网格细化。

下面具体介绍利用命令或相应 GUI 方式进行网格细化并设置细化控制。

（1）围绕节点细化网格。

```
命令：NREFINE
GUI：Main Menu > Preprocessor > Meshing > Modify Mesh > Refine At > Nodes
```

（2）围绕单元细化网格。

```
命令：EREFINE
GUI：Main Menu > Preprocessor > Meshing > Modify Mesh > Refine At > Elements
     Main Menu > Preprocessor > Meshing > Modify Mesh > Refine At > All
```

（3）围绕关键点细化网格。

```
命令：KREFINE
GUI：Main Menu > Preprocessor > Meshing > Modify Mesh > Refine At > Keypoints
```

（4）围绕线细化网格。

```
命令：LREFINE
GUI：Main Menu > Preprocessor > Meshing > Modify Mesh > Refine At > Lines
```

（5）围绕面细化网格。

```
命令：AREFINE
GUI：Main Menu > Preprocessor > Meshing > Modify Mesh > Refine At > Areas
```

图 4-39～图 4-42 所示为一些网格细化的范例。

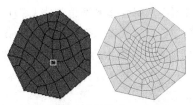 

（a）在节点处细化网格（NREFINE）　　　　　　（b）在单元处细化网格（EREFINE）

图 4-37　网格细化范例（1）

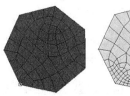

（a）在关键点处细化网格（KREFINE）　　　　　　（b）在线附近细化网格（LREFINE）

图 4-38　网格细化范例（2）

 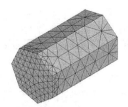

（a）在原始网格中选择面　　　　　　（b）在面附近细化网格（AREFINE）

图 4-39　网格细化范例（3）

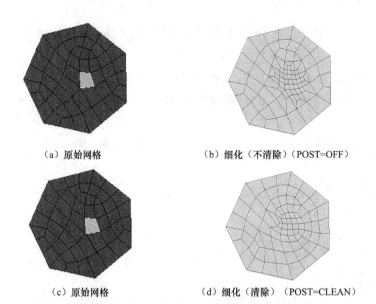

（a）原始网格 （b）细化（不清除）（POST=OFF）

（c）原始网格 （d）细化（清除）（POST=CLEAN）

图 4-40 网格细化范例（4）

从图 4-37～图 4-40 中可以看出，控制网格细化常用的 3 个变量为 LEVEL、DEPTH 和 POST。下面对 3 个变量分别进行介绍，在此之前，先介绍在何处定义这 3 个变量值。

以用菜单路径围绕节点细化网格为例。

```
GUI：Main Menu > Preprocessor > Meshing > Modify Mesh > Refine At > Nodes
```

执行上述命令，系统弹出拾取节点对话框，在模型上拾取相应节点，弹出"Refine Mesh at Node"对话框，如图 4-41 所示，在"LEVEL"右侧的下拉列表框中选择合适的数值作为 LEVEL 值，选中"Advanced options"右侧的"Yes"复选框，单击"OK"按钮，弹出"Refine mesh at nodes advanced options"对话框，如图 4-42 所示。在"DEPTH"右侧的文本框中输入相应数值，在"POST"右侧的下拉列表框中选择相应选项，其他选项保持默认，单击"OK"按钮即可执行网格细化操作。

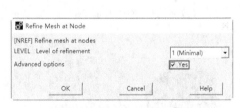

图 4-41 局部细化网格对话框（1）

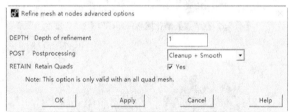

图 4-42 局部细化网格对话框（2）

下面对 3 个变量分别解释。LEVEL 变量用来指定网格细化的程度，必须选择 1～5 的整数，1表示最低程度的细化，其细化区域单元边界的长度大约为原单元边界长度的 1/2；5 表示最高程度的细化，其细化区域单元边界的长度大约为原单元边界长度的 1/9，其他值的细化程度如表 4-3 所示。

表 4-3 细化程度

LEVEL 值	细化后单元与原单元边长的比值	LEVEL 值	细化后单元与原单元边长的比值
1	1/2	4	1/8
2	1/3	5	1/9
3	1/4	—	—

DEPTH 变量用于指定网格细化的范围，默认 DEPTH=0，表示只细化选择点（或单元、线、面

等）处的一层网格。当然 DEPTH=0 时也可以细化一层之外的网格，这是由网络过渡导致的。

POST 变量用于指定是否对网格细化区域进行光滑和清理处理。光滑处理表示调整细化区域的节点位置以改善单元形状，清理处理表示 ANSYS 程序对那些细化区域或直接与细化区域相连的单元执行清理命令，可以改善单元质量。默认情况下对网格进行光滑和清理处理。

另外，图 4-42 中的 RETAIN 变量通常设置为 Yes（默认），这样可以防止四边形网格裂变成三角形网格。

4.6.2　移动和复制节点及单元

当一个已经划分了网格的实体模型图元被复制时，用户可以选择是否连同单元和节点一起被复制，以复制面为例，选择主菜单中的 Main Menu > Preprocessor > Modeling > Copy > Areas 命令之后，弹出 "Copy Areas" 对话框，如图 4-43（a）所示，可以在 "NOELEM" 右侧的下拉列表框中选择是否复制单元和节点，命令及 GUI 方式已在 3.4.4 中介绍过。以复制节点为例，选择主菜单中的 Main Menu > Preprocessor > copy > Nodes > Copy 命令，在选择节点后，弹出 "copy nodes" 对话框，如图 4-43（b）所示，通过该对话框可以对节点进行复制，命令及 GUI 方式如下。

（1）移动节点。

```
命令：NMODIF。
GUI：Main Menu>Preprocessor>Modeling>Create>Nodes>Rotate Node CS>By Angles；
    Main Menu>Preprocessor>Modeling>Move / Modify>Nodes>Set of Nodes；
    Main Menu>Preprocessor>Modeling>Move / Modify>Nodes>Single Node；
    Main Menu>Preprocessor>Modeling>Move / Modify>Rotate Node CS>By Angles。
```

（2）复制节点。

```
命令：NGEN。
GUI：Main Menu>Preprocessor>Modeling>Copy>Nodes>Copy。
```

（3）移动单元。

```
命令：EMODIF。
GUI：Main Menu>Preprocessor>Modeling>Move / Modify>Elements>Modify Attrib；
    Main Menu>Preprocessor>Modeling>Move / Modify>Elements>Modify Nodes。
```

（4）复制单元。

```
命令：EGEN
GUI：Main Menu>Preprocessor>Modeling>Copy>Elements>Auto Numbered。
```

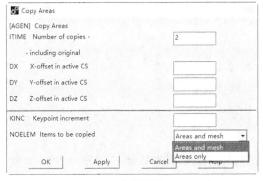
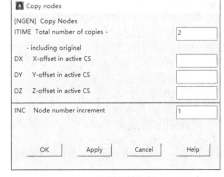

（a）复制面　　　　　　　　　　　　　　　　　　（b）复制节点

图 4-43　复制面或复制节点

4.6.3　控制面、线和单元的法向

如果模型中包含壳单元，并且要对壳加载面载荷，那么用户就需要了解单元面以便能对载荷定义正确的方向。通常，壳的表面载荷将加在单元的某一个面上，并根据右手法则（I、J、K、L 节点

序号方向，如图 4-44 所示）确定正向。如果用户采用实体模型面网格划分的方法生成壳单元，那么单元的正方向将与面的正方向一致。

有以下几种方法进行图形检查。

（1）对壳执行"/NORMAL"命令（GUI：Utility Menu > PlotCtrls > Style > Shell Normals），接着执行"EPLOT"命令（GUI：Utility Menu > Plot > Elements），该方法可以对壳单元的正法线方向进行一次快速的图形检查。

（2）利用命令"GRAPHICS，POWER"（GUI：Utility Menu > PlotCtrls > Style > Hidden-Line Options），弹出对话框如图 4-45 所示，选择"PowerGraphics"（增强图形）选项（通常该选项是默认打开的），则将用不同颜色来显示壳单元的底面和顶面。

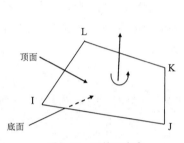

图 4-44　面的正方向

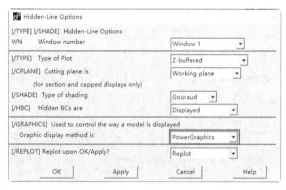

图 4-45　打开增强图形选项

（3）将假定正确的表面载荷加到模型上，然后在执行"EPLOT"命令之前先打开显示表面载荷符号的选项"/PSF,Item,Comp,2"（GUI：Utility Menu > PlotCtrls > Symbols）以检验方向的正确性。

有时用户需要修改或控制面、线和壳单元的法向，ANSYS 程序提供了如下方法。

（1）重新设定壳单元的法向。

```
命令：ENORM。
GUI：Main Menu > Preprocessor > Modeling > Move/Modify > Elements > Shell Normals。
```

（2）重新设定面的法向。

```
命令：ANORM。
GUI：Main Menu > Preprocessor > Modeling > Move/Modify > Areas > Area Normals。
```

（3）将壳单元的法向反向。

```
命令：ENSYM。
GUI：Main Menu > Preprocessor > Modeling > Move/Modify > Reverse Normals > of Shell Elems。
```

（4）将线的法向反向。

```
命令：LREVERSE。
GUI：Main Menu > Preprocessor > Modeling > Move/Modify > Reverse Normals > of Lines。
```

（5）将面的法向反向。

```
命令：AREVERSE。
GUI：Main Menu > Preprocessor > Modeling > Move/Modify > Reverse Normals > of Areas。
```

4.6.4　修改单元属性

通常，要修改单元属性时，用户可以直接删除单元，重新设定单元属性后再执行网格划分操作，这个方法最直观，但也最费时、最不方便。下面提供另一种不必删除网格的简便方法。

```
命令：EMODIFY。
GUI：Main Menu > Preprocessor > Modeling > Move/Modify > Elements > Modify Attrib。
```

执行上述命令后弹出拾取单元对话框,用鼠标指针在模型上拾取相应单元之后即弹出"Modify Elem Attributes"对话框,如图 4-46 所示,在"STLOC"右侧的下拉列表框中选择适当选项(如单元类型、材料号和实常数等),在"I1"右侧的文本框中输入新的序号(修改后的单元类型号、材料号或实常数等),然后单击"Apply"或"OK"按钮。

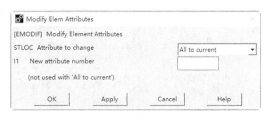

图 4-46　修改单元属性对话框

4.7　直接通过节点和单元生成有限元模型

ANSYS 程序已经提供了许多命令用于通过几何模型生成有限元网格模型,以及对节点和单元进行复制、移动等操作,但同时,ANSYS 还提供了直接通过节点和单元生成有限元模型的方法,有时候,这种方法更便捷、有效。由直接生成法生成的模型严格按节点和单元的顺序定义,单元必须在相应节点全部生成之后才能被定义。

4.7.1　节点

对节点进行的各项操作如下。

(1)定义节点。

(2)从已有节点生成另外的节点。

(3)查看和删除节点。

(4)移动节点。

(5)读写包含节点数据的文本文件。

(6)旋转节点的坐标系。

可以按表 4-4 ~ 表 4-9 提供的方法执行上述操作。

表 4-4　定义节点

用法	命令	GUI 方式
在激活的坐标系里定义单个节点	N	Main Menu > Preprocessor > Modeling > Create > Nodes > In Active CS or > On Working Plane
在关键点上生成节点	NKPT	Main Menu > Preprocessor > Modeling > Create > Nodes > On Keypoints

表 4-5　从已有节点生成另外的节点

用法	命令	GUI 方式
在两节点连线上生成节点	FILL	Main Menu>Preprocessor>Modeling >Create>Nodes > Fill between Nds
由一种模式节点生成其他节点	NGEN	Main Menu > Preprocessor > Modeling > Copy > Nodes > Copy
由一种模式节点生成缩放节点	NSCALE	Main Menu > Preprocessor > Modeling > Copy > Nodes > Scale & Copy or > Scale & Move Main Menu > Preprocessor > Modeling > Operate > Scale > Nodes > Scale & Copy or > Scale Move
在三节点的二次线上生成节点	QUAD	Main Menu > Preprocessor > Modeling > Create > Nodes > Quadratic Fill

（续表）

用法	命令	GUI 方式
生成镜像映射节点	NSYM	Main Menu > Preprocessor > Modeling > Reflect > Nodes
将一种模式的节点转换坐标系	TRANSFER	Main Menu > Preprocessor > Modeling > Move/Modify > Transfer Coord > Nodes
在曲线的曲率中心定义节点	CENTER	Main Menu > Preprocessor > Modeling > Create > Nodes > At Curvature Ctr

表 4-6　查看和删除节点

用法	命令	GUI 方式
列表显示节点	NLIST	Utility Menu > List > Nodes Utility Menu > List > Picked Entities > Nodes
屏幕显示节点	NPLOT	Utility Menu > Plot > Nodes
删除节点	NDELE	Main Menu > Preprocessor > Modeling > Delete > Nodes

表 4-7　移动节点

用法	命令	GUI 方式
通过编辑节点坐标来移动节点	NMODIF	Main Menu > Preprocessor > Modeling > Create > Nodes > Rotate Node CS > By Angles Main Menu > Preprocessor > Modeling > Move/Modify > Rotate Node CS > By Angles or > Set of Nodes or > Single Node
移动节点到作表面的交点	MOVE	Main Menu > Preprocessor > Modeling > Move/Modify > Nodes > To Intersect

表 4-8　读写包含节点数据的文本文件

用法	命令	GUI 方式
从文件中读取一部分节点	NRRANG	Main Menu > Preprocessor > Modeling > Create > Nodes > Read Node File
从文件中读取节点	NREAD	Main Menu > Preprocessor > Modeling > Create > Nodes > Read Node File
将节点写入文件	NWRITE	Main Menu > Preprocessor > Modeling > Create > Nodes > Write Node File

表 4-9　旋转节点的坐标系

用法	命令	GUI 方式
旋转到当前激活的坐标系	NROTAT	Main Menu>Preprocessor >Modeling >Create > Nodes >Rotate Node CS>To Active CS Main Menu > Preprocessor>Modeling>Move/Modify > Rotate Node CS > To Active CS
通过方向余弦旋转节点坐标系	NANG	Main Menu > Preprocessor > Modeling > Create > Nodes > Rotate Node CS > By Vectors Main Menu > Preprocessor > Modeling > Move/Modify > Rotate Node CS > By Vectors
通过角度旋转节点坐标系	N; NMODIF	Main Menu > Preprocessor > Modeling > Create > Nodes > In Active CS or > On Working Plane Main Menu > Preprocessor > Modeling > Create > Nodes > Rotate Node CS > By Angles Main Menu > Preprocessor > Modeling > Move/Modify > Rotate Node CS > By Angles or > Set of Nodes or > Single Node

4.7.2　单元

直接通过节点和单元生成有限元模型时，可以对单元进行以下操作。

（1）组集单元表。

（2）指向单元表中的项。

（3）查看单元列表。

（4）定义单元。

（5）查看和删除单元。

（6）从已有单元生成另外的单元。

（7）利用特殊方法生成单元。

（8）读写包含单元数据的文本文件。

定义单元的前提条件：已经定义了该单元所需的最少节点并且已指定合适的单元属性。可以按照表 4-10~表 4-17 提供的方法来执行上述操作。

表 4-10　组集单元表

用法	命令	GUI 方式
定义单元类型	ET	Main Menu > Preprocessor > Element Type > Add/Edit/Delete
定义实常数	R	Main Menu > Preprocessor > Real Constants
定义线性材料属性	MP;MPDATA; MPTEMP	Main Menu> Preprocessor > Material Props > Material Models > Analysis Type

表 4-11　指向单元属性

用法	命令	GUI 方式
指定单元类型	TYPE	Main Menu > Preprocessor > Modeling > Create > Elements > Elem Attributes
指定实常数	REAL	Main Menu > Preprocessor > Modeling > Create > Elements > Elem Attributes
指定材料号	MAT	Main Menu > Preprocessor > Modeling > Create > Elements > Elem Attributes
指定单元坐标系	ESYS	Main Menu > Preprocessor > Modeling > Create > Elements > Elem Attributes

表 4-12　查看单元列表

用法	命令	GUI 方式
列表显示单元类型	ETLIST	Utility Menu > List > Properties > Element Types
列表显示实常数的设置	RLIST	Utility Menu > List > Properties > All Real Constants or > Specified Real Constants
列表显示线性材料属性	MPLIST	Utility Menu > List > Properties > All Materials or > All Matls, All Temps or > All Matls, Specified Temp or > Specified Matl, All Temps
列表显示数据表	TBLIST	Main Menu > Preprocessor > Material Props > Material Models Utility Menu > List > Properties > Data Tables
列表显示坐标系	CSLIST	Utility Menu > List > Other > Local Coord Sys

表 4-13　定义单元

用法	命令	GUI 方式
定义单元	E	Main Menu > Preprocessor > Modeling > Create > Elements > Auto Numbered > Thru Nodes Main Menu > Preprocessor > Modeling > Create > Elements > User Numbered > Thru Nodes

表 4-14　查看和删除单元

用法	命令	GUI 方式
列表显示单元	ELIST	Utility Menu>List > Elements Utility Menu > List > Picked Entities > Elements
屏幕显示单元	EPLOT	Utility Menu > Plot > Elements
删除单元	EDELE	Main Menu > Preprocessor > Modeling > Delete > Elements

表 4-15　从已有单元生成另外的单元

用法	命令	GUI 方式
从已有模式的单元生成另外的单元	EGEN	Main Menu > Preprocessor > Modeling > Copy > Elements > Auto Numbered
手工控制编号从已有模式的单元生成另外的单元	ENGEN	Main Menu > Preprocessor>Modeling >Copy>Elements>User Numbered
镜像映射生成单元	ESYM	Main Menu>Preprocessor>Modeling >Reflect >Elements > Auto Numbered
手工控制编号镜像映射生成单元	ENSYM	Main Menu>Preprocessor>Modeling>Reflect>Elements>User Numbered Main Menu > Preprocessor > Modeling > Move/Modify > Reverse Normals > of Shell Elements

表 4-16　利用特殊方法生成单元

用法	命令	GUI 方式
在已有单元的外表面生成表面单元（SURF151 和 SURF152）	ESURF	Main Menu > Preprocessor > Modeling > Create > Elements > Surf/Contact > Option
用表面单元覆盖于平面单元的边界上并分配额外节点作为最近的流体单元节点（SURF151）	LFSURF	Main Menu > Preprocessor > Modeling > Create > Elements > Surf/Contact > Surface Effect > Attach to Fluid > Line to Fluid
用表面单元覆盖于实体单元的表面上并分配额外的节点作为最近的流体单元的节点（SURF152）	AFSURF	Main Menu > Preprocessor > Modeling > Create > Elements > Surf/Contact > Surf Effect > Attach to Fluid > Area to Fluid
用表面单元覆盖于已有单元的表面并指定额外的节点作为最近的流体单元的节点（SURF151 和 SURF152）	NDSURF	Main Menu > Preprocessor > Modeling > Create > Elements > Surf/Contact > Surf Effect > Attach to Fluid > Node to Fluid
在重合位置处产生两节点单元	EINTF	Main Menu > Preprocessor > Modeling > Create > Elements > Auto Numbered > At Coincid Nd
产生接触单元	GCGEN	Main Menu > Preprocessor > Modeling > Create > Elements > Surf/Contact > Node to Surf

表 4-17　读写包含单元数据的文本文件

用法	命令	GUI 方式
从单元文件中读取部分单元	ERRANG	Main Menu >Preprocessor > Modeling > Create > Elements > Read Elem File
从文件中读取单元	EREAD	Main Menu >Preprocessor > Modeling > Create > Elements > Read Elem File
将单元写入文件	EWRITE	Main Menu > Preprocessor >Modeling >Create > Elements > Write Elem File

在执行上述有关节点和单元的操作后生成的有限元模型，可以直接用于后续的施加载荷。

4.8　编号控制

本节主要介绍用于编号控制（包括关键点、线、面、体、单元、节点、单元类型、实常数、材料号、耦合自由度、约束方程、坐标系等）的命令和 GUI 方式。通过编号控制可将模型的各个独立部分组合起来，这是相当有用和必要的。

布尔运算输出图元的编号并非完全可以预估，在不同的计算机系统中，执行同样的布尔运算，其生成图元的编号可能会不同。

4.8.1　合并重复项

如果两个独立的图元在相同或非常相近的位置，可用下列方法将他们合并成一个图元。

命令：NUMMRG。
GUI：Main Menu > Preprocessor > Numbering Ctrls > Merge Items.

弹出"Merge Coincident or Equivalently Defined Items"对话框，如图 4-47 所示。在"Label"右侧的选项框选择合适的项（如关键点、线、面、体、单元、节点、单元类型、实常数、材料号等）；"TOLER"后的输入值表示条件公差（相对公差），"GTOLER"后的输入值表示总体公差（绝对公差），通常采用默认值（即不输入具体数值），图 4-48 和图 4-49 所示给出了两个合并的实例；"ACTION"变量表示是直接合并选择项还是先提示然后再合并（默认是直接合并）选择项；"SWITCH"变量表示是保留合并图元中较高的编号还是较低的编号（默认是较低的编号）。

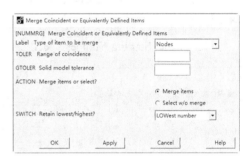

图 4-47　合并重复项对话框

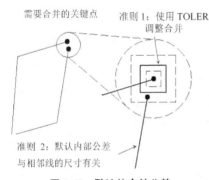

图 4-48　默认的合并公差

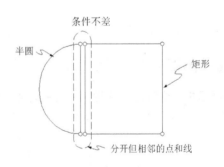

图 4-49　合并示例

4.8.2　编号压缩

在构造模型时，删除、清除、合并或其他操作可能在编号中产生许多空号，可采用如下方法清除空号并且保证编号的连续性。

命令：NUMCMP。
GUI：Main Menu > Preprocessor > Numbering Ctrls > Compress Numbers.

弹出"Compress Numbers"对话框，如图 4-50 所示，在"Label"右侧的下拉列表中选择适当的项（如关键点、线、面、体、单元、节点、单元类型、实常数、材料号等）即可执行编号压缩操作。

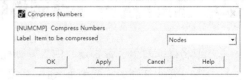

图 4-50　"Compress Numbers"对话框

4.8.3　设定起始编号

在生成新的编号项时，可以控制新生成系列的起始编号大于已有图元的最大编号。这样做可以保证新生成图元的连续编号不会占用已有编号序列中的空号。另外，这样做可以使生成的模型的某个区域在编号上与其他区域保持独立，从而避免这些区域中的模型连接在一起造成编号冲突。设定起始编号的方法如下。

> 命令：NUMSTR。
> GUI：Main Menu > Preprocessor > Numbering Ctrls > Set Start Number.

弹出"Starting Number Specifications"对话框，如图4-51所示，在节点、单元、关键点、线、面右侧的选项框中指定相应的起始编号即可。

如果想恢复默认的起始编号，可用如下方法。

> 命令：NUMSTR, DEFA。
> GUI：Main Menu > Preprocessor > Numbering Ctrls > Reset Start Number.

弹出"Reset Starting Number Specifications"对话框，如图4-52所示，单击"OK"按钮即可。

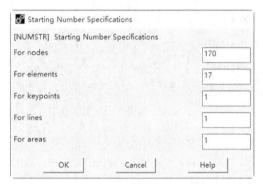

图4-51　设定起始编号对话框　　　　　　图4-52　恢复起始编号对话框

4.8.4　编号偏差

在连接模型中两个独立区域时，为避免编号冲突，可对当前已选取的编号加一个偏差值来对模型重新编号，方法如下。

> 命令：NUMOFF。
> GUI：Main Menu > Preprocessor > Numbering Ctrls > Add Num Offset.

弹出"Add an Offset to Item Numbers"对话框，如图4-53所示，在"Label"右侧的选项框中选择想要执行

图4-53　添加编号偏差值对话框

编号偏差的项（如关键点、线、面、体、单元、节点、单元类型、实常数、材料号等），在"VALUE"右侧的选项框中输入具体数值即可。

4.9　实例导航——旋转外轮的网格划分

本节将继续对第3章中建立的旋转外轮进行网格划分，生成有限元模型，步骤如下。

（1）打开旋转外轮几何模型 roter.db 文件。

（2）定义单元类型。在进行有限元分析时，首先应根据分析问题的几何结构、分析类型和所分析的问题精度要求等，选定适合具体分析的单元类型。本例中选用四节点四边形板单元 PLANE182。PLANE182 不仅可用于计算平面应力问题，还可以用于分析平面应变和轴对称问题。

① 从主菜单中选择 Main Menu > Preprocessor > Element Type > Add/Edit/ Delete 命令，打开"Element Types（单元类型）"对话框，如图 4-54 所示。

② 单击"Add…"按钮，打开"Library of Element Types（单元类型库）"对话框，如图 4-55 所示。

③ 在对话框中选择"Solid"选项，即选择实体单元类型。

④ 在列表框中选择"Quad 4 node 182"选项，即选择四节点四边形板单元 PLANE182。

⑤ 单击"OK"按钮，添加 PLANE182 单元，并关闭单元类型对话框，同时返回第①步打开的单元类型对话框，如图 4-56 所示。

图 4-54　单元类型对话框

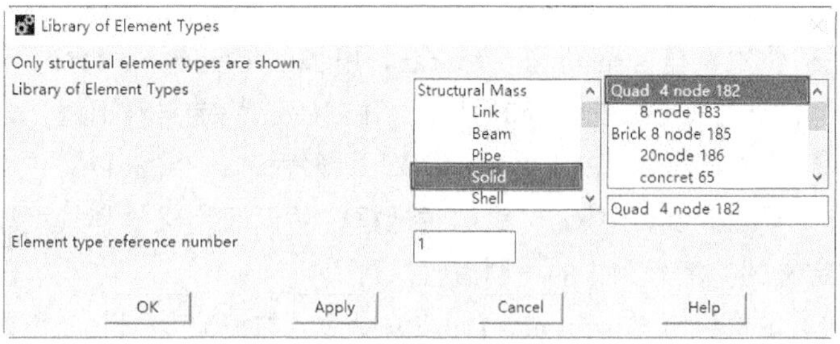

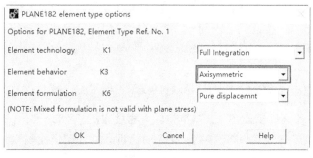

图 4-55　单元类型库对话框

⑥ 单击"Options…"按钮，打开图 4-57 所示的"PLANE182 element type options（单元属性）"对话框，对 PLANE182 单元进行设置，使其可用于计算平面应力问题。

图 4-56　单元类型对话框

图 4-57　单元属性对话框

⑦ 在"Element behavior（单元行为方式）"右侧下拉列表框中选择"Axisymmetric（轴对称）"选项。

⑧ 单击"OK"按钮，接受选项，关闭单元选项设置对话框，返回单元类型对话框。

⑨ 单击"Close"按钮，关闭单元类型对话框，结束单元类型的添加。

（3）定义材料属性。本例中选用的单元类型无须定义实常数，故略过定义实常数这一步而直接定义材料属性。

考虑惯性力的静力分析中必须定义材料的弹性模量和密度，具体步骤如下。

① 从主菜单中选择 Main Menu > Preprocessor > Material Props > Material Models 命令，打开"Define Material Model Behavior（定义材料模型属性）"对话框，如图 4-58 所示。

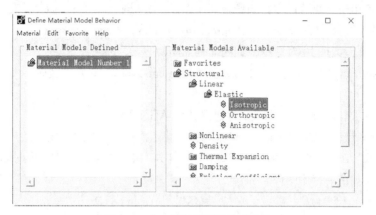

图 4-58　定义材料模型属性对话框

② 依次执行 Structural > Linear > Elastic > Isotropic 命令，展开材料属性的树形结构，将打开 1 号材料的弹性模量"EX"和泊松比"PRXY"的定义对话框，如图 4-59 所示。

③ 在对话框的"EX"文本框中输入弹性模量"2.06e11"，在"PRXY"文本框中输入泊松比"0.3"。

④ 单击"OK"按钮，关闭对话框，并返回定义材料模型属性窗口，在此窗口的左边一栏出现刚刚定义的参考号为 1 的材料属性。

⑤ 依次执行 Structural > Density 命令，打开定义材料密度对话框，如图 4-60 所示。

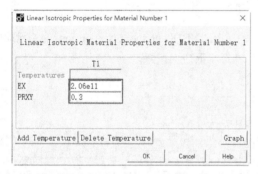

图 4-59　线性各向同性材料的弹性模量和泊松比定义对话框

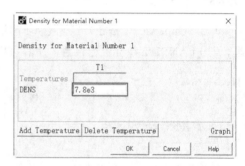

图 4-60　定义材料密度对话框

⑥ 在"DENS"文本框中输入密度数值"7.8e3"。

⑦ 单击"OK"按钮，关闭对话框，并返回定义材料模型属性对话框，在此对话框的左边一栏参考号为 1 的材料属性下方出现密度项。

⑧ 在"Define Material Model Behavior"对话框中，从菜单中选择 Material > Exit 命令，或者单击右上角的"关闭"按钮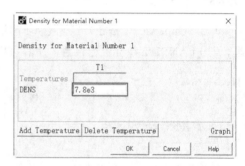，退出定义材料模型属性对话框，完成对材料模型属性的定义。

⑨ 定义两个关键点。

a. 从主菜单中选择 Main Menu > Preprocessor > Modeling > Create > Keypoints > In Active CS 命令。

b. 在"NPT"文本框中输入"50"，单击"Apply"按钮；再次在"NPT"右侧文本框中输入"51"，"Y"文本框中输入"6"，单击"OK"按钮，如图 4-61 所示。

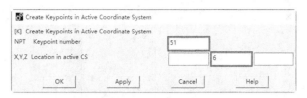

图 4-61　定义两个关键点

（4）对轮的截面进行网格划分。本节选用 PLANE182 单元划分网格。

① 从主菜单中选择 Main Menu > Plot > Area 命令。

② 从主菜单中选择 Main Menu > Preprocessor > Meshing > MeshTool 命令，打开"MeshTool（网格工具）"，如图 4-62 所示。

③ 单击"Lines"域中的"Set"按钮，打开线选择对话框，要求选择定义单元划分数的线。选择 L4，单击"Apply"按钮，出现如图 4-63 所示的对话框。

④ 在"NDIV"右侧文本框中输入"20"，将 L4 线分成 20 份，单击"Apply"按钮。

⑤ 分别选择 L2、L7、L10、L20、L28，单击"OK"按钮，在"NDIV"右侧文本框中输入 5，将它们分成 5 份，单击"OK"按钮。

⑥ 在图 4-62 所示的"Mesh"栏中选择"Areas"选项，在"Shape"选项中选择"Free"选项，单击"Mesh"按钮。

图 4-62　网格工具

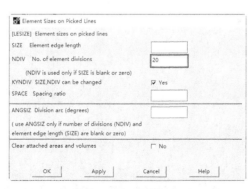

图 4-63　控制线划分

图 4-64　选择要划分的面

⑦ 在图 4-64 所示对话框中单击"Pick All"按钮，ANSYS 将按照对线的控制进行网格划分，其间会出现如图 4-65 所示的警告信息，无须处理。

⑧ 面划分的结果如图 4-66 所示。

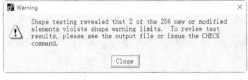

图 4-65   警告信息

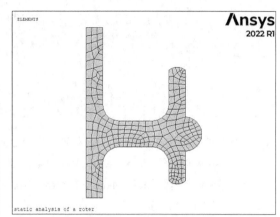

图 4-66   面划分的结果

（5）保存有限元模型

单击 ANSYS 工具条中的"SAVE_DB"按钮，保存文件。

第5章

施加载荷

建立完有限元分析模型之后，就需要在模型上施加载荷来检查结构或构件对一定载荷条件的响应。本章将讲述 ANSYS 施加载荷的各种方法和应注意的相关事项。

5.1 载荷概论

有限元分析的主要目的是检查结构或构件对一定载荷条件的响应。因此，在分析中指定合适的载荷条件是关键的一步。在 ANSYS 程序中，可以用各种方式对模型施加载荷，而且借助载荷步选项，控制在求解中载荷如何使用。

5.1.1 载荷定义

在 ANSYS 术语中，载荷包括边界条件和外部或内部作用力函数，如图 5-1 所示。不同学科对应的载荷实例如下。

- 结构分析：位移、压力、温度（热应力）和重力。
- 热力分析：温度、热流速率、对流、内部热生成、热通量、无限表面。
- 磁场分析：磁势、磁通量、磁场段、源流密度、无限表面。
- 电场分析：电势（电压）、电流、电流密度、电荷、电荷密度、无限表面。
- 流体分析：速度、压力。

图 5-1 "载荷"包括边界条件及其他类型的载荷

载荷分为 6 类。

- DOF（约束自由度）：某些自由度为给定的已知值。例如，在结构分析中指定结点位移或对称边界条件等；热分析中指定结点温度等。
- 力（集中载荷）：施加于模型结点上的集中载荷。例如，结构分析中的力和力矩；热分析中的热流速率；磁场分析中的电流。

- 表面载荷：施加于某个表面上的分布载荷。例如，结构分析中的压力，热力分析中的对流和热通量。
- 体积载荷：施加在体积上的载荷或场载荷。例如，结构分析中的温度，热力分析中的内部热源密度；磁场分析中为磁通量。
- 惯性载荷：由物体惯性引起的载荷，如物体的重力，物体圆周运动中所受的离心力等，惯性载荷主要在结构分析中使用。
- 耦合场载荷：耦合场载荷可以认为是以上载荷的一种特殊情况，从一种分析中得到的结果作为另一种分析的载荷。例如，在磁场分析中计算所得到的磁力作为结构分析中的载荷，也可以将热分析中的温度结果作为结构分析的载荷。

5.1.2 载荷步、子步和平衡迭代

载荷步仅仅是为了获得解答的载荷配置。在线性静态或稳态分析中，可以使用不同的载荷步施加不同的载荷组合：在第一个载荷步中施加风载荷，在第二个载荷步中施加重力载荷，在第三个载荷步中施加风和重力载荷及一个不同的支撑条件等。在瞬态分析中，多个载荷步加到载荷历程曲线的不同区段。

ANSYS 程序将为第一个载荷步选择的单元组用于随后的载荷步，而无论用户为随后的载荷步指定哪个单元组。要选择一个单元组，可使用下列两种方法之一。

```
GUI：Utility Menu > Select > Entities。
命令：ESEL。
```

图 5-2 显示了一个需要 3 个载荷步的载荷历程曲线：第一个载荷步用于线性载荷，第二个载荷步用于不变载荷部分，第三个载荷步用于卸载。

子步为执行求解载荷步中的点。由于以下几点，要使用子步。

- 在非线性静态或稳态分析中，使用子步逐渐施加载荷以便能获得精确解。
- 在线性或非线性瞬态分析中，使用子步满足瞬态时间累积法则（为获得精确解通常规定一个最小累积时间步长）。
- 在谐波分析中，使用子步获得谐波频率范围内多个频率处的解。

平衡迭代是在给定子步条件下为了得到收敛结果而计算的附加解，仅用于有收敛需求的非线性分析中的迭代修正。例如，在二维非线性静态磁场分析中，为获得精确解，通常使用两个载荷步，如图 5-3 所示。

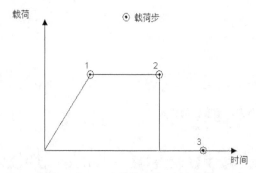

图 5-2 使用 3 个载荷步表示瞬态载荷历程

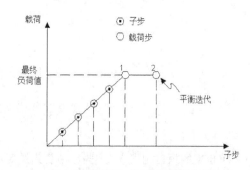

图 5-3 载荷步、子步和平衡迭代示意

- 第一个载荷步，将载荷逐渐加到 5~10 个子步以上，每个子步仅用一个平衡迭代。

- 第二个载荷步，得到最终收敛解，且仅有一个使用 15～25 次平衡迭代的子步。

5.1.3　时间参数

在所有静态和瞬态分析中，ANSYS 使用时间作为跟踪参数，而无论分析是否与时间有关。其好处是：在所有情况下都可以使用一个不变的"计数器"或"跟踪器"，不受分析的影响。此外，时间总是单调增加的，且自然界中大多数事件的发生都需经历一段时间，而无论该时间多么短暂。

显然，在瞬态分析或与速率有关的静态分析（蠕变或黏塑性）中，时间用实际的年月顺序，即秒、分或小时表示。在指定载荷历程曲线的同时（使用 TIME 命令），在每个载荷步的结束点赋予时间值。使用如下方法之一赋予时间值。

```
GUI: Main Menu > Preprocessor > Loads >Load Step Opts > Time/Frequenc > Time and Substps.
GUI: Main Menu > Preprocessor > Loads > Load Step Opts > Time/Frequenc > Time-Time Step.
GUI: Main Menu > Solution > Load Step Opts > Time/Frequenc > Time and Substps.
GUI: Main Menu > Solution > Load Step Opts > Time/Frequenc > Time-Time Step.
命令：TIME。
```

然而，在与速率有关的分析中，时间仅仅成为一个识别载荷步和子步的计数器。默认情况下，程序自动地对"time"赋值，在载荷步 1 结束时，赋值"time = 1"；在载荷步 2 结束时，赋值"time = 2"；依次类推。载荷步中的任何子步将被赋给合适的、用线性插值得到的时间值。在分析中，通过赋给自定义的时间值，就可建立自己的跟踪参数。例如，若要将 1000 个单位的载荷增加到一载荷步上，可以在该载荷步的结束时将时间指定为 1000，以使载荷和时间值完全同步。

那么，在后处理器中，如果得到了一个变形-时间关系图，其含义与变形-载荷关系相同。这种技术非常有用，例如，在大变形分析及屈曲分析中，其任务是跟踪结构载荷增加时结构的变形。

在求解中使用弧长方法时，时间还表示另一含义。在这种情况下，时间等于载荷步开始时的时间值加上弧长载荷系数（当前所施加载荷的放大系数）的数值。"ALLF"不必单调增加（即它可以增加、减少甚至为负），且在每个载荷步的开始时被重新设置为 0。因此，在弧长求解中，时间不作为"计数器"。

载荷步为作用在给定时间间隔内的一系列载荷。子步为载荷步中的时间点，在这些时间点处求得中间解。两个连续的子步之间的时间差称为时间步长或时间增量。平衡迭代是为了收敛而在给定时间点进行计算的迭代求解。

5.1.4　阶跃载荷与坡道载荷

当在一个载荷步中指定一个以上的子步时，就出现了载荷应为阶跃载荷还是坡道载荷的问题。

- 如果载荷是阶跃的，那么，全部载荷施加于第一个载荷子步，且在载荷步的其他部分，载荷保持不变，如图 5-4 左图所示。
- 如果载荷是坡道载荷，其值是递增（线性）的，那么，在每个载荷子步，载荷值逐渐增加，且全部载荷出现在载荷步结束时，如图 5-4 右图所示。

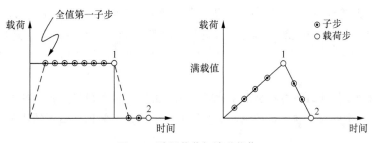

图 5-4　阶跃载荷与坡道载荷

可以通过如下方法表示载荷为坡道载荷还是阶跃载荷。

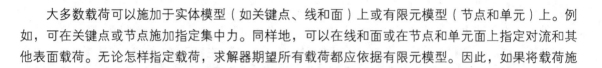

```
GUI: Main Menu > Solution > Load Step Opts >Time/Frequenc>Time and Substps.
GUI: Main Menu > Solution > Load Step Opts > Time/Frequenc > Time - Time Step.
命令: KBC。
```

"KBC，0"表示载荷为坡道载荷；"KBC，1"表示载荷为阶跃载荷。默认值取决于学科和分析类型及"SOLCONTROL"处于"ON"或"OFF"状态。

载荷步选项是用于表示控制载荷应用的各选项（如时间、子步数、时间步、载荷为阶跃载荷或坡道载荷）的总称。其他类型的载荷步选项包括收敛公差（用于非线性分析）、阻尼规范及输出控制（用于结构分析）。

5.2 施加载荷

大多数载荷可以施加于实体模型（如关键点、线和面）上或有限元模型（节点和单元）上。例如，可在关键点或节点施加指定集中力。同样地，可以在线和面或在节点和单元面上指定对流和其他表面载荷。无论怎样指定载荷，求解器期望所有载荷都应依据有限元模型。因此，如果将载荷施加于实体模型，在开始求解时，程序自动将这些载荷转换到节点和单元上。

5.2.1 实体模型载荷与有限单元载荷

施加于实体模型上的载荷称为实体模型载荷，而直接施加于有限元模型上的载荷称为有限单元载荷。实体模型载荷有如下优缺点。

1. 优点

● 实体模型载荷独立于有限元网格。即可以改变单元网格而不影响施加的载荷。这就允许用户更改网格并进行网格敏感性研究而不必每次对其重新施加载荷。

● 与有限元模型相比，实体模型通常包括较少的实体数量。因此，选择实体模型的实体并在这些实体上施加载荷要容易得多，尤其是通过图形拾取实体时。

2. 缺点

● ANSYS 网格划分命令生成的单元处于当前激活的单元坐标系中。网格划分命令生成的节点使用整体笛卡儿坐标系。因此，实体模型和有限元模型可能具有不同的坐标系和加载方向。

● 使用实体模型进行简化分析不是很方便。此时，载荷施加于主自由度（仅能在节点而不能在关键点定义主自由度）。

● 施加关键点约束很麻烦，尤其是当约束扩展选项被使用时（扩展选项允许将一约束特性扩展到通过一条直线连接的两关键点之间的所有节点上）。

● 不能显示所有实体模型载荷。

如前所述，在开始求解时，实体模型载荷将自动转换到有限元模型。ANSYS 程序改写任何已存在于对应的有限单元实体上的载荷。删除实体模型载荷将删除所有对应的有限元载荷。有限单元载荷有如下优缺点。

1. 优点

● 有限元模型在简化分析时不会产生问题，因为此时可将载荷直接施加在主节点上。

● 不必担心产生约束扩展，可简单地选择所有所需节点，并指定适当的约束。

2. 缺点

- 任何有限元网格的修改都会使载荷无效，需要删除先前的载荷并在新网格上重新施加载荷。
- 除非有限元模型仅包含几个节点或单元，否则不便使用图形拾取施加载荷。

5.2.2 施加载荷

本节主要讨论如何施加 DOF、集中力载荷、表面载荷、体积载荷、惯性载荷和耦合场载荷。

1. DOF

表 5-1 显示了每个学科中可被约束的自由度和相应的 ANSYS 标识符。标识符（如 UX、ROTZ、AY 等）所包含的任何方向都在节点坐标系中。

表 5-2 显示了施加、列表显示和删除 DOF 的命令。需要注意的是，可以将约束施加于节点、关键点、线和面上。

下面是一些可用于施加 DOF 的 GUI 方式的例子。

```
GUI: Main Menu > Preprocessor > Loads > Define Loads > Apply > load type > On Nodes.
GUI: Utility Menu > List > Loads > DOF Constraints > On All Keypoints.
GUI: Main Menu > Solution > Define Loads > Apply > load type > On Lines.
```

表 5-1　每个学科中可用的 DOF 约束

学科	自由度	ANSYS 标识符
结构分析	平移	UX、UY、UZ
	旋转	ROTX、ROTY、ROTZ
热力分析	温度	TEMP
磁场分析	矢量势	AX、AY、AZ
	标量势	MAG
电场分析	电压	VOLT
流体分析	速度	VX、VY、VZ
	压力	PRES
	紊流动能	ENKE
	紊流扩散速率	ENDS

表 5-2　DOF 约束的命令

位置	基本命令	附加命令
节点	D、DLIST、DDELE	DSYM、DSCALE、DCUM
关键点	DK、DKLIST、DKDELE	—
线	DL、DLLIST、DLDELE	—
面	DA、DALIST、DADELE	—
转换	SBCTRAN	DTRAN

2. 集中力载荷

表 5-3 显示了每个学科中可用的集中力载荷和相应的 ANSYS 标识符。标识符（如 FX、MZ、CSGY 等）所包含的任何方向都在节点坐标系中。

表 5-3　每个学科中的集中力载荷

学科	力	ANSYS 标识符
结构分析	力	FX、FY、FZ
	力矩	MX、MY、MZ
热力分析	热流速率	HEAT
磁场分析	电流段	CSGX
	磁通量	FLUX
电场分析	电流	AMPS
	电荷	CHRG
流体分析	流体流动速率	FLOW

表 5-4 显示了施加、列表显示和删除集中力载荷的命令。需要注意的是，可以将集中力载荷施加于节点和关键点上。

下面是一些用于施加集中力载荷的 GUI 方式的例子。

```
GUI：Main Menu > Preprocessor > Loads > Define Loads > Apply > load type > On Nodes.
GUI：Utility Menu > List > Loads > Forces > On All Keypoints.
GUI：Main Menu > Solution > Define Loads > Apply > load type > On Lines.
```

表 5-4　用于施加集中力载荷的命令

位置	基本命令	附加命令
节点	F、FLIST、FDELE	FSCALE、FCUM
关键点	FK、FKLIST、FKDELE	—
转换	SBCTRAN	FTRAN

3. 面载荷

表 5-5 显示了每个学科中可用的表面载荷和相应的 ANSYS 标识符。

表 5-5　每个学科中可用的表面载荷

学科	表面载荷	ANSYS 标识符
结构分析	压力	PRES
热力分析	对流	CONV
	热流量	HFLUX
	无限表面	INF
磁场分析	麦克斯韦表面	MXWF
	无限表面	INF
电场分析	麦克斯韦表面	A MXWF
	表面电荷密度	CHRGS
	无限表面	INF
流体分析	流体结构界面	FSI
	阻抗	IMPD
所有学科	超级单元载荷矢	SELV

表 5-6 显示了施加、列表显示和删除表面载荷的命令。需要注意的是，不仅可以将表面载荷施加在线和面上，还可以施加于节点和单元上。

表 5-6　用于施加表面载荷的命令

位置	基本命令	附加命令
节点	SF、SFLIST、SFDELE	SFSCALE、SFCUM、SFFUN
单元	SFE、SFELIST、SFEDELE	SEBEAM、SFFUN、SFGRAD
线	SFL、SFLLIST、SFLDELE	SFGRAD
面	SFA、SFALIST、SFADELE	SFGRAD
转换	SFTRAN	—

下面是一些用于施加表面载荷的 GUI 方式的例子。

```
GUI: Main Menu > Preprocessor > Loads > Define Loads > Apply > load type > On Nodes.
GUI: Utility Menu > List > Loads > Surface > On All Elements.
GUI: Main Menu > Solution > Loads > Define Loads > Apply > load type > On Lines.
```

ANSYS 程序根据存储在单元和单元面的节点指定面载荷。因此，如果对同一表面使用节点面载荷命令和单元面载荷命令，则使用单元面载荷命令。

4. 体积载荷

表 5-7 显示了每个学科中可用的体积载荷和相应的 ANSYS 标识符。

表 5-7　每个学科中可用的体积载荷

学科	体积载荷	ANSYS 标识符
结构分析	温度	TEMP
	热流量	FLUE
热力分析	热生成速率	HGEN
磁场分析	温度	TEMP
	磁场密度	JS
	虚位移	MVDI
	电压降	VLTG
电场分析	温度	TEMP
	体积电荷密度	CHRGD
流体分析	热生成速率	HGEN
	力速率	FORC

表 5-8 显示了施加、列表显示和删除表面载荷的命令。需要注意的是，可以将体积载荷施加在节点、单元、关键点、线、面和体上。

表 5-8　用于施加体积载荷的命令

位置	基本命令	附加命令
节点	BF、BFLIST、BFDELE	BFSCALE、BFCUM、BFUNIF
单元	BFE、BFELIST、BFEDELE	BEESCAL、BFECUM
关键点	BFK、BFKLIST、BFKDELE	—
线	BFL、BFLLIST、BFLDELE	—
面	BFA、BFALIST、BFADELE	—
体	BFV、BFVLIST、BFVDELE	—
转换	BFTRAN	—

下面是一些用于施加体积载荷的 GUI 方式的例子。

```
GUI: Main Menu > Preprocessor > Loads > Define Loads > Apply > load type > On Nodes.
GUI: Utility Menu > List > Loads > Body > On Picked Elems.
GUI: Main Menu > Solution > Loads > Define Loads > Apply > load type > On Keypoints.
GUI: Utility Menu > List > Loads > Body > On Picked Lines.
GUI: Main Menu > Solution > Loads > Apply > load type > On Volumes.
```

在节点指定的体积载荷独立于单元上的载荷。对于一个给定的单元，ANSYS 程序按下列方法决定使用哪一载荷。

（1）ANSYS 程序检查是否对单元指定体积载荷。

（2）如果未对单元指定体积载荷，则使用指定给节点的体积载荷。

（3）如果单元或节点上没有体积载荷，则通过"BFUNIF"命令指定体积载荷。

5. 惯性载荷

施加惯性载荷的命令如表 5-9 所示。

表 5-9　惯性载荷命令

命令	GUI 方式
ACEL	Main Menu > Preprocessor > Loads > Define Loads > Apply > Structural > Inertia > Gravity Main Menu > Preprocessor > Loads > Define Loads > Delete > Structural > Inertia > Gravity Main Menu > Solution > Define Loads > Apply > Structural > Inertia > Gravity Main Menu > Solution > Define Loads > Delete > Structural > Inertia > Gravity
CGLOC	Main Menu>Preprocessor>Loads>Define Loads >Apply>Structural>Inertia > Coriolis Effects Main Menu > Preprocessor > Loads > Define Loads > Delete > Structural > Inertia > Coriolis Effects Main Menu > Solution > Define Loads > Apply > Structural > Inertia > Coriolis Effects Main Menu > Solution > Define Loads > Delete > Structural > Inertia > Coriolis Effects
CGOMGA	Main Menu > Preprocessor>Loads>Define Loads >Apply>Structural>Inertia>Coriolis Effects Main Menu > Preprocessor > Loads > Define Loads > Delete > Structural > Inertia > Coriolis Effects Main Menu > Solution > Define Loads > Apply > Structural > Inertia > Coriolis Effects Main Menu > Solution > Define Loads > Delete > Structural > Inertia > Coriolis Effects
DCGOMG	Main Menu>Preprocessor>Loads >Define Loads >Apply>Structural>Inertia>Coriolis Effects Main Menu > Preprocessor > Loads > Define Loads > Delete > Structural > Inertia > Coriolis Effects Main Menu > Solution > Define Loads > Apply > Structural > Inertia > Coriolis Effects Main Menu > Solution > Define Loads > Delete > Structural > Inertia > Coriolis Effects
DOMEGA	MainMenu > Preprocessor > Loads > Define Loads > Apply > Structural > Inertia > AngularAccel > Global MainMenu > Preprocessor > Loads > DefineLoads > Delete > Structural > Inertia > AngularAccel > Global Main Menu > Solution > Define Loads > Apply > Structural > Inertia > Angular Accel > Global Main Menu > Solution > Define Loads > Delete > Structural > Inertia > Angular Accel > Global
IRLF	Main Menu > Preprocessor > Loads > Define Loads > Apply > Structural > Inertia > Inertia Relief Main Menu > Preprocessor > Loads > Load Step Opts > Output Ctrls > Incl Mass Summry Main Menu > Solution > Define Loads > Apply > Structural > Inertia > Inertia Relief Main Menu > Solution > Load Step Opts > Output Ctrls > Incl Mass Summry
OMEGA	MainMenu > Preprocessor > Loads > Define Loads > Apply > Structural > Inertia > Angular Velocity > Global MainMenu > Preprocessor > Loads > Define Loads > Delete > Structural > Inertia > Angular Velocity > Global Main Menu > Solution > Define Loads > Apply > Structural > Inertia > Angular Velocity > Global Main Menu > Solution > Define Loads > Delete > Structural > Inertia > Angular Velocity > Global

系统中没有用于列表显示或删除惯性载荷的专门命令。若要在列表上显示惯性载荷，则执行"STAT，INRTIA"命令（Utility Menu > List > Status > Soluion > Inertia Loads）。若要去除惯性载荷，只要将载荷值设置为 0。可以将惯性载荷设置为 0，但是不能删除惯性载荷。对逐步上升的载荷步，惯性载荷的斜率为 0。

"ACEL""OMEGA"和"DOMEGA"命令分别用于指定在整体笛卡儿坐标系中的加速度、角速度和角加速度。

"ACEL"命令用于对物体施加一加速场（非重力场）。因此，要施加作用于负 Y 方向的重力，

应指定 *Y* 轴正方向的加速度。

使用"CGOMGA"和"DCGOMG"命令指定一旋转物体的角速度和角加速度,该物体本身正相对于另一个参考坐标系旋转。"CGLOC"命令用于指定参照系相对于整体笛卡儿坐标系的位置。例如,在静态分析中,为了考虑"Coriolis"效果(旋转体受到的科里奥利力),可以使用这些命令。

当模型具有质量时,惯性载荷有效。惯性载荷通常是通过指定密度来施加的(还可以通过使用质量单元,如"MASS21"单元对模型施加质量,但通过密度的方法施加惯性载荷更常用、更有效)。对所有的其他数据,ANSYS 程序要求质量为恒定单位。如果习惯用英制单位,为了方便起见,有时希望使用重量密度来代替质量密度。

只有在下列情况下可以使用重量密度来代替质量密度。

(1)模型仅用于静态分析。

(2)没有施加角速度或角加速度。

(3)以重力加速度为单位。

为了能够以"方便的"重量密度形式或以"一致的"质量密度形式使用密度,指定密度的一种简便的方法是将重力加速度 *g* 定义为参数,如表 5-10 所示。

表 5-10　指定密度的方式

方便形式	一致形式	说明
G = 1.0	g = 386.0	参数定义
MP,DENS,1,0.283/g	MP,DENS,1,0.283/g	钢的密度
ACEL,,g	ACEL,,g	重力载荷

6. 耦合场载荷

在耦合场分析中,通常包含将一个分析中的结果数据作为第二个分析的载荷。例如,可以将热力分析中计算的节点温度用于结构分析(热应力分析),其作为体积载荷。同样地,可以将磁场分析中计算的磁力用于结构分析中,其作为节点力。要对模型施加这样的耦合场载荷,需使用下列方法之一。

```
GUI:Main Menu > Preprocessor > Loads > Define Loads > Apply > load type > From source.
GUI:Main Menu > Solution > Define Loads > Apply > load type > From source.
命令:LDREAD。
```

5.2.3　利用表格来施加载荷

通过一定的命令和菜单路径能够利用表格参数来施加载荷,即通过指定列表参数名来代替指定特殊载荷的实际值。然而,并不是所有的边界条件都支持这种制表载荷,因此,在使用表格参数来施加载荷时一般先参考一定的文件来确定指定的载荷是否支持表格参数。

当经由命令来定义载荷时,必须使用"%表格名%"的形式。例如,当确定指定对流值表格参数时,有如下命令表达式。

```
SF,all,conv,%sycnv%,tbulk
```

在施加载荷的同时,可以通过选择"new table"选项定义新的表格。同样地,在施加载荷之前还可以通过如下方式之一来定义一个表格。

```
GUI:Utility Menu > Parameters > Array Parameters > Define/Edit.
命令:*DIM。
```

1. 定义初始变量

当定义一个表格参数时,根据不同的分析类型,可以定义各种各样的初始参数。表 5-11 显示了不同分析类型的边界条件、初始变量及对应的命令。

表 5-11   不同分析类型的边界条件初始变量及对应的命令

边界条件		初始变量	命令
热分析	固定温度	TIME, X, Y, Z	D,,(TEMP, TBOT, TE2, TE3, . . ., TTOP)
	热流	TIME, X, Y, Z, TEMP	F,,(HEAT, HBOT, HE2, HE3, . . ., HTOP)
	对流	TIME, X, Y, Z, TEMP, VELOCITY	SF,,CONV
	体积温度	TIME, X, Y, Z	SF,,,TBULK
	热通量	TIME, X, Y, Z, TEMP	SF,,HFLU
	热源	TIME, X, Y, Z, TEMP	BFE,,HGEN
结构分析	位移	TIME, X, Y, Z, TEMP	D,(UX, UY, UZ, ROTX, ROTY, ROTZ)
	力和力矩	TIME, X, Y, Z, TEMP, SECTOR	F,(FX, FY, FZ, MX, MY, MZ)
	压力	TIME, X, Y, Z, TEMP, SECTOR	SF,,PRES
	温度	TIME	BF,,TEMP
电场分析	电压	TIME, X, Y, Z	D,,VOLT
	电流	TIME, X, Y, Z	F,,AMPS
流体分析	压力	TIME, X, Y, Z	D,,PRES
	流速	TIME, X, Y, Z	F,,FLOW

2. 定义独立变量

当需要指定不同于列表显示的初始变量时，可以定义一个独立的参数变量。当指定独立参数变量同时，定义了一个附加表格来表示独立参数。这一表格必须与独立参数变量同名，并且同时是一个初始变量或另一个独立参数变量的函数。用户能够定义许多必须的独立参数，但是所有的独立参数必须与初始变量有一定的关系。

单元 SURF151、SURF152 和单元 FLUID116 的实常数与初始变量相关联，如表 5-12 所示。

表 5-12   实常数与相应的初始变量

实常数		初始变量
SURF151、SURF152	旋转速率	TIME, X, Y, Z
FLUID116	旋转速率	TIME, X, Y, Z
	滑动因子	TIME, X, Y, Z

例如，考虑一对流系数（HF），其变化为旋转速率（RPM）和温度（TEMP）的函数。此时，初始变量为 TEMP，独立参数变量为 RPM，而 RPM 是随着时间的变化而变化的。因此，需要两个表格，一个关联 RPM 与 TIME，另一个关联 HF 与 RPM 和 TEMP，其命令流如下。

```
*DIM,SYCNV,TABLE,3,3,,RPM,TEMP
SYCNV(1,0)=0.0,20.0,40.0
SYCNV(0,1)=0.0,10.0,20.0,40.0
SYCNV(0,2)=0.5,15.0,30.0,60.0
SYCNV(0,3)=1.0,20.0,40.0,80.0
*DIM,RPM,TABLE,4,1,1,TIME
RPM(1,0)=0.0,10.0,40.0,60.0
RPM(1,1)=0.0,5.0,20.0,30.0
SF,ALL,CONV,%SYCNV%
```

3. 表格参数操作

可以通过如下方式对表格进行一定的数学运算，如加法、减法与乘法。

```
命令：*TOPER。
GUI：Utility Menu > Parameters > Array Operations > Table Operations.
```

两个参与运算的表格必须具有相同的尺寸，每行、每列的变量名必须相同。

4．确定边界条件

当利用列表参数来定义边界条件时，可以通过如下 5 种方式检验其是否正确。

（1）检查输出窗口。当使用制表边界条件作用于有限单元或实体模型时，输出窗口显示的是表格名称而不是一定的数值。

（2）列表显示边界条件。当在前处理过程中列表显示边界条件时，列表显示表格名称；而当在求解或后处理过程中列表显示边界条件时，显示的是位置或时间。

（3）检查图形显示。在制表边界条件运用的地方，可以通过标准的 ANSYS 图形显示功能（命令：/PBC、/PSF 等）显示出表格名称和一些符号（箭头），当然前提是表格编号显示处于工作状态（命令：/PNUM，TABNAM，ON）。

（4）在通用后处理中检查表格的代替数值。

（5）通过命令"*STATUS"或 GUI 方式（Utility Menu > List > Other > Parameters）可以重新获得任意变量组合的表格参数值。

5.2.4　轴对称载荷与反作用力

对约束、表面载荷、体积载荷和 Y 方向加速度等载荷，可以像对任何非轴对称模型上定义这些载荷一样来精确地在轴对称模型上定义这些载荷。然而在轴对称模型上定义集中力载荷的过程有所不同。因为这些载荷大小、输入的力、力矩等数值是在模型角度的 $0° \sim 360°$ 进行的，即根据沿模型周边的总载荷输入载荷值。例如，如果将 1500lb/in 轴向载荷沿周边施加到直径为 10in（1in=2.54cm，1lb≈0.45kg）的管上（见图 5-5），47 124lb（$1500\text{lb} \times 2\pi \times 5 \approx 47\ 124\text{lb}$）的总载荷将按下列方法被施加到节点 N 上。

```
F, N, FY, 47124
```

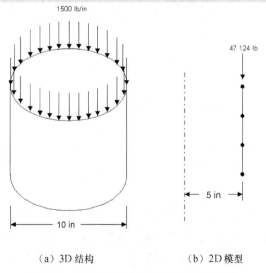

（a）3D 结构　　　　　　（b）2D 模型

图 5-5　在 360°范围内定义集中轴对称载荷

分析轴对称模型得出的输出反作用力、力矩等按总载荷（360°）计。轴对称协调单元要求载荷要表示成傅里叶级数形式来施加。对这些单元，要求用"MODE"命令（Main Menu > Preprocessor > Loads > Load Step Opts > Other > For Harmonic Ele 或 Main Menu > Solution > Load Step Opts >

Other > For Harmonic Ele），以及其他载荷命令（D、F、SF 等）。一定要指定足够数量的约束防止产生不期望的刚体运动。例如，实心杆这样实体结构的轴对称模型，缺少沿对称轴的 UX 约束，在结构分析中就可能形成虚位移（不真实的位移），如图 5-6 所示。

图 5-6　轴对称模型的中心约束

5.2.5　实例导航——托架施加载荷

对框架施加载荷的步骤如下。

（1）选择分析选项

从主菜单中选择 Main Menu > Solution > Analysis Type > New Analysis 命令，在弹出的选择分析选项对话框中选择"Static"，单击"OK"按钮。

（2）施加位移约束

① 从主菜单中选择 Main Menu > Solution > Define Load > Apply > Structural > Displacement > On Lines 命令，在弹出的对话框中选择托架左圆孔处 4 根线（L4、L5、L6、L7），单击"OK"按钮。接着弹出图 5-7 所示对话框，在"DOFs to be constrained"选项框中选择"ALL DOF"，"Displacement value"栏中输入"0"，单击"OK"按钮，对托架左上角圆孔就完成施加位移约束，如图 5-8 所示。

② 单击 ANSYS 工具条中的"SAVE-DB"按钮，保存文件。

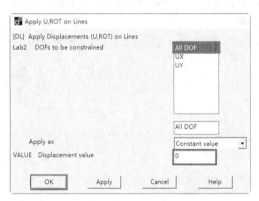

图 5-7　施加位移约束对话框

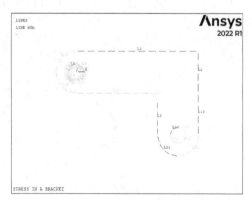

图 5-8　施加位移约束

（3）施加压力载荷

从主菜单中选择 Main Menu > Solution > Define Load > Apply > Structural > Pressure > On Lines 命令，弹出对话框后，选择托架右下角圆孔的左下弧线 L11，单击"OK"按钮。随后弹出如图 5-9 所示对话框，在"VALUE Load PRES value"栏输入"50"，在"VALUE"栏输入"500"，单击"Apply"按钮。弹出对话框后，选择托架右下角圆孔的右下弧线 L12，单击"OK"按钮。弹出图 5-9 所示对话框，在"VALUE Load PRES value"栏中输入"500"，"VALUE"栏中输入"50"。单击"OK"按钮就完成了对圆孔的压力载荷施加。

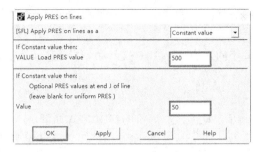

图 5-9　施加压力载荷对话框

（4）保存模型

单击 ANSYS 工具条中的"SAVE_DB"按钮，保存文件。

5.3　设定载荷步选项

载荷步选项（Load step options）是各选项的总称，这些选项用于在求解选项及其他选项（如输出控制、阻尼特性和响应频谱数据）中控制如何使用载荷。载荷步选项随载荷步的不同而不同。有6 种类型的载荷步选项，介绍如下。

- 通用选项。
- 动态选项。
- 非线性选项。
- 输出控制。
- Biot-Savart 选项。
- 谱选项。

5.3.1　通用选项

通用选项包括瞬态或静态分析中载荷步结束的时间、子步数或时间步大小、载荷阶跃或递增，以及热应力计算的参考温度。以下是对每个选项的简要说明。

1．时间选项

"TIME"命令用于指定在瞬态或静态分析中载荷步结束的时间。在瞬态或其他与速率有关的分析中，"TIME"命令指定实际的、按年月顺序的时间，且要求指定-时间值。在与速率无关的分析中，时间作为跟踪参数。

在 ANSYS 分析中，决不能将时间设置为 0。如果执行"TIME,0"或"TIME,<空>"命令，或者根本就没有发出 TIME 命令，ANSYS 使用默认时间值，第一个载荷步为 1.0，其他载荷步为 1.0 加前一个时间。因此，要在"0"时间开始时分析，如在瞬态分析中，应指定一个非常小的值，如"TIME,1E–6"。

2．子步数与时间步大小

对于非线性或瞬态分析，要指定一个载荷步中需要的子步数。指定子步的方法如下。

```
GUI：Main Menu > Preprocessor > Loads > Load Step Opts > Time/Frequenc > Time - Time Step.
GUI：Main Menu > Solution > Analysis Type > Sol'n Control > Basic.
GUI：Main Menu > Solution > Load Step Opts > Time/Frequenc > Time - Time Step.
命令：DELTIM.
GUI：Main Menu > Preprocessor > Loads > Load Step Opts > Time/Frequenc > Freq and Substeps.
```

```
GUI: Main Menu > Solution > Analysis Type > Sol'n Control > Basic。
GUI: Main Menu > Solution > Load Step Opts > Time/Frequenc > Freq and Substeps。
命令：NSUBST。
```

"DELTIM"命令指定时间步的大小，"NSUBST"命令指定子步数。在默认情况下，ANSYS 程序在每个载荷步中使用一个子步。

3．时间步自动阶跃

"AUTOTS"命令激活时间步自动阶跃。等价的 GUI 方式如下。

```
GUI: Main Menu > Preprocessor > Loads > Load Step Opts > Time/Frequenc > Time - Time Step。
GUI: Main Menu > Solution > Analysis Type > Sol'n Control > Basic。
GUI: Main Menu > Solution > Load Step Opts > Time/Frequenc > Time - Time Step。
```

在时间步自动阶跃时，根据结构或构件对施加载荷的响应，程序计算每个子步结束时最优的时间步。在非线性静态或稳态分析中使用时，"AUTOTS"命令确定了子步之间载荷增量的大小。

4．阶跃载荷和坡道载荷

在一个载荷步中指定多个子步时，需要指明载荷是递增的还是阶跃的。"KBC"命令用于此目的："KBC，0"指明载荷是坡道载荷；"KBC，1"指明载荷是阶跃载荷。默认值取决于分析的学科和分析类型（与"KBC"命令等价的 GUI 方式和与"DELTIM"和"NSUBST"命令等价的 GUI 方式相同）。

关于阶跃载荷和坡道载荷的几点说明。

（1）如果指定阶跃载荷，程序会按相同的方式处理所有载荷（约束、集中力载荷、表面载荷、体积载荷和惯性载荷）。根据情况，可以选择阶跃施加、阶跃改变或阶跃移去这些载荷。

（2）如果指定坡道载荷，注意如下几点。

● 在第一个载荷步施加的所有载荷，除了薄膜系数（薄膜系数是阶跃施加的），都是递增的（根据载荷的类型，从 0 或从"BFUNIF"命令，或从其等价的 GUI 方式指定的值是逐渐变化的，参见表 5-13）。

表 5-13　不同条件下坡道载荷（KBC = 0）的处理

载荷类型		施加于第一个载荷步	输入随后的载荷步
DOF	温度	从 TUNIF[2] 逐渐变化	从 TUNIF[3] 逐渐变化
	其他	从 0 逐渐变化	从 0 逐渐变化
	力	从 0 逐渐变化	从 0 逐渐变化
表面载荷	TBULK	从 TUNIF[2] 逐渐变化	从 TUNIF 逐渐变化
	HCOEF	跳跃变化	从 0[4] 逐渐变化
	其他	从 0 逐渐变化	从 0 逐渐变化
体积载荷	温度	从 TUNIF[2] 逐渐变化	从 TUNIF[3] 逐渐变化
	其他	从 BFUNIF[3] 逐渐变化	从 BFUNIF[3] 逐渐变化
	惯性载荷	从 0 逐渐变化	从 0 逐渐变化

阶跃载荷与坡道载荷不适用于温度相关的薄膜系数（在对流命令中，作为 N 输入），总是以温度函数所确定值的大小施加与温度相关的薄膜系数。

● 在随后的载荷步中，所有载荷的变化都是从先前的值开始逐渐变化的。

在全谐波（命令为"ANTYPE，HARM"和"HROPT，FULL"）分析中，表面载荷和体积载荷的变化与在第一个载荷步中的变化相同，不是从先前的值开始逐渐变化的。而 PLANE2、SOLID45、SOLID92 和 SOLID95，是从先前的值开始逐渐变化的。

● 在随后的载荷步中新引入的所有载荷是逐渐变化的（根据载荷的类型，从 0 或从"BFUNIF"

命令所指定的值递增，参见表 5-13)。

- 在随后的载荷步中被删除的所有载荷，除了体积载荷和惯性载荷，其他都是阶跃移去的。体积载荷递增到"BFUNIF"命令指定的值。不能被删除而只能被设置为 0 的惯性载荷，则逐渐变化到 0。

- 在相同的载荷步中，不应删除或重新指定载荷。在这种情况下，递增不会按所期望的方式作用。

a. 对惯性载荷，其本身为线性变化的，因此，产生的力在该载荷步上是二次变化的。

b. "TUNIF"命令在所有节点指定一均匀分布温度。

c. 在这种情况下，使用"TUNIF"或"BFUNIF"指定的值是先前载荷步的，而不是当前值。

d. 总是以温度函数所确定值的大小施加温度相关的膜层散热系数，而无论"KBC"的设置如何。

e. "BFUNIF"命令仅是"TUNIF"命令的一个同类形式，用于在所有节点指定一个均匀分布体积载荷。

5. 其他通用选项

（1）热应力计算的参考温度，其默认值为 0。指定该温度的方法如下。

```
GUI: Main Menu > Preprocessor > Loads > Load Step Opts > Other > Reference Temp。
GUI: Main Menu > Preprocessor > Loads > Define Loads > Settings > Reference Temp。
GUI: Main Menu > Solution > Load Step Opts > Other > Reference Temp。
GUI: Main Menu > Solution > Define Loads > Settings > Reference Temp。
命令：TREF。
```

（2）对每个解（即每个平衡迭代）设置是否需要一个新的分解矩阵。仅在静态（稳态）分析或瞬态分析中，使用下列方法之一，设置解可用一个新的分解矩阵。

```
GUI: Main Menu > Preprocessor > Loads > Load Step Opts > Other > Reuse Factorized Matrix。
GUI: Main Menu > Solution > Load Step Opts > Other > Reuse Factorized Matrix。
命令：KUSE。
```

默认情况下，程序根据 DOF 的变化、温度相关材料的特性，以及 New-Raphson 选项确定是否需要一个新的三角矩阵。如果"KUSE"设置为 1，则程序再次使用先前的三角矩阵。

在重新开始分析过程中，该设置非常有用：对附加的载荷步，如果用户要重新进行分析，而且知道所存在的三角矩阵（在文件 Jobname.TRI 中）可再次使用，通过将"KUSE"设置为 1，可节省大量的计算机时。"KUSE，-1"命令迫使在每个平衡迭代中对三角矩阵进行重组。这种方法在分析中很少使用，主要用于调试。

（3）模式数（沿周边谐波数）和谐波分量与全局 X 坐标轴对称还是反对称有关。当使用反对称协调单元（反对称单元采用非反对称加载）时，载荷被指定为一系列谐波分量（傅里叶级数）。

要指定模式数，使用下列方法之一。

```
GUI: Main Menu > Preprocessor > Loads > Load Step Opts > Other > For Harmonic Ele。
GUI: Main Menu > Solution > Load Step Opts > Other > For Harmonic Ele。
命令：MODE。
```

（4）在 3D 磁场分析中所使用的标量磁势公式的类型通过下列方法之一指定。

```
GUI: Main Menu > Preprocessor > Loads > Load Step Opts > Magnetics > Options Only > DSP Method。
GUI: Main Menu > Solution > Load Step Opts > Magnetics > Options Only > DSP Method。
命令：MAGOPT。
```

（5）在缩减分析的扩展过程中，扩展的求解类型通过下列方法之一指定。

```
GUI: Main Menu > Preprocessor > Loads > Load Step Opts > ExpansionPass > Single Expand > Range of Solu's。
GUI: Main Menu > Solution > Load Step Opts > ExpansionPass > Single Expand > Range of Solu's。
GUI: Main Menu > Preprocessor > Loads > Load Step Opts > ExpansionPass > Single Expand > By Load Step。
GUI: Main Menu > Preprocessor > Loads > Load Step Opts > ExpansionPass > Single Expand > By Time/Freq。
```

```
GUI: Main Menu > Solution > Load Step Opts > ExpansionPass > Single Expand > By Load Step。
GUI: Main Menu > Solution > Load Step Opts > ExpansionPass > Single Expand > By Time/Freq。
命令: NUMEXP, EXPSOL。
```

5.3.2　非线性选项

用于非线性分析的选项如表 5-14 所示。

表 5-14　非线性分析选项

命令	GUI 方式	用途
NEQIT	Main Menu > Preprocessor > Loads > Load Step Opts > Nonlinear > Equilibrium Iter Main Menu > Preprocessor > Loads > Analysis Type > Sol'n Controls > Nonlinear Main Menu > Solution > Analysis Type > Sol'n Controls > Nonlinear Main Menu > Solution > Load Step Opts > Nonlinear > Equilibrium Iter	指定每个子步最大平衡迭代的次数（默认为 25）
CNVTOL	Main Menu > Preprocessor > Loads > Load Step Opts > Nonlinear > Convergence Crit Main Menu > Preprocessor > Loads > Analysis Type > Sol'n Controls > Nonlinear Main Menu > Solution > Analysis Type > Sol'n Controls > Nonlinear Main Menu > Solution > Load Step Opts > Nonlinear > Convergence Crit	指定收敛公差
NCNV	Main Menu > Preprocessor > Loads > Load Step Opts > Nonlinear > Criteria to Stop Main Menu > Preprocessor > Loads > Analysis Type > Sol'n Controls > Advanced NL Main Menu > Solution > Analysis Type > Sol'n Controls > Advanced NL Main Menu > Solution > Load Step Opts > Nonlinear > Criteria to Stop	为终止分析提供选项

5.3.3　动力学分析选项

用于动态和其他瞬态分析的选项如表 5-15 所示。

表 5-15　动态和其他瞬态分析选项

命令	GUI 方式	用途
TIMINT	MainMenu > Preprocessor > Loads > Load Step Opts > Time/Frequenc > Time Integration Main Menu > Solution > Analysis Type > Sol'n Control MainMenu > Solution > Load Step Opts > Time/Frequenc > Time Integration MainMenu > Solution > UnabridgedMenu > Time/Frequenc > Time Integration	激活或取消时间积分
HARFRQ	Main Menu > Preprocessor > Loads > Load Step Opts > Time/Frequenc > Freq and Substeps Main Menu > Solution > Load Step Opts > Time/Frequenc > Freq and Substeps	在谐波响应分析中指定载荷的频率范围
ALPHAD	Main Menu > Preprocessor > Loads > Load Step Opts > Time/Frequenc > Damping Main Menu > Solution > Analysis Type > Sol'n Control。 Main Menu > Solution > Load Step Opts > Time/Frequenc > Damping	指定结构动态分析的阻尼
BETAD	Main Menu > Preprocessor > Loads > Load Step Opts > Time/Frequenc > Damping Main Menu > Solution > Analysis Type > Sol'n Control Main Menu > Solution > Load Step Opts > Time/Frequenc > Damping	指定结构动态分析的阻尼
DMPRAT	Main Menu > Preprocessor > Loads > Load Step Opts > Time/Frequenc > Damping Main Menu > Solution > Time/Frequenc > Damping	指定结构动态分析的阻尼
MDAMP	Main Menu > Preprocessor > Loads > Load Step Opts > Time/Frequenc > Damping Main Menu > Solution > Load Step Opts > Time/Frequenc > Damping	指定结构动态分析的阻尼

5.3.4　输出控制

输出控制用于控制分析输出的数量和特性。表 5-16 所示有两个基本输出控制。

表 5-16　输出控制命令

命令	GUI 方式	用途
OUTRES	Main Menu > Preprocessor > Loads > Load Step Opts > Output Ctrls > DB/Results File Main Menu > Solution > Analysis Type > Sol'n Control Main Menu > Solution > Load Step Opts > Output Ctrls > DB/Results File	控制 ANSYS 写入数据库和结果文件的内容及写入的频率
OUTPR	Main Menu > Preprocessor > Loads > Load Step Opts > Output Ctrls > Solu Printout Main Menu > Solution > Load Step Opts > Output Ctrls > Solu Printout	控制打印（写入解、输出文件 Jobname.OUT）的内容及写入的频率

下例说明了"OUTERS"和"OUTPR"命令的使用。

```
OUTRES,ALL,5            ! 写入所有数据：每到第 5 子步写入数据
OUTPR,NSOL,LAST         ! 仅打印最后子步的节点解
```

可以发出一系列"OUTER"和"OUTERS"命令（达 50 个命令组合）以精确控制解输出。但必须注意：命令发出的顺序很重要。例如，下列所示的命令把每到第 10 子步的所有数据和每到第 5 子步的节点解数据写入数据库和结果文件。

```
OUTRES,ALL,10
OUTRES,NSOL,5
```

然而，如果颠倒命令的顺序，那么第二个命令优先于第一个命令，使每到第 10 子步的所有数据被写入数据库和结果文件，而每到第 5 子步的节点解数据则未被写入数据库和结果文件，示例如下。

```
OUTRES,NSOL,5
OUTRES,ALL,10
```

程序在默认情况下输出的单元解数据取决于分析类型。要限制输出的解数据，可使用"OUTRES"命令有选择地抑制解数据的输出，或首先抑制所有解数据（OUTRES，ALL，NONE）的输出，然后通过随后的"OUTRES"命令有选择地打开数据的输出。

第三个输出控制命令"ERESX"允许在后处理中观察单元积分点的值。

```
GUI: Main Menu > Preprocessor > Loads > Load Step Opts > Output Ctrls > Integration Pt.
GUI: Main Menu > Solution > Load Step Opts > Output Ctrls > Integration Pt.
命令: ERESX。
```

默认情况下，对材料非线性（如非 0 塑性变形）以外的所有单元，ANSYS 程序使用外推法并根据积分点的数值计算在后处理中的节点结果。通过执行"ERESX，NO"命令，可以关闭外推法；相反，将积分点的值复制到节点，使这些值在后处理中可用。使用另一个选项"ERESX，YES"迫使所有单元都使用外推法，而不论单元是否具有材料非线性。

5.3.5　创建多载荷步文件

所有载荷和载荷步选项一起构成了一个载荷步，使用程序计算该载荷步的解。如果有多个载荷步，可将每个载荷步存入一个文件，并从文件中读取数据求解。

"LSWRITE"命令用于写入载荷步文件（每个载荷步存入一个文件，以 Jobname.S01、Jobname.S02、Jobname.S03 等识别）。使用以下方法之一。

```
GUI: Main Menu > Preprocessor > Loads > Load Step Opts > Write LS File.
GUI: Main Menu > Solution > Load Step Opts > Write LS File.
命令: LSWRITE。
```

所有载荷步文件被写入后，可以使用命令在文件中顺序读取数据，并求得每个载荷步的解。下例所示的命令组定义多个载荷步。

```
/SOLU                      ! 输入 Solution
0
! 载荷步 1:
D, ...                     ! 载荷
```

```
SF, ...
...
NSUBST, ...                    ! 载荷步选项
KBC, ...
OUTRES, ...
OUTPR, ...
...
LSWRITE                        ! 写入载荷步文件：Jobname.S01
!
! 载荷步 2：
D, ...                         ! 载荷
SF, ...
...
NSUBST, ...                    ! 载荷步选项
KBC, ...
OUTRES, ...
OUTPR, ...
...
LSWRITE                        ! 写入载荷步文件：Jobname.S02
```

关于载荷步文件的几点说明。

（1）载荷步数据根据 ANSYS 命令被写入文件。

（2）"LSWRITE"命令不捕捉实常数（R）或材料特性（MP）的变化。

（3）"LSWRITE"命令自动地将实体模型载荷转换到有限元模型，因此所有载荷按有限元载荷命令的形式被写入文件。特别要注意的是，表面载荷总是按 SFE（或 SFBEAM）命令的形式被写入文件，而无论载荷是如何施加的。

（4）要修改载荷步文件序号为 n 的数据，执行命令"LSREAD，n"在文件中读取数据并进行修改，然后执行"LSWRITE，n"命令（将覆盖序号为 n 的旧文件）。还可以使用系统编辑器直接编辑载荷步文件，但这种方法一般不推荐使用。与"LSREAD"命令等价的 GUI 方式如下。

```
GUI: Main Menu > Preprocessor > Loads > Load Step Opts > Read LS File.
GUI: Main Menu > Solution > Load Step Opts > Read LS File.
```

（5）"LSDELE"命令允许从 ANSYS 程序中删除载荷步文件。与"LSDELE"命令等价的 GUI 方式如下。

```
GUI: Main Menu > Preprocessor > Loads > Define Loads > Operate > Delete LS Files.
GUI: Main Menu > Solution > Define Loads > Operate > Delete LS Files.
```

（6）与载荷步相关的另一个有用的命令是"LSCLEAR"，该命令允许删除所有载荷，并将所有载荷步选项参数重新设置为默认值。例如，在读取载荷步文件并修改文件前，可以使用该命令"清除"所有载荷步数据。与"LSCLEAR"命令等价的 GUI 方式如下。

```
GUI: Main Menu > Preprocessor > Loads > Define Loads > Delete > All Load Data > data type.
GUI: Main Menu > Preprocessor > Loads > Load Step Opts > Reset Options.
GUI: Main Menu > Preprocessor > Loads > Define Loads > Settings > Replace vs Add.
GUI: Main Menu > Solution > Load Step Opts > Reset Options.
GUI: Main Menu > Solution > Define Loads > Settings > Replace vs Add > Reset Factors.
```

5.4 实例导航——旋转外轮的载荷和约束施加

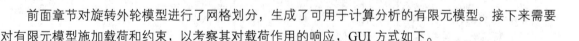

前面章节对旋转外轮模型进行了网格划分，生成了可用于计算分析的有限元模型。接下来需要对有限元模型施加载荷和约束，以考察其对载荷作用的响应，GUI 方式如下。

（1）打开上次保存的旋转外轮几何模型 roter.db 文件。

（2）添加轴对称的位移。

① 从主菜单中选择 Main Menu > Preprocessor > Solution > Define Load > Apply > Structural >

Displacement > Symmetry B.C. > On Lines 命令。

② 出现 "Apply SYMM on Lines" 对话框，选择内径上的线 L4，单击 "OK" 按钮，如图 5-10 所示。

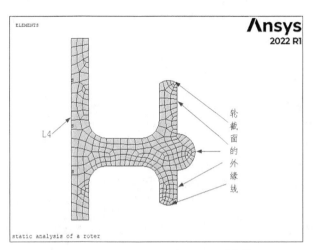

图 5-10　选择线 L4

（3）施加固定位移。

① 从主菜单中选择 Main Menu > Preprocessor > Solution > Define Load > Apply > Structural > Displacement > On Lines 命令。

② 这时会出现线选择对话框，选择内径上的线 L4，单击 "OK" 按钮，这时出现 "Apply U,ROT on Lines" 对话框，选择 "All DOF" 选项，单击 "OK" 按钮，如图 5-11 所示。

（4）施加压力载荷。

① 从主菜单中选择 Main Menu > Solution > Define Load > Apply > Structural > Pressure > On Lines 命令，打开线选择对话框，选择旋转外轮截面的外缘，单击 "OK" 按钮。然后打开 "Apply PRES on lines" 对话框，在 "VALUE" 右侧文本框中输入 "1e6"，单击 "OK" 按钮，对旋转外轮施加压力，如图 5-12 所示。

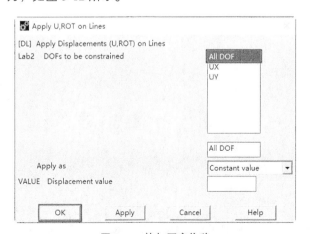

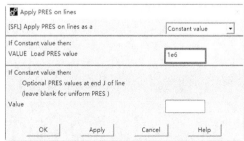

图 5-11　施加固定位移　　　　　　　　　图 5-12　施加压力

② 施加压力后的结果如图 5-13 所示。

（5）施加速度载荷。

① 从主菜单中选择 Main Menu > Solution > Define Load > Apply > Structural > Inertia > Angular Veloc > Global 命令，打开"Apply Angular Velocity（施加角速度）"对话框，如图 5-14 所示。

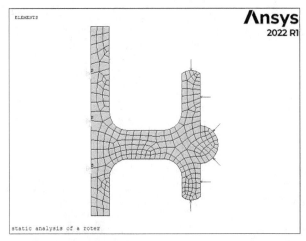

图 5-13　施加压力的结果

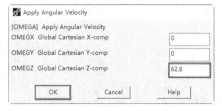

图 5-14　施加角速度对话框

② 在"Global Cartesian Z-comp（总体 Z 轴角速度分量）"文本框中输入 62.8，需要注意的是，转速是相对于总体笛卡儿坐标系施加的，单位是 rad/s（弧度每秒）。单击"OK"按钮，系统施加转速引起的惯性载荷。

（6）保存模型。

单击 ANSYS 工具条中的"SAVE_DB"按钮，保存文件。

第6章

求 解

建立完有限元分析模型之后，就需要在模型上施加载荷来检查结构或构件对一定载荷条件的响应。本章将讲述 ANSYS 求解的基本设置方法和相关技巧。

6.1 求解概论

ANSYS 能够求解由有限元方法建立的联立方程，求解的结果如下。

（1）节点的自由度值作为基本解。

（2）原始解的导出值作为单元解。

单元解通常是在单元的公共点上计算出来的，ANSYS 程序将结果写入数据库和结果文件（文件类型如 Jobname.RST、Jobname.RTH、Jobname.RMG）。

ANSYS 程序中有 7 种解联立方程的方法：直接求解法、稀疏矩阵直接求解法、雅可比共轭梯度法（JCG）、不完全分解共轭梯度法（ICCG）、预条件共轭梯度法（PCG）、自动迭代法（ITER）及分块解法（DDS），默认为直接求解法，可用以下方法选择求解器。

```
GUI: Main Menu > Preprocessor > Loads > Analysis Type > Analysis Options.
GUI: Main Menu > Preprocessor > Loads > Analysis Type > Sol'n Control > Sol'n Options.
GUI: Main Menu > Solution > Analysis Type > Sol'n Control > Sol'n Options.
GUI: Main Menu > Solution > Analysis Type > Analysis Options.
命令: EQSLV。
```

如果没有"Analysis Options"选项，则需要完整的菜单选项，调出完整的菜单选项方法如下。

```
GUI: Main Menu > Solution > Unabridged Menu.
```

表 6-1 中提供了选择求解器的一般准则，针对给定的问题选择合适的求解器。

表 6-1 求解器选择准则

解法	典型应用场合	模型尺寸	内存使用	硬盘使用
直接求解法	要求稳定性（非线性分析）或内存受限时	低于 50 000 自由度	低	高
稀疏矩阵直接求解法	要求稳定性和求解速度（非线性分析）、线性分析时迭代收敛很慢时（尤其对病态矩阵，如形状不好的单元）	自由度为 10 000 ~ 500 000	中	高
雅可比共轭梯度法	在单场（如热场、磁场、声场等）中求解速度时	自由度为 50 000 ~ 1 000 000	中	低
不完全分解共轭梯度法	在多物理模型应用中求解速度时，处理其他迭代法很难收敛的模型（几乎是无穷矩阵）	自由度为 50 000 ~ 1 000 000	高	低

（续表）

解法	典型应用场合	模型尺寸	内存使用	硬盘使用
预条件共轭梯度法	当求解速度（大型模型的线性分析）时尤其适合实体单元的大型模型	自由度为 50 000 ~ 1 000 000	高	低
自动迭代法	类似预条件共轭梯度法（PCG），不同的是，它支持 8 台处理器并行计算	自由度为 50 000 ~ 1 000 000	高	低
分块解法	该解法支持数十台处理器通过网络连接完成并行计算	自由度为 1 000 000 ~ 10 000 000	高	低

6.1.1　使用直接求解法

ANSYS 直接求解法不组集整个矩阵，而是在求解器处理每个单元时，同时进行整体矩阵的组集和求解，其方法如下。

（1）计算每个单元矩阵后，求解器读入第一个单元的自由度信息。

（2）程序通过写入一个方程到 TRI 文件，消去任何可以由其他自由度表达的自由度，在所有单元重复进行该过程，直到所有的自由度都被消去，TRI 文件中只剩下一个三角矩阵。

（3）程序通过回代法计算节点的自由度解，并用单元矩阵计算单元解。

在直接求解法中经常提到"波前"这一术语，它是不能在求解器中被消去而保留的自由度数。随着求解器处理每个单元及其自由度时，波前就会膨胀和收缩，最后，当所有的自由度都被处理后，波前变为零。波前的最高值称为最大波前，而其均方根值称为 RMS 波前。

一个模型的 RMS 波前值直接影响求解时间：其值越小，CPU 所用的时间越少，因此在求解前可重新排列单元号以获得最小的波前值。ANSYS 程序在开始求解时会自动进行单元排序。

6.1.2　使用稀疏矩阵直接求解法

稀疏矩阵直接求解法与自动迭代法相反，迭代法通过间接的方法获得方程的解，稀疏矩阵直接求解法是以直接消元为基础的，因此病态矩阵不会构成求解困难。

稀疏矩阵直接求解法不适用于 PSD 光谱分析。

6.1.3　使用雅可比共轭梯度法

雅可比共轭梯度法也是从单元矩阵公式出发，但是接下来的步骤就不同了，雅可比共轭梯度法不是将整体矩阵三角化而是对整体矩阵进行组集，求解器通过迭代收敛法计算自由度的解（开始时假设所有的自由度值全为 0）。雅可比共轭梯度法适合包含大型的稀疏矩阵三维标量场的分析，如三维磁场分析。

在有些场合，"1.0E-8"的公差默认值（通过命令"EQSLV，JCG"设置）可能太严格，会增加不必要的运算时间，大多数场合 1.0E-5 的公差值就可满足要求。

雅可比共轭梯度法只适用于静态分析、全谐波分析或全瞬态分析（可分别使用"ANTYPE，STATIC""HROPT，FULL""TRNOPT，FULL"命令指定分析类型）。

对所有的共轭梯度法，用户必须非常仔细地检查模型的约束是否恰当，如果模型存在任何刚体运动，将计算不出最小主元，求解器会不断迭代。

6.1.4 使用不完全分解共轭梯度法

不完全分解共轭梯度法与雅可比共轭梯度法在操作上相似，除了以下几方面不同。

（1）不完全分解共轭梯度法比雅可比共轭梯度法计算病态矩阵更具有稳固性，其性能因矩阵调整状况而不同，但总的来说不完全分解共轭梯度法的计算效果比得上雅可比共轭梯度法的计算效果。

（2）不完全分解共轭梯度法比雅可比共轭梯度法使用更复杂的先决条件，使用不完全分解共轭梯度法需要大约两倍于使用雅可比共轭梯度法所需的内存。

不完全分解共轭梯度法只适用于静态分析、全谐波分析或全瞬态分析（可分别使用"ANTYPE，STATIC""HROPT，FULL""TRNOPT，FULL"命令指定分析类型），不完全分解共轭梯度法非常适用具有稀疏矩阵的模型，对对称矩阵及非对称矩阵同样有效。不完全分解共轭梯度法计算比直接解法计算速度更快。

6.1.5 使用预条件共轭梯度法

预条件共轭梯度法与雅可比共轭梯度法在操作上相似，除了以下几方面不同。

（1）使用预条件共轭梯度法求解实体单元模型比雅克比共轭梯度法大约快 4 ~ 10 倍，求解壳体构件模型大约快 10 倍，且需求内存量随着问题规模的增大而增大。

（2）预条件共轭梯度法使用 EMAT 文件，而不是 FULL 文件。

（3）雅可比共轭梯度法使用整体装配矩阵的对角线作为预条件矩阵，预条件共轭梯度法使用更复杂的预条件矩阵。

（4）使用预条件共轭梯度法通常需要大约 2 倍于使用雅可比共轭梯度法所需的内存，因为其在内存中保留了两个矩阵（预条件矩阵和对称的、刚度矩阵的非零部分，预条件矩阵几乎与刚度矩阵大小相同）。

可以使用"/RUNST"命令或 GUI 方式（Main Menu > Run-Time Stas）来决定所需要的空间或波前的大小，需分配专门的内存。

预条件共轭梯度法所需内存通常少于直接求解法所需内存的 $\frac{1}{4}$，所需内存量随着问题规模大小而增减。

预条件共轭梯度法通常求解大型模型（波前值大于 1000）时比直接解法要快。

预条件共轭梯度法最适用于结构分析。它对具有对称、稀疏、有界和无界矩阵的单元有效，也适用于静态、稳态和瞬态分析，或者子空间特征值分析。

预条件共轭梯度法主要解决位移/转动（结构分析）、温度（热分析）等问题，其他导出变量的准确度（如应力、压力、磁通量等）取决于原变量的预测精度。

直接求解的方法（如直接求解法、稀疏直接求解法）可获得非常精确的矢量解，而间接求解的方法（如预条件共轭梯度法）主要依赖于指定的收敛准则，因此默认公差将对精度产生重要影响，尤其对导出量的精度。

对具有大量的约束方程问题或具有"SHELL150"单元的模型，建议不要采用预条件共轭梯度法，对这些类型的模型可以采用直接求解法。同样，预条件共轭梯度法不支持"SOLID63"和"MATRIX50"单元。

使用共轭梯度法进行求解时，用户必须非常仔细地检查模型的约束是否合理，如果模型有任何刚体运动，将计算不出最小主元，求解器会不断迭代。

当预条件共轭梯度法遇到一个无限矩阵，求解器会调用一种处理无限矩阵的算法，如果预条件共轭梯度法的无限矩阵算法也失败的话（这种情况出现在矩阵病态时），将会触发一个外部的"Newton-Raphson"循环，执行一个二等分操作，通常，刚度矩阵在二等分后将会变成良性矩阵，而且预条件共轭梯度法最终能够求解所有的非线性步。

6.1.6 使用自动迭代解法选项

自动迭代解法选项（通过命令"EQSLV，ITER"）用于选择一种合适的迭代法。使用自动迭代解法时，必须输入精度水平，该精度必须是 1 ~ 5 的整数，用于选择迭代法的公差供检验收敛情况。精度水平为 1 对应最快的设置（精度低，迭代次数少），而精度水平为 5 对应最慢的设置（精度高，迭代次数多），ANSYS 选择的公差取决于精度水平。示例如下。

- 线性静态或线性全瞬态结构分析时，精度水平为 1，相当于公差为 1.0E–4；精度水平为 5，相当于公差为 1.0E–8；
- 稳态线性或非线性热分析时，精度水平为 1，相当于公差为 1.0E–5；精度水平为 5，相当于公差为 1.0E–9；
- 瞬态线性或非线性热分析时，精度水平为 1，相当于公差为 1.0E–6；精度水平为 5，相当于公差为 1.0E–10。

该求解器选项以待求解问题的物理特性和条件为基础进行选择，只适用于线性静态、线性全瞬态的瞬态结构分析和稳态、瞬态线性或非线性热分析。建议在此类求解前执行该命令。

当选择了自动迭代选项且满足适当条件时，在结构分析和热分析过程中将不会产生"Jobname.EMAT"文件和"Jobname.EROT"文件，对包含相变的热分析不建议使用该选项。当选择了该选项，但不满足恰当的条件时，ANSYS 将会使用直接求解的方法，并产生一个注释信息，告知求解时所用的求解器和公差。

6.1.7 获得解答

开始求解，将进行以下操作。

```
GUI：Main Menu > Solution > Current LS。
命令：SOLVE。
```

因为求解阶段与其他阶段相比，一般需要更多的计算机资源，所以批处理（后台）模式要比交互式模式更适宜。

求解器将输出写入输出文件（Jobname.OUT）和结果文件，如果以交互模式求解，输出文件显示在操作界面中。在执行"SOLVE"命令前使用下述操作，输出为一个文件而不是操作界面。

```
GUI：Utility Menu > File > Switch Output to > File or Output Window。
命令：/OUTPUT。
```

输出文件数据由如下内容组成。

- 载荷概要信息。
- 模型的质量及惯性矩。
- 求解概要信息。
- 文件的最终标题，并给出总的 CPU 时间和各过程所用的时间。
- 由"OUTPR"命令指定的输出内容及绘制云纹图所需的数据。

在交互模式中，大多数输出文件是被压缩的，结果文件（RST、RTH、RMG）包含所有二进制文件，可在后处理程序中进行浏览。

在求解过程中产生的另一个有用文件是"Jobname.STAT"文件，它给出了解答情况。程序运行时可用该文件来监视分析过程，对非线性和瞬态分析尤其有用。

"SOLVE"命令还能对当前数据库中的载荷步数据进行计算求解。

6.2　利用特定的求解控制器来指定求解类型

当求解某些结构分析类型时，可以使用如下两种特定的求解工具。

- "Abridged Solution"菜单选项：只适用于静态、全瞬态、模态和屈曲分析类型。
- 求解控制对话框：只适用于静态和全瞬态分析类型。

6.2.1　使用"Abridged Solution"菜单选项

当使用图形界面方式进行一个结构静态、瞬态、模态或屈曲分析时，将选择是否使用"Abridged Solution"或"Unabridged Solution"菜单选项。

（1）"Unabridged Solution"菜单选项列出了在当前分析中可能使用的所有求解选项，无论是被推荐的还是可能使用的（如果在当前分析中不能使用的选项，那么其将呈现灰色）。

（2）"Abridged Solution"菜单选项较为简易，仅仅列出了分析类型所必需的求解选项。例如，当进行静态分析时，选项"Modal Cyclic Sym"将不会出现在"Abridged Solution"菜单选项中，只有那些有效且被推荐的求解选项才出现。

在一个结构分析中，当进入"Solution"模块（GUI 方式：Main Menu > Solution）时，"Abridged Solution"菜单选项为默认值。

当进行的分析类型是静态或全瞬态时，可以通过这种菜单完成求解选项的设置。然而，如果选择了不同的一个分析类型，"Abridged Solution"菜单选项的默认值将被一个不同的"Solution"菜单选项所代替，而新的菜单选项将符合新选择的分析类型。

当进行一次分析后又选择一个新的分析类型，那么将默认得到和第一次分析相同的"Solution"菜单选项类型。例如，当选择使用"Unabridged Solution"菜单选项来进行一个静态分析后，又进行了一个新的屈曲分析，此时将默认得到适用于屈曲分析"Unabridged Solution"菜单选项。但是，在分析求解阶段的任何时候，通过选择合适的菜单选项，都可以在"Unabridged Solution"和"Abridged Solution"菜单选项之间切换（GUI 方式：Main Menu > Solution > Unabridged 或 Main Menu > Solution > Abridged）。

6.2.2　使用求解控制对话框

当进行结构静态或全瞬态分析时，可以使用求解控制对话框来设置分析选项。求解控制对话框包括 5 个选项，每个选项包含一系列的求解控制。对于指定多载荷步分析中每个载荷步的设置，求解控制对话框是非常有用的。

只要进行结构静态或全瞬态分析，那求解菜单必然包含求解控制对话框选项。当单击"Sol'n Control"菜单项，弹出图 6-1 所示的求解控制对话框。这一对话框提供了简单的图形界面来设置分析和载荷步选项。

一旦打开求解控制对话框，"Basic"标签页被激活，如图 6-1 所示。完整的标签页按顺序从左到右依次为 Basic、Transient、Sol'n Options、Nonlinear、Advanced NL。

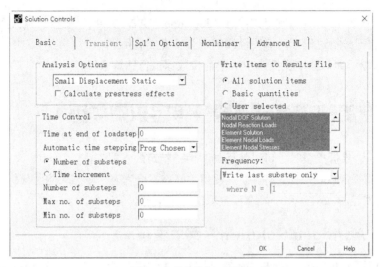

图 6-1　求解控制对话框

　　每种分析类型位于一个标签页里，最基本的控制出现在第一个标签页里，而后续的标签页里提供了更高级的求解控制选项。"Transient"标签页包含瞬态分析求解控制，仅当分析类型为瞬态分析时才可用，否则呈现灰色。

　　每个求解控制对话框中的选项对应一个 ANSYS 命令，如表 6-2 所示。

表 6-2　求解控制对话框

求解控制对话框标签页	用途	对应的命令
Basic	指定分析类型 控制时间设置 指定写入 ANSYS 数据库中的结果数据	ANTYPE，NLGEOM，TIME，AUTOTS，NSUBST，DELTIM，OUTRES
Transient	指定瞬态选项 指定阻尼选项 定义积分参数	TIMINT，KBC，ALPHAD，BETAD，TINTP
Sol'n Options	指定方程求解类型 指定多个重新分析的参数	EQSLV，RESCONTROL
Nonlinear	控制非线性选项 指定每个子步迭代的最大次数 指定是否在分析中进行蠕变计算 控制二分法 设置收敛准则	LNSRCH，PRED，NEQIT，RATE，CUTCONTROL，CNVTOL
Advanced NL	指定分析终止准则 控制弧长法的激活与中止	NCNV，ARCLEN，ARCTRM

　　一旦"Basic"标签页中的设置满足分析条件，那么就不需要对其他标签页选项进行处理，除非想要改变某些高级设置。

　　无论改变一个或多个标签页中的设置，仅当单击"OK"按钮并关闭对话框后，这些改变才被写入 ANSYS 数据库。

6.3 多载荷步求解

6.3.1 多重求解法

多重求解法是最直接的，它在每个载荷步定义好后执行"SOLVE"命令。主要的缺点是，在交互使用多重求解法时必须等到每一步求解结束后才能定义下一个载荷步，典型的多重求解法命令流如下。

```
/SOLU                    ! 进入求解模块
...
! Load step 1:          ! 载荷步 1
D,...
SF,...
0
SOLVE                   ! 求解载荷步 1
! Load step 2:          ! 载荷步 2
F,...
SF,...
...
SOLVE                   ! 求解载荷步 2
Etc.
```

6.3.2 使用载荷步文件法

当用户想求解问题而又远离终端或计算机时，可以很方便地使用载荷步文件法。该方法包括将每一载荷步写入载荷步文件（通过"LSWRITE"命令或相应的 GUI 方式），通过一条命令就可以读入每个文件并获得解答（参见第 3 章）。

要求解多载荷步，有如下两种方式。

```
GUI：Main Menu > Solution > Solve > From Ls Files。
命令：LSSOLVE。
```

"LSSOLVE"命令其实是一条宏指令，它按顺序读取载荷步文件，并开始每一个载荷步的求解。载荷步文件法的示例命令输入如下。

```
/SOLU                    ! 进入求解模块
...
! Load Step 1:          ! 载荷步 1
D,...                    ! 施加载荷
SF,...
...
NSUBST,...               ! 载荷步选项
KBC,...
OUTRES,...
OUTPR,...
...
LSWRITE                  ! 写载荷步文件：Jobname.S01
! Load Step 2:
D,...
SF,...
...
NSUBST,...               ! 载荷步选项
KBC,...
OUTRES,...
OUTPR,...
...
LSWRITE                  ! 写载荷步文件：Jobname.S02
...
0
LSSOLVE,1,2              ! 开始求解载荷步文件 1 和 2
```

6.3.3　使用数组参数法（矩阵参数法）

数据参数法主要用于瞬态或非线性静态（稳态）分析，需要了解有关数组参数和 DO 循环的知识，这是 APDL（ANSYS 参数设计语言）中的部分内容，详细内容可以参考 ANSYS 帮助文件中的 "APDL PROGRAMMER'S GUIDE" 了解 APDL。使用数组参数法可以建立 "载荷—时间" 关系表，下面给出了解释。

假定有一组随时间变化的载荷，如图 6-2 所示。有 3 个载荷函数，所以需要定义 3 个数组参数，3 个数组参数必须是表格形式，力函数有 5 个定义点，所以需要建立一个 5×1 的数组，压力函数需要建立一个 6×1 的数组，而温度函数需要建立一个 2×1 的数组，注意到 3 个数组都是一维的，载荷值放在第一列，时间值放在第 0 列。

要定义 3 个数组参数，必须申明其类型和维数，要做到这点，可以使用以下两种方式。

```
GUI：Utility Menu > Parameters > Array Parameters > Define/Edit。
命令：*DIM。
```

示例如下。

```
*DIM,FORCE,TABLE,5,1
*DIM,PRESSURE,TABLE,6,1
*DIM,TEMP,TABLE,2,1
```

力	
时间	值
0.0	100
21.5	2000
62.5	2000
125.0	800
145.0	100

压力	
时间	值
0.0	1000
35.0	1000
35.8	500
82.5	500
82.6	1000
150.0	1000

温度	
时间	值
0.0	1500
145.0	75

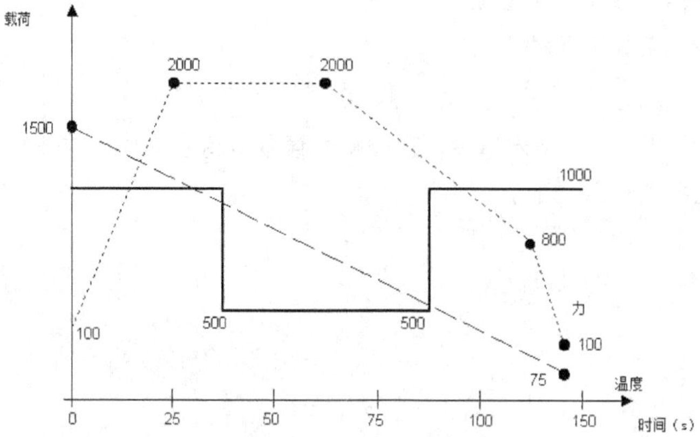

图 6-2　随时间变化的载荷示例

可用数组参数编辑器（GUI：Utility Menu > Parameters > Array Parameters > Define/Edit）或一系列 "=" 命令填充这些数组，后一种方法如下。

```
FORCE(1,1)=100,2000,2000,800,100           ! 第 1 列力的数值
FORCE(1,0)=0,21.5,50.9,98.7,112            ! 第 0 列对应的时间
FORCE(0,1)=1                               ! 第 0 行
PRESSURE(1,1)=1000,1000,500,500,1000,1000
PRESSURE(1,0)=0,35,35.8,82.5,82.6,150
PRESSURE(0,1)=1
TEMP(1,1)=1500,75
TEMP(1,0)=0,145
TEMP(0,1)=1
```

现在已经定义了载荷历程，要加载并获得解答，需要构造一个如下所示的 DO 循环（通过使用命令 "*DO" 和 "*ENDDO"）。

```
TM_START=1E-6              ! 开始时间（必须大于 0）
TM_END=112                 ! 瞬态结束时间
TM_INCR=1.5                ! 时间增量
! 从 TM_START 开始到 TM_END 结束，步长 TM_INCR
*DO,TM,TM_START,TM_END,TM_INCR
TIME,TM                    ! 时间值
F,272,FY,FORCE(TM)         ! 随时间变化的力（在节点 272 处，方向为 FY）
NSEL,...                   ! 在压力表面上选择节点
SF,ALL,PRES,PRESSURE(TM)   ! 随时间变化的压力
NSEL,ALL                   ! 激活全部节点
NSEL,...                   ! 选择温度指定的节点
BF,ALL,TEMP,TEMP(TM)       ! 随时间变化的温度
NSEL,ALL                   ! 激活全部节点
SOLVE                      ! 开始求解
*ENDDO
```

用这种方法可以非常容易地改变时间增量（TM_INCR 参数），用其他方法改变如此复杂的载荷历程的时间增量是很麻烦的。

6.4　重新启动分析

有时，在运行完一次分析后也许要重新启动分析过程，例如想将更多的载荷步加到分析中，在线性分析中也许要加入其他加载条件，或者在瞬态分析中加入另外的时间历程加载曲线，或者在非线性分析收敛失败时需要恢复原状。

在重新开始求解之前，有必要知道如何中断正在运行的作业。通过系统的帮助函数，如系统中断，发出一个删除信号，或在批处理文件队列中删除项目。然而，对于非线性分析，这不是好的方法。因为以这种方式中断的作业将不能重新启动。

在一个多任务操作系统中完全中断一个非线性分析时，会产生一个放弃文件，命名为"Jobname.ABT"（在一些区分大小的系统上，文件名为"Jobname.abt"）。在平衡方程迭代的开始时，如果 ANSYS 程序发现在工作目录中有这样一个文件，分析过程将会停止，并能在之后重新被启动。

若通过指定的输入文件来读取命令（/INPUT）（GUI 方式：Main Menu > Preprocessor > Material Props > Material Library，或 Utility Menu > File > Read Input from），那么放弃文件将会中断求解，但程序依然继续从这个指定的输入文件中读取命令。于是，任何包含在这个输入文件中的后处理命令将会被执行。

要重新启动分析，模型必须满足如下条件。

（1）分析类型必须是静态（稳态）、谐波（二维磁场）或瞬态（只能是全瞬态），其他的分析不能被重新启动。

（2）在初始运算中，至少已完成了一次迭代。

（3）初始运算不能因"删除"作业、系统中断或系统崩溃被中断。

（4）初始运算和重启动必须在相同的 ANSYS 版本下进行。

6.4.1　重新启动一个分析

通常重新启动一个分析要求初始运行作业的某些文件，并要求在"SOLVE"命令前没有进行任何的改变。

1．重新启动一个分析的要求

在初始运算时必须得到以下文件。

（1）Jobname.DB 文件：在求解后，POST1 后处理之前保存的数据库文件，必须在求解以后保存这个文件，因为许多求解变量是在求解程序开始以后设置的，所以在进入 POST1 前保存该文件，因为在后处理过程中，"SET" 命令（或功能相同的 GUI 方式）将用这些结果文件中的边界条件改写存储器中的已经存在的边界条件。接下来的 "SAVE" 命令将会存储这些边界条件（对于非收敛解，数据库文件是自动保存的）。

（2）Jobname.EMAT 文件：单元矩阵。

（3）Jobname.ESAV 或 Jobname.OSAV 文件：Jobname.ESAV 文件保存单元数据，Jobname. OSAV 文件保存旧的单元数据。Jobname.OSAV 文件只有当 Jobname.ESAV 文件丢失、不完整，或者由于解发散、位移超出了极限，或主元为负引起 Jobname.ESAV 文件不完整或出错时才用到（如表 6-2 所示）。在 "NCNV" 命令中，如果 "KSTOP" 被设为 1（默认值）或 2，或者自动时间步长被激活，数据将写入 Jobname.OSAV 文件。如果需要 Jobname.OSAV 文件，必须在重新启动时将其改名为 Jobname.ESAV 文件。

（4）结果文件：该文件不是必需的，但如果有，重新启动运行得出的结果将通过适当、有序的载荷步和子步号加载这个文件中。如果由初始运算结果文件的结果设置数超出而导致程序中断，需在重新启动前将初始结果文件名改为另一个不同文件名。这可以通过执行 "ASSIGN" 命令（或 GUI 方式：Utility Menu > File > File Options）实现。

如果由不收敛、时间限制、中止执行文件（Jobname.ABT 文件）或其他程序诊断错误引起程序中断的话，数据库会自动保存，求解输出文件（Jobname.OUT 文件）会列出这些文件和其他在重新启动时所需的信息。中断原因、保存的单元数据库文件及所需的正确操作如表 6-3 所示。

如果在先前运算中产生.RDB、.LDHI 或.RNNN 文件，那么必须在重新启动前删除它们。

在交互模式中，已存在的数据库文件会首先写入备份文件（Jobname.DBB）。在批处理模式中，已存在的数据库文件会被当前的数据库信息所替代，并不进行备份。

表 6-3　非线性分析重新启动信息

中断原因	保存的单元数据库文件	所需的正确操作
正常	Jobname.ESAV	在操作的末尾添加更多载荷步
不收敛	Jobname.OSAV	定义较小的时间步长，改变自适应衰减选项或采取其他措施加强收敛，在重新启动前把 Jobname.OSAV 文件名改为 Jobname.ESAV 文件
因平衡迭代次数不够引起的不收敛	Jobname.ESAV	如果解正在收敛，允许迭代更多的平衡方程式（ENQIT 命令）
超出累积迭代极限（NCNV 命令）	Jobname.ESAV	在 NCNV 命令中增加 ITLIM
超出时间限制（NCNV 命令）	Jobname.ESAV	无（仅需要重新启动分析）
超出位移限制（NCNV 命令）	Jobname.OSAV	与不收敛情况相同
主元为负	Jobname.OSAV	与不收敛情况相同
Jobname.ABT 文件 解是收敛的 解是分散的	Jobname.EMAV, Jobname.OSAV	做任何必要的改变，以便能访问引起主动中断分析的行为
结果文件 "满"（超过 1000 子步）， 时间步长输出	Jobname.ESAV	检查 CNVTOL、DELTIM 和 NSUBST 或 KEYOPT（7）中的接触单元的设置，或者在求解前，在结果文件（/CONFIG，NRES）中指定允许的较大的结果数，或者减少输出的结果数，还要为结果文件改名（/ASSIGN）
"删除" 操作（系统中断）、 系统崩溃、系统超时	不可用	不能重新启动

2. 重新启动一个分析的过程

（1）进入 ANSYS 程序，给定与第一次运行时相同的文件名（执行 "/FILNAME" 命令或 GUI 方式：Utility Menu > File > Change Jobname）。

（2）进入求解模块（执行命令 "/SOLU" 或 GUI 方式：Main Menu > Solution），然后恢复数据库文件（执行命令 "RESUME" 或 GUI 方式：Utility Menu > File > Resume Jobname.db）。

（3）说明这是重新启动分析（执行命令 "ANTYPE,,REST" 或 GUI 方式：Main Menu > Solution > Analysis Type > Restart）。

（4）按需要规定修正载荷或附加载荷，从前面的载荷值调整坡道载荷的起始点，新加的坡道载荷从零开始增加，新施加的体积载荷从初始值开始。删除的或重新加上的载荷可视为新施加的载荷，而不用调整。待删除的表面载荷和体积载荷必须减小至零或到初始值，以保持与 "Jobname.ESAV" 文件和 "Jobname.OSAV" 文件的数据库一样。

如果在收敛失败情况后重新启动分析，则务必采取所需的正确操作。

（5）指定是否要重新使用分解矩阵（Jobname.TRI 文件），可以使用以下方法。

```
GUI: Main Menu > Preprocessor > Loads > Load Step Opts > Other > Reuse Factorized Matrix.
GUI: Main Menu > Solution > Load Step Opts > Other > Reuse Factorized Matrix.
命令：KUSE。
```

默认情况下，ANSYS 为重新启动第一载荷步计算新的分解矩阵，通过执行 "KUSE,1" 命令，可以再次使用已有的矩阵，这样可节省大量的计算时间。然而，仅在某些条件下才能使用 "Jobname.TRI" 文件，尤其是在当规定的自由度约束没有发生改变且为线性分析时。

通过执行 "KUSE，–1" 命令，可以使 ANSYS 重新形成单元矩阵，这样对调试和处理错误是有用的。有时，可能需根据不同的约束条件来分析同一模型，如分析一个四分之一对称的模型[具有对称-对称（SS）、对称-反对称（SA）、反对称-对称（AS）和反对称-反对称（AA）条件]。在这种情况下，必须牢记以下几点。

- 这 4 种分析情况（SS、SA、AS、AA）都需要新的三角形矩阵。
- 可以保留 Jobname.TRI 文件的副本用于不同情况，且在适当时候使用。
- 可以使用子结构（将约束节点作为主自由度）以减少计算时间。

（6）执行 "SOLVE" 命令重新启动求解。

（7）对附加的载荷步（若有的话）重复步骤（4）、（5）和（6），或使用载荷步文件法产生和求解多载荷步，使用下述命令。

```
GUI: Main Menu > Preprocessor > Loads > Load Step Opts > Write LS File.
GUI: Main Menu > Solution > Load Step Opts > Write LS File.
命令：LSWRITE。
GUI: Main Menu > Solution > Solve > From LS Files.
命令：LSSOLVE。
```

（8）按需要进行后处理，然后退出 ANSYS。重新启动输入列表，示例如下。

```
!  Restart run:
/FILNAME,...                   ! 工作名
RESUME
/SOLU
ANTYPE,,REST                   ! 指定为前述分析的重新启动
!
! 指定新载荷、新载荷步选项等
! 对非线性分析，采用适当的正确操作
!
SOLVE                          ! 开始重新求解
SAVE                           ! SAVE 选项供后续可能进行的重新启动使用
FINISH
```

```
！按需要进行后处理
/EXIT,NOSAV
```

3．从不兼容的数据库重新启动非线性分析

有时，后处理过程会先于重新启动，如果在后处理期间执行"SET"命令或"SAVE"命令，数据库中的边界条件会发生改变，造成其与重新启动分析所需的边界条件不一致。默认条件下，程序在退出前会自动保存文件。在求解结束时，数据库存储器中存储的是最后的载荷步的边界条件（数据库只包含一组边界条件）。

POST1 中的"SET"命令（不同于 SET、LAST）可将指定的边界条件读入数据库，并改写存储器中的数据库。如果接下来要保存或退出文件，ANSYS 会从当前的结果文件开始，通过 D'S 和 F'S 改写数据库中的边界条件。然而，要从上一求解子步开始执行边界条件变化的重启动分析，需有求解成功的上一求解子步的边界条件。

要为重新启动重建正确的边界条件，首先要运行"虚拟"载荷步，过程如下。

（1）将"Jobname.OSAV"文件改名为"Jobname.ESAV"文件。

（2）进入 ANSYS 程序，指定使用与初始运行相同的文件名（可执行命令"/FILNAME"或 GUI 方式：Utility Menu > File > Change Jobname）。

（3）进入求解模块（执行命令"/SOLU"或 GUI 方式：Main Menu > Solution），然后恢复数据库文件（执行命令"RESUME"或 GIU 路径：Utility Menu > File > Resume Jobname.db）。

（4）说明这是重新启动分析（执行命令"ANTYPE,,REST"或 GUI 方式：Main Menu > Solution > Analysis Type > Restart）。

（5）从上一次已成功求解过的子步中开始重新规定边界条件，因解能够立即收敛，故一个子步就够了。

（6）执行"SOLVE"命令。GUI 方式：Main Menu > Solution > Solve > Current LS 或 Main Menu > Solution > Run FLOTRAN。

（7）按需要施加最终载荷及加载步选项。如加载步为前面（在虚拟前）加载步的延续，需调整子步的数量（或时间步步长），时间步长编号可能会发生变化。如需要保持时间步长编号（如瞬态分析），可在步骤（6）中使用一个小的时间增量。

（8）重新开始一个分析的过程。

6.4.2　多载荷步文件的重新启动分析

当进行一个非线性静态或全瞬态结构分析时，ANSYS 程序在默认情况下为多载荷步文件的重新启动分析建立参数。多载荷步文件的重新启动分析允许在计算过程中的任一子步保存分析信息，然后在一个子步处重新启动。在初始分析之前，应该执行命令"RESCONTROL"来指定在每个运行载荷子步中重新启动文件的保存频率。

当需要重新启动一个作业时，使用"ANTYPE"命令来指定重新启动分析的点及其分析类型。可以从重新启动点继续作业（进行一些必要的纠正）或在重新启动点终止一个载荷步（重新施加这个载荷步的所有载荷），然后继续下一个载荷步。

如果想要终止这种多载荷步文件的重新启动分析特性而改用一个文件的重新启动分析，需要执行"RESCONTROL,DEFINE,NONE"命令，接着如上所述进行单个文件重新启动分析（命令：ANTYPE,,REST），当然要保证.LDHI、.RDB 和.Rnnn 文件已经从当前目录中被删除。

如果使用求解控制对话框进行静态或全瞬态分析，那么就能够在求解对话框选项标签页中指定

基本的多载荷重新启动分析选项。

1. 多载荷步文件重新启动分析的要求

（1）Jobname.RDB：这是 ANSYS 程序数据库文件，在第一载荷步的第一工作子步的第一次迭代中被保存。此文件提供了给定初始条件的完全求解描述，无论对作业重新启动分析多少次，其都不会改变。当运行一次作业时，在执行"SOLVE"命令前应该输入所有需要求解的信息，包括参数语言设计（APDL）、组合、求解设置信息。在执行第一个"SOLVE"命令前，如果没有指定参数，那么参数将被保存在.RDB 文件中。在这种情况下，必须在开始求解前执行"PARSAV"命令并且在重新启动分析时执行"PARRES"命令来保存并恢复参数。

（2）Jobname.LDHI：此文件是指定作业的载荷历程文件。此文件是一个 ASCII 码文件，与用命令"LSWRITE"创建的文件相似，存储每个载荷步所有的载荷和边界条件。载荷和边界条件以有限单元载荷的形式被存储。如果载荷和边界条件是施加在实体模型上的，载荷和边界条件将先被转化为有限单元载荷，然后存入 Jobname.LDHI 文件。当进行多载荷重启动分析时，ANSYS 程序从此文件读取载荷和边界条件（相似于"LSREAD"命令）。此文件在每个载荷步结束时或当遇到"ANTYPE,,REST""LDSTEP""SUBSTEP""ENDSTEP"这些命令时被修正。

（3）Jobname.RNNN：与 Jobname.ESAV 或 Jobname.OSAV 文件相似，也是用于保存单元矩阵的信息。这一文件包含了载荷步中特定子步的所有求解命令及状态。所有的 Jobname.RNNN 文件都是在子步运算收敛时被保存，因此所有的单元信息记录都是有效的。如果一个子步运算不收敛，那么对于这个子步，没有 Jobname.RNNN 文件被保存，代替它的是先前一子步运算的 Jobname.RNNN 文件。

多载荷步文件的重新启动分析有以下几个限制。

（1）在重新启动过程中不能修改材料属性或单元属性。

（2）不支持"KUSE"命令。由于先前的三角矩形不能被重用，将生成一个新的刚度矩阵和一系列相关的暂存工作空间文件"Jobname.DSP××××"。

（3）在 Jobname.RNNN 文件中如果没有保存"EKILL"和"EALIVE"命令，但"EKILL"或"EALIVE"命令在重新启动过程中需要执行，则必须自己执行这些命令。

（4）".RDB"文件仅仅保存在第一载荷步的第一个子步中可用的数据库信息。

（5）不能在求解水平（如 PCG 迭代水平）下重启作业，但在更低的水平（如瞬时或"Newton-Raphson"循环时），作业能够被重新启动分析。

（6）当使用弧长法时，多载荷文件重新启动分析不支持命令"ANTYPE"的"ENDSTEP"选项。

（7）所有的载荷和边界条件存储在"Jobname.LDHI"文件中，因此，删除实体模型的载荷和边界条件将不会影响有限单元模型中的载荷和边界条件，若要删除这些信息，则必须直接从单元或节点中删除。

2. 多载荷步文件重新启动分析的过程

（1）进入 ANSYS 程序，指定与初始运行相同的工作名（执行"/FILNAME"命令或 GUI 方式：Utility Menu > File > Change Jobname）。进入求解模块（执行"/SOLU"命令或 GUI 方式：Main Menu > Solution）。

（2）通过执行"RESCONTROL, FILE_SUMMARY"命令决定从哪个载荷步和子步重新启动分析。这一命令将在 Jobname.RNNN 文件中记录载荷步和子步的信息。

（3）恢复数据库文件并表明这是重新启动分析（执行"ANTYPE,,REST""LDSTEP""SUBSTEP""Action"命令或 GUI 方式 Main Menu > Solution > Analysis Type > Restart）。

（4）指定修正或附加的载荷。

（5）开始重新求解分析。当进行任一重新启动行为时，必须执行"SOLVE"命令。

（6）进行需要的后处理，然后退出 ANSYS 程序。

在分析中对特定的子步创建结果文件示例如下。

```
! Restart run:
/solu
antype,,rest,1,3,rstcreate      ! 创建 Jobname.RST 文件
! step 1, substep 3
outres,all,all                  ! 存储所有的信息到 Jobname.RST 文件中
outpr,all,all                   ! 选择打印输出
solve                           ! 执行 Jobname.RST 文件生成
finish
/post1
set,,,1,3                       ! 从载荷步 1 获得结果
! substep 3
prnsol
finish
```

6.5 实例导航——旋转外轮模型求解

在对旋转外轮模型施加完约束和载荷后，就可以进行求解计算。本节主要对求解选项进行相关设定，并进行求解，步骤如下。

（1）从主菜单中选择 Main Menu > Solution > Solve > Current LS 命令，弹出确认对话框和状态列表，如图 6-3 所示，查看列出的求解选项。

（2）查看列表中的信息确认无误后，单击"OK"按钮，开始求解。

（3）求解完成后打开如图 6-4 所示的提示求解完成对话框。

（4）单击"Close"按钮，关闭提示求解完成对话框。

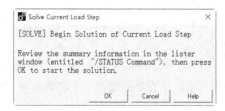

图 6-3 求解当前载荷步确认对话框

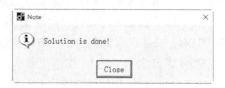

图 6-4 提示求解完成

第 7 章

后处理

后处理用来检阅 ANSYS 分析的结果，这是 ANSYS 分析中最重要的一个模块。通过后处理的相关操作，读者可以有针对性地得到用户感兴趣的参数和结果，更好地了解模型的实际情况。

7.1 后处理概述

建立有限元模型并求解后，用户想要得到一些关键问题答案：该设计投入使用时，是否真的可行？某个区域的应力有多大？零件的温度如何随时间变化？表面的热损失有多少？磁感线是如何通过该装置的？物体的位置是如何影响流体的流动的？ANSYS 软件的后处理会帮助回答这些问题和其他相关的问题。

7.1.1 什么是后处理

后处理是指对设计模型进行检查分析后得到的结果。这可能是分析中最重要的一环，因为它可以表明载荷如何影响设计、分析单元划分好坏等。

检查分析结果可使用两个后处理器：通用后处理器 POST1 和时间历程后处理器 POST26。POST1 允许检查整个模型在某一载荷步和子步（或对某一特定时间点或频率）的结果。例如，在静态结构分析中，可显示载荷步 3 的应力分布；在热力分析中，可显示 time=100s 时的温度分布。图 7-1 所示的等值线图是一幅典型的 POST1 图。

POST26 可以检查模型的指定点的特定结果相对于时间、频率或其他结果项的变化。例如，在瞬态磁场分析中，可以用图形表示某一特定单元的涡流与时间的关系；在非线性结构分析中，可以用图形表示某一特定节点的受力与其变形的关系。图 7-2 中的曲线图是一幅典型的 POST26 图。

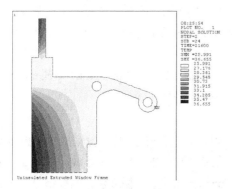

图 7-1　POST1 图示例

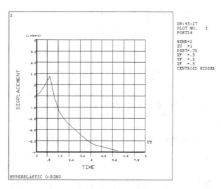

图 7-2　POST26 图示例

ANSYS 的后处理器仅是用于检查分析结果的工具，仍然需要通过用户的工程判断能力来分析解释结果。例如，一条等值线显示模型的最高应力为 37 800Pa，用户必须确定这一应力水平设计是否合理。

7.1.2 结果文件

在求解中，ANSYS 运算器将分析的结果写入结果文件，结果文件的名称取决于分析类型。

（1）Jobname.RST：结果分析。

（2）Jobname.RTH：热力分析。

（3）Jobname.RMG：电磁场分析。

对于流体分析，文件扩展名为.RST 或.RTH，其取决于是否给出结构自由度。对不同的分析使用不同的文件标识有助于在耦合场分析中使用一个分析的结果作为另一个分析的载荷。

7.1.3 后处理可用的数据类型

求解阶段计算两种结果数据类型。

（1）基本数据包含每个节点计算得到的自由度解，包括结构分析的位移、热力分析的温度、磁场分析的磁势等，如表 7-1 所示。这些被称为节点解数据。

（2）派生数据为由基本数据计算得到的数据，包括结构分析中的应力和应变，热力分析中的热梯度和热流量，磁场分析中的磁通量等。派生数据又称为单元数据，它通常出现在单元节点、单元积分点及单元质心等位置。

表 7-1 不同分析的基本数据和派生数据

学科	基本数据	派生数据
结果分析	位移	应力、应变、反作用力
热力分析	温度	热流量、热梯度等
磁场分析	磁势	磁通量、磁流密度等
电场分析	标量电势	电场、电流密度等
流体分析	速度、压力	压力梯度、热流量等

7.2 通用后处理器（POST1）

使用通用后处理器（POST1）可观察整个模型或模型的一部分在某一个时间（或频率）上受特定载荷组合作用后的结果。POST1 有许多功能，包括从简单的图像显示到针对更为复杂数据操作的列表，如载荷工况的组合。

要进入 ANSYS 通用后处理器，输入 "/POST1" 命令或 GUI 方式：Main Menu > General Postproc。

7.2.1 将数据结果读入数据库

使用 POST1 的第一步是将数据从结果文件读入数据库。若要这样做，数据库中首先要有模型数据（节点、单元等）。若数据库中没有模型数据，输入 "RESUME" 命令（或 GUI 方式：Utility Menu > File > Resume Jobname.db）读入数据文件 "Jobname.db"。数据库包含的模型数据应该与计算模型相同，包括单元类型、节点、单元、单元实常数、材料特性和节点坐标系。

数据库中被选中进行计算的节点和单元应属同一组，否则会出现数据不匹配。

一旦模型数据存在于数据库中，输入"SET，SUBSET"和"APPEND"命令均可从结果文件中读入结果数据。

1. 读入结果数据

输入"SET"命令（GUI：Main Menu > General PostProc > Read Results），可在一特定的载荷条件下将整个模型的结果数据从结果文件中读入数据库，覆盖数据库中以前存在的数据。边界条件信息（约束和集中力）也被读入，但这仅在单元节点载荷和反作用力存在的情况下。详情请见"OUTERS"命令。若不存在边界条件信息，则不列出或显示边界条件。加载条件通过载荷步和子步或时间（或频率）来识别。命令或路径方式指定的变元可以识别读入数据库的数据。

例如，"SET,2,5"表示将载荷步为 2、子步为 5 的数据读入结果。同理，"SET,,,,,3.89"表示时间为 3.89 时的结果（或频率为 3.89，这取决于所进行的分析类型）。若指定了尚无结果的时刻，程序将使用线性插值计算出该时刻的结果。

结果文件（Jobname.RST）中默认的最大子步数为 1000，超出该界限时，需要输入命令"SET,LAST"，LAST 引入第 1000 个载荷步，也可使用"/CONFIG"命令增加界限。

对于非线性分析，在时间点间进行插值常常会降低精度。因此，要使解答可用，务必在可求时间值处进行后处理。

"SET"命令有一些便捷标号，介绍如下。

- "SET,FIRST"读入第一子步，等价的 GUI 方式为 First Set。
- "SET,NEXT"读入第二子步，等价的 GUI 方式为 Next Set。
- "SET,LAST"读入最后一子步，等价的 GUI 方式为 Last Set。
- "SET"命令中的"NSET"字段（等价的 GUI 方式为 Set Number）可恢复对应特定数据组号的数据，而不是载荷步号和子步号。当有载荷步和子步号相同的多组结果数据时，这对"FLOTRAN"的结果非常有用。因此，可用其特定的数据组号来恢复"FLOTRAN"的计算结果。
- "SET"命令的"LIST"（或 GUI 中的 List Results）选项列出了其对应的载荷步和子步数，可在接下来的"SET"命令的"NSET"字段输入该数据组号，以申请处理正确的一组结果。
- "SET"命令中的"ANGLE"字段规定了调谐单元的周边位置（结构分析单元——PLANE25、PLANE83 和 SHELL61；温度场分析单元——PLANE75 和 PLANE78）。

2. 其他恢复数据的选项

其他 GUI 方式和命令也可以恢复结果数据。

（1）定义待恢复的数据。POST1 处理器中命令"INRES"（GUI 方式：Main Menu > General Postproc > Data & File Opts）与 PREP7 和 SOLUTION 处理器中的"OUTRES"命令是姐妹命令，"OUTRES"命令控制写入数据库和结果文件的数据，而"INRES"命令定义要从结果文件中恢复的数据类型，通过命令"SET""SUBSET"和"APPEND"等写入数据库。尽管不需要对数据进行后处理，但"INRES"命令限制了恢复写入数据库的数据量。因此，使用该命令对数据进行后处理也许占用的时间更少。

（2）读入所选择的结果信息。为了只将所选模型部分的一组数据从结果文件读入数据库，可用"SUBSET"命令（或 GUI 方式：Main Menu > General Postproc > By characteristic）。结果文件中未用"INRES"命令指定恢复的数据将以零值列出。

"SUBSET"命令与"SET"命令大致相同，差别在于"SUBSET"命令只恢复所选模型部分的数据。使用"SUBSET"命令可方便地查看模型的一部分的结果数据。例如，若只对表层的结果感兴趣，可以轻易地选择外部节点和单元，然后用"SUBSET"命令恢复所选部分的结果数据。

（3）向数据库追加数据。每次使用"SET""SUBSET"命令时，ANSYS就会在数据库中写入一组新数据并覆盖当前的数据。"APPEND"命令（GUI方式：Main Menu > General Postproc > By characteristic）从结果文件中读入数据组并将它们与数据库中已有的数据合并（这只针对所选的模型而言）。当已有的数据库非零（或全部被重写时），允许将被查询的结果数据并入数据库。

可用"SET""SUBSET""APPEND"命令中的任一命令从结果文件中将数据读入数据库。使用命令方式或GUI方式的唯一区别是所要恢复的数据的数量及类型。追加数据时，务必不要造成数据不匹配。例如，请看下面一组命令。

```
/POST1
INRES,NSOL              ！节点 DOF 求解的标志数据
NSEL,S,NODE,,1,5        ！选节点 1 至节点 5
SUBSET,1               ！从载荷步 1 开始将数据写入数据库
                      ！此时载荷步 1 内节点 1 到 5 的数据就存在于数据库中了
NSEL,S,NODE,,6,10      ！选节点 6 至节点 10
APPEND,2              ！将载荷步 2 的数据写入数据库
NSEL,S,NODE,,1,10     ！选节点 1 至节点 10
PRNSOL,DOF           ！打印节点 DOF 求解结果
```

执行上述命令后，当前数据库包含载荷步 1 和载荷步 2 的数据。这样数据就不匹配了。使用"PRNSOL"命令（或 GUI 方式：Main Menu > General Postproc > List Results > Nodal Solution）时，程序将从第二个载荷步中取出数据，但实际上数据是从现存于数据库中的两个不同的载荷步中取得的。程序列出的是与最近一次存入的载荷步相对应的数据。当然，若希望将不同载荷步的结果进行对比，将数据加入数据库中是很有用的。但若有目的地混合数据，要极其注意跟踪追加数据的来源。

在求解曾用不同单元组计算过的模型子集时，为避免出现数据不匹配，按下列方法进行。

- 不要重选并求解在后处理中未被选择的单元。
- 从 ANSYS 数据库中删除以前的求解结果，可从求解过程中退出 ANSYS 或在求解过程中存储数据库。

若想清空数据库中所有以前的数据，使用下列任意一种方法。

```
命令：LCZERO。
GUI：Main Menu > General PostProc > Load Case > Zero Load Case。
```

上述两种方法均会将数据库中所有以前的数据置零，可重新进行数据存储。若在向数据库追加数据之前将数据库置零，其结果与使用"SUBSET"命令或等价的 GUI 方式是一样的（该处假设"SUBSET"和"APPEND"命令中的变元一致）。

"SET"命令可用的全部选项，对"SUBSET"命令和"APPEND"命令也完全可用。

默认情况下，"SET""SUBSET"和"APPEND"命令将寻找 Jobname.RST、Jobname.RTH、Jobname. RMG 文件中的一个。在使用"SET""SUBSET"和"APPEND"命令之前用"FILE"命令可指定为其他文件名（GUI 方式：Main Menu > General Postproc > Data &File Opts）。

3. 创建单元表

在 ANSYS 中，单元表有两个功能：第一，它是在结果数据中进行数学运算的工具；第二，它能够访问使用其他方法无法直接访问的单元结果。例如，从结构一维单元派生的数据（尽管"SET""SUBSET"和"APPEND"命令将所有申请的结果项读入数据库，但并非所有的数据都可直接用"PRNSOL"和"PLESON"等命令访问）。

将单元表作为扩展表，每行代表一个单元，每列则代表单元的特定数据项。例如，第一列代表单元的平均应力，第二列则代表单元的体积，第三列则代表各单元质心的坐标。

使用下列任一命令创建或删除单元表。

命令：ETABLE。
GUI：Main Menu > General Postproc > Element Table > Define Table or Erase Table。

填充单元表方法如下。

（1）填充按名字识别变量的单元表。为识别单元表的每列，在 GUI 方式下使用 Lab 字段或在 "ETABLE" 命令中使用 Lab 变元给每列分配一个标识，该标识将作为以后所有的包括该变量的 "POST1" 命令的识别器。列中的数据依据 Item 名和 Comp 名，以及 "ETABLE" 命令中的其他两个变元来识别。例如，上面提及的应力标识为 SX，S 是 Item 变元，X 将是 Comp 变元。

有些项（如单元的体积）不需 Comp 变元。这种情况下，Item 名为 VOLU，而 Comp 为空白。按 Item 名和 Comp 名（必要时）识别数据项的方法称为填写单元表的 "元件名" 法。对于大多数单元类型而言，使用 "元件名" 法通常访问单元节点的结果数据。

"ETABLE" 命令的文档通常列出了所有的 Item 和 Comp 的组合情况。要清楚何种组合有效，见 ANSYS 单元参考手册中每种单元描述中的 "单元输出定义"。

表 7-2 所示为三维 BEAM4 单元输出定义列表示例，可在表中 "名称" 列中的冒号（如果有）后面使用任意名字，通过 "元件名" 法填写单元表。冒号前面的名字部分应输入作为 "ETABLE" 命令的 Item 变元，冒号（如果有）后的部分应输入作为 "ETABLE" 命令的 Comp 变元，O 列与 R 列表示在 Jobname.OUT 文件（O）中或结果文件（R）中该项是否可用："Y" 表示该项总可用，数字（如 1、2）则表示有条件的可用（具体条件详见表后注释），而 "—" 则表示该项不可用。

表 7-2　三维 BEAM4 单元输出定义

名称	定义	O	R
MAT	单元的材料号	Y	Y
VOLU:	单元体积	—	Y
CENT: X, Y, Z	单元质心坐标	—	Y
TEMP	积分点处的温度 T1、T2、T3、T4、T5、T6、T7、T8	Y	Y
PRES	节点（I，J）处的压力 P1，OFFST1，P2，OFFST2，P3，OFFST3，I 处的压力 P4，J 处的压力 P5	Y	Y
SDIR	轴向应力	1	1
SBYT	梁单元+Y 方向弯曲应力	1	1
SBYB	梁单元-Y 方向弯曲应力	1	1
SBZT	梁单元+Z 方向弯曲应力	1	1
SBZB	梁单元-Z 方向弯曲应力	1	1
SMAX	最大应力（正应力加弯曲应力）	1	1
SMIN	最小应力（正应力减弯曲应力）	1	1
EPELDIR	端部轴向弹性应变	1	1
EPTHDIR	端部轴向热应变	1	1
EPINAXL	单元初始轴向应变	1	1
MFOR: (X, Y, Z)	单元坐标系 X、Y、Z 方向的力	2	Y
MMOM: (X, Y, Z)	单元坐标系 X、Y、Z 方向的力矩	2	Y

注：① 若单元表中的项目经单元 I 节点、中间位置[见 KEYOPT（9）]及 J 节点重复进行；

② 若 KEYOPT（6）= 1。

（2）填充按序号识别变量的单元表。可对每个单元施加不平均或非单值载荷，将其填入单元表中。该数据类型包括积分点的数据、从结构一维单元（如杆、梁、管单元等）和接触单元派生的数据、从一维温度单元派生的数据、从层状单元中派生的数据等。这些数据将列在"单元关于 ETABLE 和 ESOL 命令的项目和序号"表中，而在 ANSYS 帮助文件中，对每一单元类型都有详细的描述。

表 7-3 所示为 BEAM4（梁）单元关于 ETABLE 和 ESOL 命令的项目和序号示例。

表中的数据被分为不同的项目组（如 LS、LEPEL、SMISC 等），项目组中每一项都有用于识别的序列号（表 7-3 中 E、I、J 对应的数字）。将项目组（如 LS、LEPEL、SMISC 等）作为 ETABLE 命令的 Item 变元，将序列号（如 1、2、3 等）作为 Comp 变元，将数据填入单元表中，这种方法称为填写单元表的"序列号"法。

例如，BEAM4 单元的 J 点处的最大应力表示为 Item=NMISC、Comp=3。而单元（E）的初始轴向应变（EPINAXL）表示为 Item=LEPYH、Comp=11。

表 7-3　BEAM4（梁）单元关于 ETABLE 和 ESOL 命令的项目和序号[KEYOPT(9)=0]

KEYOPT（9）=0				
名称	项目	E	I	J
SBYT	LS	—	2	7
SBYB	LS	—	3	8
SBZT	LS	—	4	9
SBZB	LS	—	5	10
EPELDIR	LEPEL	—	1	6
SMAX	NMISC	—	1	3
SMIN	NMISC	—	2	4
EPTHDIR	LEPTH	—	1	6
EPTHBYT	LEPTH	—	2	7
EPTHBYB	LEPTH	—	3	8
EPTHBZT	LEPTH	—	4	9
EPTHBZB	LEPTH	—	5	10
EPINAXL	LEPTH	11	—	—
MFORX	SMISC	—	1	7
MMOMX	SMISC	—	4	10
MMOMY	SMISC	—	5	11
MMOMZ	SMISC	—	6	12
P1	SMISC	—	13	14
OFFST1	SMISC	—	15	16
P2	SMISC	—	17	18
OFFST 2	SMISC	—	19	20
P3	SMISC	—	21	22
OFFST32	SMISC	—	23	24

对于某些一维单元，如 BEAM4 单元，KEYOPT 设置控制了计算数据的量，这些设置可能改变单元表项目对应的序号，因此针对不同的 KEYOPT 设置，存在不同的"单元项目和序号表格"。表 7-3 和表 7-4 显示了关于 BEAM4 单元的相同信息，但列出的为 KEYOPT（9）=3 时的序号（3 个

中间计算点），而表 7-3 列出的是对应于 KEYOPT（9）=0 时的序号。

例如，当 KEYOPT（9）=0 时，单元 J 点 Y 向的力矩（MMOMY）在表 7-3 中是序号 11（SMISC 项），而当 KEYOPT（9）=3 时，其序号在表 7-4 中为 29。

表 7-4　BEAM4（梁）单元关于 ETABLE 命令和 ESOL 命令的项目和序号[KEYOPT(9)=3]

标号	项目	E	I	IL1	IL2	IL3	J
				KEYOPT（9）= 3			
SBYT	LS	—	2	7	12	17	22
SBYB	LS	—	3	8	13	18	23
SBZT	LS	—	4	9	14	19	24
SBZB	LS	—	5	10	15	20	25
EPELDIR	LEPEL	—	1	6	11	16	21
EPELBYT	LEPEL	—	2	7	12	17	22
EPELBYB	LEPEL	—	3	8	13	18	23
EPELBZT	LEPEL	—	4	9	14	19	24
EPELBZB	LEPEL	—	5	10	15	20	25
EPINAXL	LEPTH	26	—	—	—	—	—
SMAX	NMISC	—	1	3	5	7	9
SMIN	NMISC	—	2	4	6	8	10
EPTHDIR	LEPTH	—	1	6	11	16	21
MFORX	SMISC	—	1	7	13	19	25
MMOMX	SMISC	—	4	10	16	22	28
MMOMY	SMISC	—	5	11	17	23	29
P1	SMISC	—	31	—	—	—	32
OFFST1	SMISC	—	33	—	—	—	34
P2	SMISC	—	35	—	—	—	36
OFFST2	SMISC	—	37	—	—	—	38
P3	SMISC	—	39	—	—	—	40
OFFST3	SMISC	—	41	—	—	—	42

（3）定义单元表的注释。

● "ETABLE"命令仅对选择的单元起作用，即只将所选单元的数据送入单元表，在"ETABLE"命令中改变所选单元，可以有选择地填写单元表的行。

● 相同序号的组合表示不同单元类型时有不同数据。例如，组合"SMISC，1"对 BEAM4 单元表示 MFOR（X）（单元 X 向的力），对 SOLID45 单元表示 P1（面 1 上的压力），对 CONTACT48 单元表示 FNTOT（总的法向力）。因此，若模型中有几种单元类型的组合，务必要在使用"ETABLE"命令前选择一种类型的单元（用"ESEL"命令或 GUI 方式：Utility Menu > Select > Entities）。

● ANSYS 程序在读入不同组的结果（如对不同的载荷步）或在修改数据库中的结果时（如组合载荷工况），不能自动刷新单元表，例如，假定模型由提供的样本单元组成，在 POST1 中执行下列命令。

```
SET,1                  !读入载荷步 1 结果
ETABLE,ABC,1S,6        !在以 ABC 开头的列下将 J 端 KEYOPT（9）=0 的 SDIR 移入单元表中
SET,2                  !读入载荷步 2 中结果
```

此时，单元表"ABC"列下仍含有载荷步 1 的数据。用载荷步 2 中的数据更新该列数据时，应用命令"ETABLE，KEFL"或通过 GUI 方式指定更新项。

- 可将单元表当作一个"工作表"，对结果数据进行计算。

- 使用 POST1 中的"SAVE, FNAME, EXT"命令或"/EXIT, ALL"命令，那么在退出 ANSYS 程序时，可以对单元表进行保存（GUI 方式：Utility Menu > File > Save as 或 Utility > File > Exit 后按照对话框内的提示进行）。这样可将单元表及其他数据存到数据库文件。

- 可从内存中删除整个单元表，用"ETABLE, ERASE"命令（或 GUI 方式：Main Menu > General Postproc > Element Table > Erase Table），或用"ETABLE, LAB, ERASE"命令删去单元表中的"Lab"列。用"RESET"命令（GUI 方式：Main Menu > General Postproc > Reset）可自动删除 ANSYS 数据库中的单元表。

4．对主应力的专门研究

在 POST1 中，SHELL61 单元的主应力不能直接得到，除以下两种情况之外，默认情况下，可得到其他单元的主应力。

（1）在"SET"命令中要求进行时间插值或定义了某一角度。

（2）执行了载荷工况操作。

在上述任意一种情况下，必须用 GUI 方式（Main Menu > General Postproc > Load Case > Line Elem Stress）或执行"LCOPER，LPRIN"命令以计算主应力，然后通过"ETABLE"命令或绘图命令，或者使用打印功能访问该数据。

5．读入 FLOTRAN 的计算结果

使用"FLREAD"命令（GUI 方式：Main Menu > General Postproc > Read Results > FLOTRAN2.1A）可以将结果从 FLOTRAN 的剩余文件读入数据库。FLOTRAN 的计算结果可以用普通的后处理函数或命令（如"SET"命令或相应的 GUI 方式：Utility Menu > List > Results > Load Step Summary）读入。

6．数据库复位

"RESET"命令（GUI 方式：Main Menu > General Postproc > Reset）可在不脱离 POST1 情况下初始化数据库默认部分，该命令在离开或重新进入 ANSYS 程序时的效果相同。

7.2.2 列表显示结果

将结果存档的有效方法（如报告、呈文等）是在 POST1 中制表。列表选项对节点、单元、反作用力等求解数据可用。

下面给出一个样表（对应命令"PRESOL,ELEM"）如下。

```
PRINT ELEM ELEMENT SOLUTION PER ELEMENT
 ***** POST1 ELEMENT SOLUTION LISTING *****
LOAD STEP    1  SUBSTEP=    1
TIME=   1.0000        LOAD CASE= 0
EL= 1 NODES= 1  3    MAT= 1
BEAM3
TEMP =    0.00    0.00    0.00    0.00
LOCATION      SDIR         SBYT         SBYB
1 (I)       0.00000E+00   130.00       -130.00
2 (J)       0.00000E+00   104.00       -104.00
LOCATION    SMAX          SMIN
1 (I)       130.00       -130.00
2 (J)       104.00       -104.00
LOCATION    EPELDIR       EPELBYT      EPELBYB
1 (I)       0.000000      0.000004     -0.000004
2 (J)       0.000000      0.000003     -0.000003
```

```
LOCATION       EPTHDIR        EPTHBYT        EPTHBYB
1 (I)          0.000000       0.000000       0.000000
2 (J)          0.000000       0.000000       0.000000
EPINAXL =      0.000000
EL=      2 NODES=       3       4 MAT=    1
BEAM3
TEMP =   0.00           0.00      0.00      0.00
LOCATION       SDIR           SBYT           SBYB
1 (I)          0.00000E+00    104.00         -104.00
2 (J)          0.00000E+00    78.000         -78.000
LOCATION       SMAX           SMIN
1 (I)          104.00         -104.00
2 (J)          78.000         -78.000
LOCATION       EPELDIR        EPELBYT        EPELBYB
1 (I)          0.000000       0.000003       -0.000003
2 (J)          0.000000       0.000003       -0.000003
LOCATION       EPTHDIR        EPTHBYT        EPTHBYB
1 (I)          0.000000       0.000000       0.000000
2 (J)          0.000000       0.000000       0.000000
EPINAXL =      0.000000
```

1. 列出节点、单元求解数据

用下列方式可以列出指定的节点求解数据（原始解及派生解）。

命令：PRNSOL。
GUI：Main Menu > General Postproc > List Results > Nodal Solution。

用下列方式可以列出所选单元的指定结果。

命令：PRNSEL。
GUI：Main Menu > General Postproc > List Results > Element Solution。

要获得一维单元的求解输出，在"PRNSOL"命令中指定"ELEM"选项，程序将列出所选单元的所有可行的单元结果。

下面给出一个样表（对应命令"PRNSOL，S"）。

```
PRINT S   NODAL SOLUTION PER NODE
***** POST1 NODAL STRESS LISTING *****
LOAD STEP=     5 SUBSTEP=     2
TIME=    1.0000     LOAD CASE=   0
THE FOLLOWING X,Y,Z VALUES ARE IN GLOBAL COORDINATES
NODE     SX         SY         SZ          SXY         SYZ         SXZ
    1    148.01     -294.54    .00000E+00  -56.256     .00000E+00  .00000E+00
    2    144.89     -294.83    .00000E+00  56.841      .00000E+00  .00000E+00
    3    241.84     73.743     .00000E+00  -46.365     .00000E+00  .00000E+00
    4    401.98     -18.212    .00000E+00  -34.299     .00000E+00  .00000E+00
    5    468.15     -27.171    .00000E+00  .48669E-01  .00000E+00  .00000E+00
    6    401.46     -18.183    .00000E+00  34.393      .00000E+00  .00000E+00
    7    239.90     73.614     .00000E+00  46.704      .00000E+00  .00000E+00
    8    -84.741    -39.533    .00000E+00  39.089      .00000E+00  .00000E+00
    9    3.2868     -227.26    .00000E+00  68.563      .00000E+00  .00000E+00
   10    -33.232    -99.614    .00000E+00  59.686      .00000E+00  .00000E+00
   11    -520.81    -251.12    .00000E+00  .65232E-01  .00000E+00  .00000E+00
   12    -160.58    -11.236    .00000E+00  40.463      .00000E+00  .00000E+00
   13    -378.55    55.443     .00000E+00  57.741      .00000E+00  .00000E+00
   14    -85.022    -39.635    .00000E+00  -39.143     .00000E+00  .00000E+00
   15    -378.87    55.460     .00000E+00  -57.637     .00000E+00  .00000E+00
   16    -160.91    -11.141    .00000E+00  -40.452     .00000E+00  .00000E+00
   17    -33.188    -99.790    .00000E+00  -59.722     .00000E+00  .00000E+00
   18    3.1090     -227.24    .00000E+00  -68.279     .00000E+00  .00000E+00
   19    41.811     51.777     .00000E+00  -66.760     .00000E+00  .00000E+00
   20    -81.004    9.3348     .00000E+00  -63.803     .00000E+00  .00000E+00
   21    117.64     -5.8500    .00000E+00  -56.351     .00000E+00  .00000E+00
   22    -128.21    30.986     .00000E+00  -68.019     .00000E+00  .00000E+00
   23    154.69     -73.136    .00000E+00  .71142E-01  .00000E+00  .00000E+00
   24    -127.64    -185.11    .00000E+00  .79422E-01  .00000E+00  .00000E+00
   25    117.22     -5.7904    .00000E+00  56.517      .00000E+00  .00000E+00
   26    -128.20    31.023     .00000E+00  68.191      .00000E+00  .00000E+00
```

```
    27    41.558    51.533    .00000E+00    66.997    .00000E+00    .00000E+00
    28   -80.975    9.1077    .00000E+00    63.877    .00000E+00    .00000E+00
MINIMUM VALUES
NODE      11         2          1            18         1            1
VALUE  -520.81   -294.83    .00000E+00   -68.279    .00000E+00    .00000E+00
MAXIMUM VALUES
NODE       5         3          1             9         1            1
VALUE   468.15    73.743    .00000E+00    68.563    .00000E+00    .00000E
```

2. 列出反作用载荷及作用载荷

在 POST1 中有几个选项用于列出反作用载荷（反作用力）及作用载荷（外力）。"PRRSOL"命令（GUI 方式：Main Menu > General Postproc > List Results > Reaction Solu）列出了所选节点的反作用力。命令"FORCE"可以指定哪一种反作用载荷（包括合力、静力、阻尼力或惯性力）数据被列出。"PRNLD"命令（GUI 方式：Main Menu > General Postproc > List Results > Nodal Loads）列出所选节点处的合力（值为零的除外）。

列出反作用载荷及作用载荷是检查平衡的一种好方法。也就是说，在给定方向上所加的作用力应总等于该方向上的反力（若检查结果跟预想的不一样，那么就应该检查加载情况，看加载是否恰当）。

耦合自由度和约束方程通常会造成载荷不平衡，但是，由命令"CPINTF"生成的耦合自由度（组）和由命令"CEINTF"或命令"CERIG"生成的约束方程几乎在所有情况下都能保持实际的平衡。

如前所述，如果对给定位移约束的自由度建立了约束方程，那么符合约束方程的外力不包含该自由度下的反力，所以最好不要对给定位移约束的自由度建立约束方程。同样，对属于某个约束方程的节点，其节点力的合力也不应该包含该处的反力。在批处理求解中（使用"OUTPR"命令请求），可得到约束方程反力的单独列表，但这些反力不能在 POST1 中进行访问。对大多数适当的约束方程，X、Y、Z 方向的合力应为零，但合力矩可能不为零，因为合力矩本身必须包含力的作用效果。

可能出现载荷不平衡的其他情况如下。

- 四节点壳单元，四个节点不是位于同一平面内。
- 有弹性基础的单元。
- 发散的非线性求解。

另外几个常用的命令是"FSUM""NFORCE"和"SPOINT"，下面分别说明。

命令"FSUM"用于对所选的节点进行力、力矩求和运算和列表显示。

```
命令：FSUM。
GUI：Main Menu > General Postproc > Nodal Calcs > Total Force Sum。
```

下面给出一个关于命令"FSUM"的输出样本。

```
*** NOTE ***
Summations based on final geometry and will not agree with solution reactions.
***** SUMMATION OF TOTAL FORCES AND MOMENTS IN GLOBAL COORDINATES *****
FX=   .1147202
FY=   .7857315
FZ=   .0000000E+00
MX=   .0000000E+00
MY=   .0000000E+00
MZ=   39.82639
SUMMATION POINT=   .00000E+00   .00000E+00   .00000E+00
```

"NFORCE"命令除了用于总体求和，还可用于对每一个所选的节点进行力、力矩求和。

```
命令：NFORCE
GUI：Main Menu > General Postproc > Nodal Calcs > Sum @ Each Node。
```

下面给出一个关于命令"NFORCE"的输出样本。

```
***** POST1 NODAL TOTAL FORCE SUMMATION *****
LOAD STEP=    3 SUBSTEP=   43
THE FOLLOWING X,Y,Z FORCES ARE IN GLOBAL COORDINATES
NODE     FX        FY        FZ
   1  -.4281E-01   .4212     .0000E+00
   2   .3624E-03   .2349E-01 .0000E+00
   3   .6695E-01   .2116     .0000E+00
   4   .4522E-01   .3308E-01 .0000E+00
   5   .2705E-01   .4722E-01 .0000E+00
   6   .1458E-01   .2880E-01 .0000E+00
   7   .5507E-02   .2660E-01 .0000E+00
   8  -.2080E-02   .1055E-01 .0000E+00
   9  -.5551E-03  -.7278E-02 .0000E+00
  10   .4906E-03  -.9516E-02 .0000E+00
*** NOTE ***
Summations based on final geometry and will not agree with solution reactions.
***** SUMMATION OF TOTAL FORCES AND MOMENTS IN GLOBAL COORDINATES *****
FX=   .1147202
FY=   .7857315
FZ=   .0000000E+00
MX=   .0000000E+00
MY=   .0000000E+00
MZ=   39.82639
SUMMATION POINT=  .00000E+00  .00000E+00  .00000E+00
```

命令 "SPOINT" 定义在哪些点（除原点外）求力矩和。

```
GUI: Main Menu > General Postproc > Nodal Calcs > Summation Pt > At Node。
GUI: Main Menu > General Postproc > Nodal Calcs > Summation Pt > At XYZ Loc。
```

3. 列出单元表数据

用下列命令可列出存储在单元表中的指定数据。

```
命令：PRETAB。
GUI: Main Menu > General Postproc > Element Table > List Elem Table。
GUI: Main Menu > General Postproc > List Results > Elem Table Data。
```
为列出单元表中每一列的和，可用命令 SSUM（GUI: Main Menu > General Postproc > Element Table > Sum of Each Item）。

下面给出一个关于命令 "PRETAB" 和 "SSUM" 输出示例。

```
***** POST1 单元数据列表 *****
STAT   CURRENT   CURRENT    CURRENT
ELEM   SBYTI     SBYBI      MFORYI
 1   .95478E-10 -.95478E-10 -2500.0
   2  -3750.0     3750.0    -2500.0
   3  -7500.0     7500.0    -2500.0
   4  -11250.     11250.    -2500.0
   5  -15000.     15000.    -2500.0
   6  -18750.     18750.    -2500.0
   7  -22500.     22500.    -2500.0
   8  -26250.     26250.    -2500.0
   9  -30000.     30000.    -2500.0
  10  -33750.     33750.    -2500.0
  11  -37500.     37500.     2500.0
  12  -33750.     33750.     2500.0
  13  -30000.     30000.     2500.0
  14  -26250.     26250.     2500.0
  15  -22500.     22500.     2500.0
  16  -18750.     18750.     2500.0
  17  -15000.     15000.     2500.0
  18  -11250.     11250.     2500.0
  19  -7500.0     7500.0     2500.0
  20  -3750.0     3750.0     2500.0
MINIMUM VALUES
ELEM      11         1         8
VALUE  -37500.   -.95478E-10  -2500.0
MAXIMUM VALUES
ELEM       1        11        11
VALUE  .95478E-10  37500.     2500.0
```

```
SUM ALL THE ACTIVE ENTRIES IN THE ELEMENT TABLE
TABLE LABEL      TOTAL
SBYTI           -375000.
SBYBI            375000.
MFORYI          .552063E-09
```

4. 其他列表

用如下命令可列出其他类型的结果。

（1）"PREVECT"命令（GUI 方式：Main Menu > General Postproc > List Results > Vector Data）：列出所有被选单元指定的矢量大小及其方向余弦。

（2）"PRPATH"命令（GUI 方式：Main Menu > General Postproc > List Results > Path Items）：计算然后列出在模型中沿预先定义的几何路径的数据。注意，必须事先定义一个路径并将数据映射到该路径上。

（3）"PRSECT"命令（GUI 方式：Main Menu > General Postproc > List Results > Linearized Strs）：计算然后列出沿预定的路径线性变化的应力。

（4）"PRERR"命令（GUI 方式：Main Menu > General Postproc > List Results > Percent Error）：列出所选单元的能量级的百分比误差。

（5）"PRITER"命令（GUI 方式：Main Menu > General Postproc > List Results > Iteration Summry）：列出迭代的概要数据。

5. 对单元、节点排序

默认情况下，所有列表通常按节点号或单元号的升序进行排序。可根据指定的结果项先对节点、单元进行排序。"NSORT"命令（GUI 方式：Main Menu > General Postproc > List Results > Sorted Listing > Sort Nodes）基于指定的节点求解项进行节点排序，"ESORT"命令（GUI 方式：Main Menu > General Postproc > List Results > Sorted Listing > Sort Elems）基于单元表内存入的指定项进行单元排序。示例如下。

```
NSEL,…                    !选节点
NSORT,S,X                 !基于 SX 进行节点排序
PRNSOL,S,COMP             !列出排序后的应力分量
```

下面给出执行命令"NSORT"及"PRNSOL,S"之后的列表示例。

```
PRINT S   NODAL SOLUTION PER NODE
***** POST1 NODAL STRESS LISTING *****
LOAD STEP=    3 SUBSTEP=   43
TIME=   6.0000     LOAD CASE=    0
THE FOLLOWING X,Y,Z VALUES ARE IN GLOBAL COORDINATES
NODE   SX        SY         SZ         SXY         SYZ         SXZ
 111 -.90547    -1.0339    -.96928    -.51186E-01  .00000E+00  .00000E+00
  81 -.93657    -1.1249    -1.0256    -.19898E-01  .00000E+00  .00000E+00
  51 -1.0147    -.97795    -.98530     .17839E-01  .00000E+00  .00000E+00
  41 -1.0379    -1.0677    -1.0418    -.50042E-01  .00000E+00  .00000E+00
  31 -1.0406    -.99430    -1.0110     .10425E-01  .00000E+00  .00000E+00
  11 -1.0604    -.97167    -1.0093    -.46465E-03  .00000E+00  .00000E+00
  71 -1.0613    -.95595    -1.0017     .93113E-02  .00000E+00  .00000E+00
  21 -1.0652    -.98799    -1.0267     .31703E-01  .00000E+00  .00000E+00
  61 -1.0829    -.94972    -1.0170     .22630E-03  .00000E+00  .00000E+00
 101 -1.0898    -.86700    -1.0009    -.25154E-01  .00000E+00  .00000E+00
   1 -1.1450    -1.0258    -1.0741     .69372E-01  .00000E+00  .00000E+00
MINIMUM VALUES
NODE    1         81         1        111         111         111
VALUE  -1.1450    -1.1249    -1.0741   -.51186E-01  .00000E+00  .00000E+00
MAXIMUM VALUES
NODE   111        101        111        1          111         111
VALUE  -.90547    -.86700    -.96928    .69372E-01  .00000E+00  .00000E+00
```

使用如下命令恢复原来的节点或单元顺序。

```
命令：NUSORT。
GUI：Main Menu > General Postproc > List Results > Sorted Listing > Unsort Nodes。
命令：EUSORT。
GUI：Main Menu > General Postproc > List Results > Sorted Listing > Unsort Elems。
```

6. 用户化列表

在有些场合，需要根据要求来定制结果列表。"/STITLE"命令（无对应的 GUI 方式）可定义多达 4 个子标题，并与主标题一起在输出列表中显示。输出用户可用的其他命令为"/FORMAT"、"/HEADER"和"/PAGA"（同样无对应的 GUI 方式）。

这些命令控制重要数字的编号、列表项部的表头输出、打印页中的行数等。这些控制仅适用于"PRRSOL""PRNSOL""PRESOL""PRETAB""PRPATH"等命令。

7.2.3 图像显示结果

一旦所需结果存入数据库，可通过图像显示和表格方式进行观察。另外，可映射沿某一路径的结果数据。图像显示可能是观察结果的最有效方法。POST1 可显示下列类型图像。

（1）梯度线。

（2）变形后的形状。

（3）矢量图。

（4）路径图。

1. 梯度线显示

梯度线显示了结果项（如应力、温度、磁场、磁通密度等）在模型上的变化。梯度线显示中有 4 个可用命令。

```
命令：PLNSOL。
GUI：Main Menu > General Postproc > Plot Results > Contour Plot > Nodal Solu。
命令：PLESOL。
GUI：Main Menu > General Postproc > Plot Results > Contour Plot > Element Solu。
命令：PLETAB。
GUI：Main Menu > General Postproc > Plot Results > Contour Plot > Elem Table。
命令：PLLS。
GUI：Main Menu > General Postproc > Plot Results > Contour Plot > Line Elem Res。
```

"PLNSOL"命令用于生成连续的梯度线。该命令可用于表示原始解或派生解，以及典型的单元间不连续的派生解，在其节点处进行平均操作，以便显示连续的梯度线。原始解（TEMP）（见图 7-3）和派生解（TGX）（见图 7-4）梯度线显示的示例如下。

```
PLNSOL,TEMP                        ！原始解：自由度 TEMP
PLNSOL,TG,X                        ！派生解：温度梯度函数 TGX
```

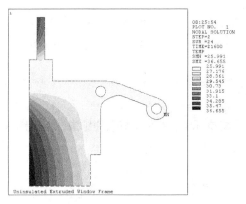

图 7-3　"PLNSOL"命令对原始解进行梯度显示

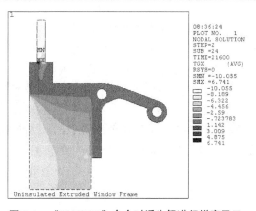

图 7-4　"PLNSOL"命令对派生解进行梯度显示

若启用"PowerGraphics"模式（性能优化的增强型 RISC 体系图形），可用下面任一命令来对派生解求平均值。

```
命令：AVRES。
GUI: Main Menu > General Postproc > Options for Outp.
GUI: Utility Menu > List > Results > Options.
```

上述任一命令均可设定在材料及实常数不连续的单元边界上。

若"PowerGraphics"模式无效（对大多数类型单元而言，这是默认值），不能用"AVRES"命令去控制平均算法，无论连接单元的节点属性如何，均会在所选单元上的所有节点处进行平均操作。这对材料和几何形状的不连续处是不合适的。当对派生数据进行梯度线显示时（这些数据在节点处已做过平均），务必选择相同材料、相同厚度（对板单元）、相同坐标系的单元。

"PLESOL"命令在单元边界上生成不连续的梯度线（见图 7-5），该命令用于派生的解数据。命令流示例如下。

```
PLESOL, TG, X
```

"PLETAB"命令可以显示单元表中数据的梯度线图（也可称云纹图或云图）。在"PLETAB"命令中的"AVGLAB"字段，提供了是否对节点处数据进行平均的选择项（默认状态下，连续梯度线进行平均，不连续梯度线不进行平均）。下例假设采用 SHELL99 单元（层状壳）模型，分别对结果进行平均和不平均，如图 7-6 和图 7-7 所示，相应的命令流如下。

```
ETABLE,SHEARXZ,SMISC,9          !在第二层底部存在层内剪切（ILSXZ）
PLETAB,SHEARXZ,AVG              !SHEARXZ 的平均梯度线图
PLETAB,SHEARXZ,NOAVG           !SHEARXZ 的未平均（默认值）的梯度线
```

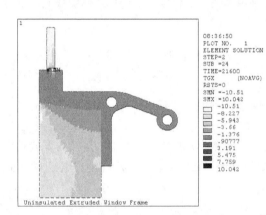

图 7-5 "PLESOL"命令显示不连续梯度线的 PLESOL 图样

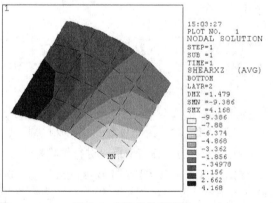

图 7-6 平均的梯度线图

"PLLS"命令用梯度线的形式显示一维单元的结果，该命令也要求数据存储在单元表中，该命令常用于梁分析中显示剪力图和力矩图。下面给出一个梁模型[BEAM3 单元、KEYOPT（9）=1]的示例，结果显示如图 7-8 所示，命令流如下。

```
ETABLE,IMOMENT,SMISC,6         !I 端的弯矩，命名为 IMOMENT
ETABLE,JMOMENT,SMISC,18        !J 端的弯矩，命名为 JMOMENT
PLLS,IMOMENT,JMOMENT           !显示 IMOMENT、JMOMENT 结果
```

"PLLS"命令可将单元的结果线性显示，即用直线将单元 I 节点和 J 节点的结果数值连起来，而不管结果沿单元长度是否是线性变化的，另外，可用负的比例因子将图形颠倒。

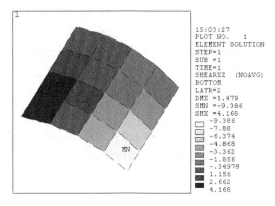

图 7-7 未平均的梯度线图

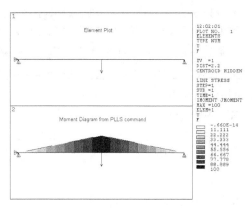

图 7-8 用 "PLLS" 命令显示的弯矩图

需要注意如下几个方面。

（1）可用 "/CTYPE" 命令（GUI 方式：Utility Menu > Plot Ctrls > Style > Contours > Contour Style）设置 KEY 为 1 来生成等轴侧的梯度线显示。

（2）平均主应力：默认情况下，各节点处的主应力根据平均分应力计算。也可反过来，首先计算每个单元的主应力，然后在各节点处平均。其命令和 GUI 方式如下。

```
命令：AVPRIN。
GUI: Main Menu > General Postproc > Options for Outp。
GUI: Utility Menu > List > Results > Options。
```

该法不常用，但在特定情况下很有用。需注意的是，在不同材料的结合面处不应采用平均算法。

（3）矢量求和：与主应力的做法相同。默认情况下，在每个节点处的矢量和的模（平方和的开方）是按平均后的分量计算的。用 "AVPRIN" 命令，可反过来计算，先计算每单元矢量和的模，然后在节点处进行平均。

（4）壳单元或分层壳单元：默认情况下，壳单元和分层壳单元得到的计算结果是单元上表面的结果。要显示上表面、中部或下表面的结果，用 "SHELL" 命令（GUI 方式：Main Menu > General Postproc > Options for Outp）。对于分层单元，使用 "LAYER" 命令（GUI 方式：Main Menu > General Posrproc > Options for Outp）指明需显示的层号。

（5）当量应变（EQV）：使用命令 "AVPRIN" 可以改变用来计算当量应变的有效泊松比。

```
命令：AVPRIN。
GUI: Main Menu > General Postproc > Plot Results > Contour Plot > Nodal Solu。
GUI: Main Menu > General Postproc > Plot Results > Contour Plot > Element Solu。
GUI: Utility Menu > Plot > Results > Contour Plot > Elem Solution。
```

典型情况下，对弹性当量应变（EPEL，EQV），可将有效泊松比设为输入泊松比，对非弹性应变（EPPL，EQV 或 EPCR，EQV），泊松比设为 0.5。对于整个当量应变（EPTOT，EQV），应在输入的泊松比和 0.5 之间选用有效泊松比。另一种方法是，用命令 "ETABLE" 存储当量弹性应变，使有效泊松比等于输入泊松比，在另一张单元表中用 0.5 作为有效泊松比存储当量塑性应变，然后用 "SADD" 命令将两张单元表合并，得到整个当量应变。

2. 变形后的形状显示

在结构分析中可用这些显示命令观察结构在施加载荷后的变形情况。其命令及相应的 GUI 方式如下。

```
命令：PLDISP。
GUI: Utility Menu > Plot > Results > Deformed Shape。
GUI: Main Menu > General Postproc > Plot Results > Deformed Shape。
```

例如，输入如下命令，界面显示如图 7-9 所示。

```
PLDISP,1                    !变形后的形状与原始形状一起显示
```

另外，可用命令"/DSCALE"来改变位移比例因子，对变形图进行缩小或放大显示。

注意，在用户进入 POST1 时，通常所有载荷符号被自动关闭，以后再次进入"PREP7"或"SOLUTION"处理器时仍不会见到这些载荷符号。若在 POST1 中打开所有载荷符号，那么将会在变形图上显示载荷。

3. 矢量显示

矢量显示是指用箭头显示模型中某个矢量大小和方向的变化，通常所说的矢量包括平移（U）、转动（ROT）、磁势（A）、磁通密度（B）、热通量（TF）、温度梯度（TG）、液流速度（V）、主应力（S）等。

用下列方法可产生矢量显示。

```
命令：PLVECT。
GUI: Main Menu > General Postproc > Plot Results > Vector Plot > Predefined Or User-Defined.
```

可用下列方法改变矢量箭头长度比例。

```
命令：/VSCALE。
GUI: Utility Menu > PlotCtrls > Style > Vector Arrow Scaling.
```

例如，输入下列命令，图形界面将显示，如图 7-10 所示。

```
PLVECT,B                    !磁通密度（B）的矢量显示
```

说明　使用"PLVECT"命令可定义两个或两个以上分量，生成自己所需的矢量值。

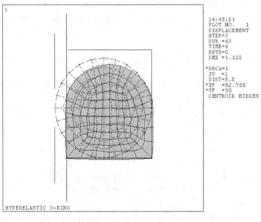
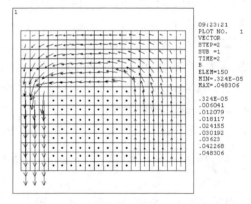

图 7-9　变形后的形状与原始形状一起显示　　　图 7-10　磁场强度的 PLVECT 矢量图

4. 路径图

路径图是显示某个变量（如位移、应力、温度等）沿模型上指定路径的变化图。要产生路径图，需执行下述步骤。

（1）执行命令"PATH"定义路径属性（GUI 方式：Main Menu > General Postproc > Path Operations > Define Path > Path Status > Defined Paths）。

（2）执行命令"PATH"定义路径点（GUI 方式：Main Menu > General Postproc > Path Operations > Define Path > Modify Path）。

（3）执行命令"PDEF"将所需的变量映射到路径上（GUI 方式：Main Menu > General Postproc > Path Operations > Map onto Path）。

（4）执行命令"PLPATH"和"PLPAGM"显示结果（GUI：Main Menu > General Postproc > Path Operations > Plot Path Item > On Graph）。

7.2.4　实例导航——查看计算结果

（1）计算结果。

GUI：Main Menu > Solution > Solve > Current LS

弹出"Solve Current Load Step"对话框，单击"OK"按钮，进行计算。

（2）读入结果文件。

GUI：Main Menu > General Postproc > Read Results > First set

（3）绘制变形图。

GUI：Main Menu > General Postproc > Plot Results > Deformed Shape

弹出图 7-11 所示对话框，选择"Def+undeformed"，单击"OK"按钮，得到图 7-12 所示的在载荷作用下托架的变形图。

图 7-11　画变形图对话框

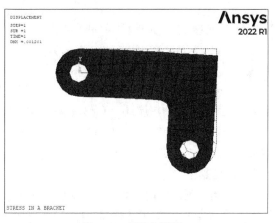

图 7-12　托架变形图

（4）画托架等效应力分布图。

GUI：Main Menu > General Postproc > Plot Results > Contour Plot > Nodal Solu

弹出图 7-13 所示对话框，在"Item to be contoured"选项组中先单击"Stress"，再选择"von Mises stress"，然后单击"OK"按钮，得到图 7-14 所示的在载荷作用下托架的等效应力分布图。

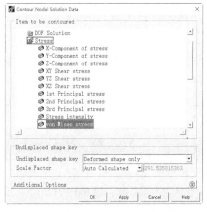

图 7-13　等效应力分布图对话框

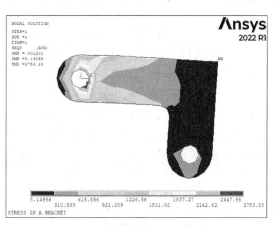

图 7-14　托架等效应力分布图

（5）保存结果文件。

单击 ANSYS 工具条中的"SAVE_DB"按钮，保存文件。

以上就完成了一个实例的分析过程，用户可以通过 ANSYS 工具条中的"QUIT"选项退出 ANSYS 程序。

7.3 时间历程后处理器（POST26）

时间历程后处理器（POST26）可用于检查模型中指定点的分析结果与时间、频率等的函数关系。它有许多分析功能，如从简单的图形显示和列表、微分和生成响应频谱等复杂操作。POST26 的一个典型用途是在瞬态分析中以图形表示结果项与时间的关系或在非线性分析中以图形表示作用力与变形的关系。

使用下列方法之一可进入 ANSYS 时间历程后处理器。

```
命令：POST26。
GUI：Main Menu > TimeHist Postpro。
```

7.3.1 定义和保存 POST26 变量

POST26 的所有操作都是对变量而言的，它是结果项与时间（或频率）的简表。结果项可以是节点处的位移、单元的热流量、节点处产生的力、单元的应力、单元的磁通量等。图像对每个 POST26 变量任意指定大于或等于 2 的参考号，参考号 1 用于表示时间（或频率）。因此，POST26 的第一步是定义变量，第二步是保存变量。

1. 定义变量

可以使用下列命令定义 POST26 变量。这些命令与下列 GUI 方式等价。

```
GUI：Main Menu > TimeHist Postproc > Define Variables。
GUI：Main Menu > TimeHist Postproc > Elec&Mag > Circuit > Define Variables。
```

- "FORCE"命令用于指定节点力（合力、分力、阻尼力或惯性力）。
- "SHELL"命令用于指定壳单元（分层壳）中的位置（TOP、MID、BOT），"ESOL"命令将定义该位置的结果（节点应力、应变等）输出。
- "LAYERP26L"命令用于指定结果中待保存的分层壳单元的层号，"SHELL"命令用于对该指定层进行操作。
- "NSOL"命令用于定义节点解数据（仅对自由度结果）。
- "ESOI"命令用于定义单元解数据（派生的单元结果）。
- "RFORCER"命令用于定义节点反作用数据。
- "GAPF"命令用于定义简化的瞬态分析中间隙条件中的间隙力。
- "SOLU"命令用于定义解的总体数据（如时间步长、平衡迭代数和收敛值）。

例如，使用下列命令定义两个 POST26 变量。

```
NSOL,2,358,U,X
ESOL,3,219,47,EPEL,X
```

变量 2 为节点 358 的 UX 位移（针对第一条命令），变量 3 为 219 单元的 47 节点的弹性约束的 X 分力（针对第二条命令）。对于这些结果项，系统将给它们分配参考号，如果用相同的参考号定义一个新的变量，则原有的变量将被替换。

2. 保存变量

当定义了 POST26 变量和参数，就相当于对结果文件的相应数据建立了指针。存储变量就是将结果文件中的数据读入数据库。当发出显示命令或 POST26 数据操作命令（如表 7-5 所示命令）或选择与这些命令等价的 GUI 方式时，程序自动保存数据。

表 7-5 存储变量的命令

命令	GUI 方式
PLVAR	Main Menu > TimeHist Postproc > Graph Variables
PRVAR	Main Menu > TimeHist Postproc > List Variable
ADD	Main Menu > TimeHist Postproc > Math Operations > Add
DERIV	Main Menu > TimeHist Postproc > Math Operations > Derivate
QUOT	Main Menu > TimeHist Postproc > Math Operations > Divde
VGET	Main Menu > TimeHist Postproc > Table Operations > Variable to Par
VPUT	Main Menu > TimeHist Postproc > Table Operations > Parameter to Var

在某些场合，需要使用"STORE"命令（GUI 方式：Main Menu > Time Hist Postproc > Store Data）直接请求变量保存。这些情况将在下面的命令描述中解释。如果在发出"TIMERANGE"命令或"NSTORE"命令（这两个命令等价的 GUI 方式为 Main Menu > Time Hist Postpro > Settings > Data）之后使用"STORE"命令，那么默认情况下命令为"STORE，NEW"。由于"TIMERANGE"命令和"NSTORE"命令为存储数据重新定义了时间频率点或时间增量，所以需要改变命令的默认值。

可以使用下列命令操作保持数据。

- MERGE

该命令用于将新定义的变量增加到先前的时间点变量中。即更多的数据列被加入数据库。在某些变量已经被保存（默认）后，如果希望定义和保存新变量，这是十分有用的。

- NEW

该命令用于替代先前保存的变量，删除先前计算的变量，并保存新定义的变量及其当前的参数。

- APPEND

该命令用于添加数据到先前定义的变量中。即如果将每个变量看作一个数据列，"APPEND"操作就为每一列增加行数。当要将两个文件（如瞬态分析中两个独立的结果文件）中相同变量集中在一起时，这是很有用的。使用"FILE"命令（GUI 方式：Main Menu > TimeHist Postpro > Settings > File）指定结果文件名。

- ALLOC，N

该命令用于为顺序存储操作分配 N 个点（N 行）空间，此时如果存在先前定义的变量，那么它将被自动清零。由于程序会根据结果文件自动确定所需的点数，所以正常情况下不需要使用该选项。

使用"STORE"命令的一个实例如下。

```
/POST26
NSOL,2,23,U,Y              !变量 2 为节点 23 处的 UY 值
SHELL,TOP                  !指定壳的顶面结果
ESOL,3,20,23,S,X           !变量 3 为单元 20 的节点 23 的顶部 SX
PRVAR,2,3                  !存储并打印变量 2 和 3
SHELL,BOT                  !指定壳的底面为结果
ESOL,4,20,23,S,X           !变量 4 为单元 20 的节点 23 的底部 SX
STORE                      !使用默认命令，将变量 4 和变量 2、3 保存
PLESOL,2,3,4               !打印变量 2，3，4
```

用户应该注意以下几个方面。

（1）默认情况下，可以定义的变量数为 10 个。使用命令"NUMVAR"（GUI：Main Menu > TimeHist Postpro > Settings > File）可增加该限值（最大值为 200）。

（2）默认情况下，时间历程后处理器将在标准结果文件（*.RST、*.RTH、*.RMG 等）中使用其中一种。用户也可使用"FILE"命令（GUI 方式：Main Menu > TimeHist Postpro > Settings > File）指定一个不同的扩展名（.RST、.RTH 等）。

（3）默认情况下，力（或力矩）值表示合力（静态力、阻尼力和惯性力的合力）。"FORCE"命令允许对各个分力进行操作。

壳单元和分层壳单元的结果数据假定为壳或层的顶面。"SHELL"命令允许指定是顶面、中面或底面。对于分层单元可通过"LAYERP26"命令指定层号。

（4）定义变量的其他有用命令。

- "NSTORE"命令（GUI 方式：Main Menu > TimeHist Postpro > Settings > Data）用于定义待保存的时间点或频率点的数量。

- "TIMERANGE"命令（GUI 方式：Main Menu > TimeHist Postpro > Settings > Data）用于定义待读取数据的时间或频率范围。

- "TVAR"命令（GUI 方式：Main Menu > TimeHist Postpro > Settings > Data）用于将变量 1（默认表示时间）改变为表示累积迭代号。

- "VARNAM"命令（GUI 方式：Main Menu > TimeHist Postpro > Settings > Graph 或 Main Menu > TimeHist Postpro > Settings > List）用于给变量赋名称。

- "RESET"命令（GUI 方式：Main Menu > TimeHist Postpro > Reset Postproc）用于将所有变量清零，并将所有参数重新设置为默认值。

（5）使用"FINISH"命令（GUI 方式：Main Menu > Finish）退出 POST26，删除 POST26 中的变量和参数。如"FILE""PRTIME""NPRINT"等，由于它们不是数据库的内容，故不能保存，但这些命令均保存在 LOG 文件中。

7.3.2　检查变量

一旦定义了变量，可通过图形或列表的方式检查这些变量。

1. 产生图形输出

"PLVAR"命令（GUI 方式：Main Menu > TimeHist Postpro > Graph Variables）可在一个图框中显示多达 9 个变量的图形。默认的横坐标（X 轴）为变量 1（静态或瞬态分析时表示时间；谐波分析时表示频率）。使用"XVAR"命令（GUI 方式：Main Menu > TimeHist Postpro > Setting > Graph）可指定不同的变量号（如应力、变形等）作为横坐标。图 7-15 和图 7-16 所示是图形输出的两个实例。

如果横坐标不是时间，可显示三维图形（用时间或频率作为 Z 坐标），使用下列方法之一改变默认的 X-Y 视图。

```
命令：/VIEW。
GUI：Utility Menu > PlotCtrs > Pan,Zoom,Rotate。
GUI：Utility Menu > PlotCtrs > View Setting > Viewing Direction。
```

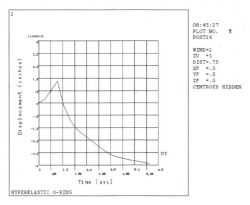

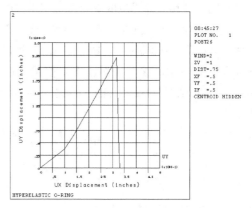

图 7-15 使用 XVAR = 1（时间）作为横坐标的 POST26 输出

图 7-16 使用 XVAR = 0，1 指定不同的变量号作为横坐标的 POST26 输出

在非线性静态分析或稳态热力分析中，子步为时间，也可采用图形输出。

当变量包含由实部和虚部组成的复数数据时，默认情况下，"PLVAR"命令数据显示的为幅值。使用"PLCPLX"命令（GUI 方式：Main Menu > TimeHist Postpro > Setting > Graph）可切换到显示相位、实部和虚部。

图形输出可使用许多图形格式参数。通过选择 GUI 方式（Utility Menu > PlotCtrs > Style > Graphs）或下列命令实现该功能。

（1）激活背景网格（"/GRID"命令）。

（2）填充曲线下面区域颜色（"/GROPT"命令）。

（3）限定 X 轴、Y 轴的范围（"/XRANGE"及"/YRANGE"命令）。

（4）定义坐标轴标签（"/AXLAB"命令）。

（5）使用多个 Y 轴的刻度比例（"/GRTYP"命令）

2. 计算结果列表

图像可以通过"PRVAR"命令（GUI：Main Menu > Time Hist Postpro > List Variables）在表格中列出多达 6 个变量，同时还可以获得某一时刻或频率处的结果项的值，也可以控制打印输出的时间或频率段，操作如下。

```
命令：NPRINT, PRTIME。
GUI: Main Menu > TimeHist Postpro > Settings > List。
```

通过"LINES"命令（GUI 方式：Main Menu > TimeHist Postpro > Settings > List）可对列表输出的格式做微量调整。下面是使用"PRVAR"命令的一个输出示例。

```
***** ANSYS time-history VARIABLE LISTING *****
  TIME       51 UX       30 UY
             UX          UY
  .10000E-09   .000000E+00  .000000E+00
  .32000       .106832      .371753E-01
  .42667       .146785      .620728E-01
  .74667       .263833      .144850
  .87333       .310339      .178505
  1.0000       .356938      .212601
  1.3493       .352122      .473230E-01
  1.6847       .349681      -.608717E-01
time-history SUMMARY OF VARIABLE EXTREME VALUES
VARI TYPE  IDENTIFIERS NAME  MINIMUM    AT TIME   MAXIMUM   AT TIME
1 TIME     1 TIME      TIME  .1000E-09  .1000E-09  6.000     6.000
2 NSOL     51 UX       UX    .0000E+00  .1000E-09  .3569     1.000
3 NSOL     30 UY       UY    -.3701     6.000      .2126     1.000
```

对于由实部和虚部组成的复变量，使用"PRVAR"命令的默认列表显示的是复变量的实部和虚部。可通过命令"PRCPLX"选择显示实部、虚部、幅值、相位中的任何一个。

另一个有用的列表命令是"EXTREM"（GUI 方式：Main Menu > TimeHist Postpro > List Extremes），其可用于打印设定的 X 和 Y 范围内 Y 变量的最大值和最小值。也可通过命令"*GET"（GUI：Utility Menu > Parameters > Get Scalar Data）将极限值指定给参数。下面是使用"EXTREM"命令的一个输出示例。

```
Time-History SUMMARY OF VARIABLE EXTREME VALUES
VARI TYPE  IDENTIFIERS  NAME   MINIMUM    AT TIME    MAXIMUM  AT TIME
1    TIME  1 TIME       TIME   .1000E-09  .1000E-09  6.000    6.000
2    NSOL  50 UX        UX     .0000E+00  .1000E-09  .4170    6.000
3    NSOL  30 UY        UY     -.3930     6.000      .2146    1.000
```

7.3.3 POST26 的其他功能

1. 进行变量运算

POST26 可对原先定义的变量进行数学运算，下面给出两个应用示例。

示例 1：在瞬态分析中定义位移变量，使该位移变量对时间求导，得到速度和加速度，命令流如下。

```
NSOL,2,441,U,Y,UY441        !定义变量 2 为节点 441 的 UY，名称为 UY441
DERIV,3,2,1,,BEL441         !变量 3 为变量 2 对变量 1（时间）的一阶导数，名称为 BEL441
DERIV,4,3,1,,ACCL441        !变量 4 为变量 3 对变量 1（时间）的一阶导数，名称为 ACCL441
```

示例 2：将谐响应分析中的复变量（$a+bi$）分成实部和虚部，再计算它的幅值（$\sqrt{a^2+b^2}$）和相位角，命令流如下。

```
REALVAR,3,2,,,REAL2         !变量 3 为变量 2 的实部，名称为 REAL2
IMAGIN,4,2,,IMAG2           !变量 4 为变量 2 的虚部，名称为 IMAG2
PROD,5,3,3                  !变量 5 为变量 3 的平方
PROD,6,4,4                  !变量 6 为变量 4 的平方
ADD,5,5,6                   !变量 5（重新使用）为变量 5 和变量 6 的和
SQRT,6,5,,,AMPL2            !变量 6（重新使用）为幅值
QUOT,5,3,4                  !变量 5（重新使用）为（$b/a$）
ATAN,7,5,,,PHASE2           !变量 7 为相位角
```

可通过下列方法之一创建自定义 POST26 变量。

- "FILLDATA"命令（GUI：Main Menu > TimeHist Postpro > Table Operations > Fill Data）：用多项式函数将数据填入变量。

- "DATA"命令：将数据从文件中读出。该命令无对应的 GUI 方式，被读文件必须在其第一行中含有"DATA"命令，第二行括号内是格式说明，数据从格式说明之后读取。然后通过"/INPUT"命令（GUI 方式：Urility Menu > File > Read lnput from）读入。

另一个创建 POST26 变量的方法是使用"VPUT"命令，它允许将数组参数移入变量。逆操作命令为"VGET"，它将 POST26 变量移入数组参数。

2. 产生响应谱

该方法允许在给定的时间历程中生成位移、速度、加速度响应谱，频谱分析中的响应谱可用于计算结构的整个响应。

POST26 的"RESP"命令用于产生响应谱。

```
命令：RESP。
GUI：Main Menu > TimeHist Postpro > Generate Spectrm。
```

RESP 命令需要先定义两个变量：一个含有响应谱的频率值（LFTAB 字段）；另一个含有位移的时间历程（LDTAB 字段）。LFTAB 的频率值不仅代表响应谱曲线的横坐标，而且也是用于产生响应谱的单自由度激励的频率。可通过"FILLDATA"或"DATA"命令产生"LFTAB"变量。

"LDTAB"中的位移时间历程值常产生于单自由度系统的瞬态动力学分析中。通过"DATA"命令（位移时间历程在文件中时）和"NSOL"命令（GUI 方式：Main Menu > TimeHist Postpro > Define Variables）创建"LDTAB"变量。系统采用数据时间积分法计算响应谱。

7.4 实例导航——旋转外轮计算结果后处理

本节对第 6 章的有限元计算结果进行后处理，以此分析旋转外轮在载荷作用下的受力情况，从而对其危险部位进行应力校核和评定，操作步骤如下。

首先打开旋转外轮计算结果文件 roter.db。

（1）旋转结果坐标系。对于旋转件，在柱坐标系下查看结果会比较方便，因此在查看旋转外轮变形和应力分布之前，要先将结果坐标系转换到柱坐标系下。

① 从主菜单中选择 Main Menu > General Postproc > Option for Outp 命令，打开"Options for Output（结果输出选项）"对话框，如图 7-17 所示。

② 在"Result coord system（结果坐标系）"下拉列表中选择"Global cylindric（总体柱坐标系）"选项。

③ 单击"OK"按钮，接受设定，关闭对话框。

（2）查看变形。旋转外轮的变形为径向变形，在高速旋转时，径向变形过大，可能导致边缘与齿轮壳发生摩擦。

① 从主菜单中选择 Main Menu > General Postproc > Read Results > First Set 命令，读取第一步结果。

② 从主菜单中选择 Main Menu > General Postproc > Plot Result > Contour Plot > Nodal Solu 命令，打开"Contour Nodal Solution Data（等值线显示节点解数据）"对话框，如图 7-18 所示。

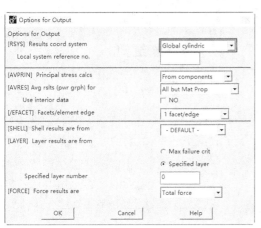

图 7-17　结果输出选项对话框

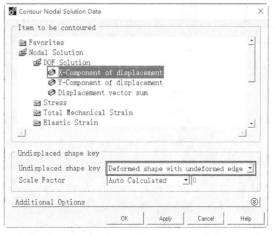

图 7-18　等值线显示节点解数据对话框 1

③ 在"Item to be contoured（等值线显示结果项）"域中选择"DOF Solution（自由度解）"选项。

④ 继续选择"X-Component of displacement（X 方向位移）"选项，此时，结果坐标系为柱坐标系，X 方位移即为径向位移。

⑤ 选择"Deformed shape with undeformed edge（变形后和未变形轮廓线）"选项。

⑥ 单击"OK"按钮，图形窗口中显示变形图，包含变形前的轮廓线，径向变形图如图 7-19 所示。图中下方的色谱表明不同的颜色对应的数值（带符号）。

⑦ 用同样的方法显示轴向变形图，如图 7-20 所示。

（3）查看应力。旋转外轮旋转时受到的主要应力也是径向应力，查看径向应力。

① 从主菜单中选择 Main Menu > General Postproc > Plot Results > Contour Plot > Nodal Solu 命令，打开"Contour Nodal Solution Data（等值线显示节点解数据）"对话框，如图 7-21 所示。

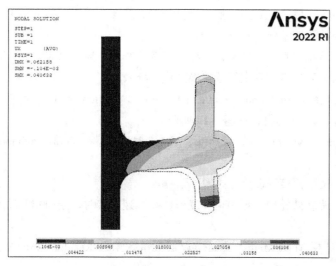

图 7-19　径向变形图

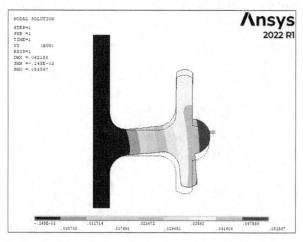

图 7-20　轴向变形图

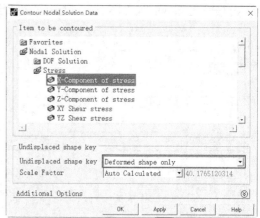

图 7-21　等值线显示节点解数据对话框 2

② 在"Item to be contoured（等值线显示结果项）"域中选择"Stress（应力）"选项。

③ 在列表框中选择"X-Component of stress（X 方向应力）"选项。

④ 选择"Deformed shape only（仅显示变形后模型）"选项。

⑤ 单击"OK"按钮，图形窗口中显示 X 方向（径向）应力分布图，如图 7-22 所示。

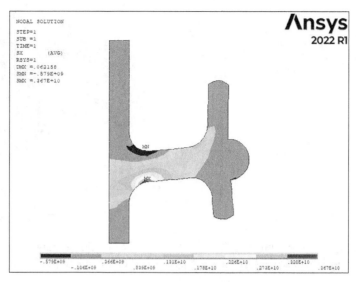

图 7-22　径向应力分布图

⑥ 从主菜单中选择 Main Menu > General Postproc > Plot Results > Contour Plot > Nodal Solu 命令，打开"Contour Nodal Solution Data"对话框。

⑦ 在"Item to be contoured"域左边的列表中选择"Stress"选项。

⑧ 在列表框中选择"Y-Component of stress（Y 方向应力）"选项，即轴向应力。

⑨ 单击"OK"按钮，图形窗口中显示出轴向应力分布图，如图 7-23 所示。

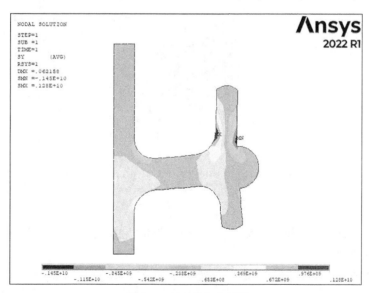

图 7-23　轴向应力分布图

（4）查看三维立体图。

① 从应用菜单中选择 Utility Menu > PlotCtrls > Style > Symmetric Expansion > 2D Axi-Symmetric 命令，打开"2D Axi-Symmetric Expansion（二维对称扩展）"对话框，如图 7-24 所示。

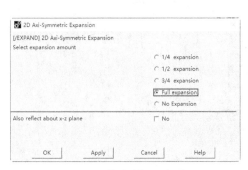

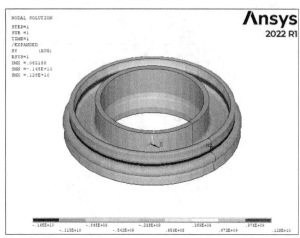

图 7-24　二维对称扩展对话框　　　　　　　　图 7-25　三维扩展的结果

② 在"Select expansion amount（选择扩展项）"栏中选择"Full expansion（三维扩展）"。

③ 单击"OK"按钮，得到图 7-25 所示的结果。

④ 从应用菜单中选择 Utility Menu > PlotCtrls > Style > Symmetric Expansion > 2D Axi-Symmetric 命令，打开"2D Axi-Symmetric Expansion"对话框。

⑤ 在"Select expansion amount（选择扩展项）"栏中选择"1/4 expansion（1/4 扩展）"选项。

⑥ 单击"OK"按钮，得到图 7-26 所示的结果。

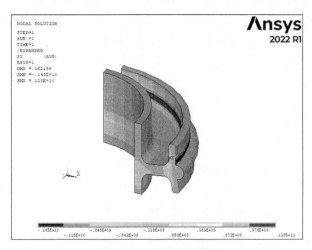

图 7-26　1/4 扩展后的结果

后处理中还有其他功能，如路径操作、等值线显示等，在此就不一一介绍了。

（5）保存结果文件。

单击 ANSYS 工具条中的"SAVE_DB"按钮，保存文件。

第8章

静力分析

结构分析是有限元分析方法最常用的一个应用领域，通过结构分析，可以帮助用户预测和确定各种不同结构内部的状态，为最终的设计提供理论依据。

静力分析是结构分析中最基础、最简单的一种分析类型。本章将详细介绍静力分析的具体方法。

8.1 静力分析介绍

8.1.1 结构静力分析简介

1. 结构分析概述

结构是一个广义的概念，它包括土木工程结构，如桥梁和建筑物的结构；汽车结构，如车身骨架；航空结构，如飞机机身；船舶结构等；同时还包括机械零部件，如活塞、传动轴等。结构分析就是对这些结构进行分析计算。

在 ANSYS 产品家族中有 7 种结构分析的类型。结构分析中计算得出的基本未知量（节点自由度）是位移，其他的一些未知量，如应变、应力和反力可通过节点位移导出。各种结构分析的具体含义如下。

- 静力分析：用于求解静力载荷作用下结构的位移和应力等。静力分析包括线性和非线性分析。而非线性分析涉及塑性、应力刚化、大变形、大应变、超弹性、接触面和蠕变。
- 模态分析：用于计算结构的固有频率和模态。
- 谐波分析：用于确定结构在随时间正弦变化的载荷作用下的响应。
- 瞬态动力分析：用于计算结构在随时间任意变化的载荷作用下的响应，并且会涉及上述提到的静力分析中所有的非线性性质。
- 谱分析：模态分析的应用延伸，用于计算响应谱或 PSD 输入（随机振动）引起的应力和应变。
- 屈曲分析：用于计算屈曲载荷和确定屈曲模态。可进行线性（特征值）和非线性屈曲分析。
- 显式动力分析：用于计算高度非线性动力学和复杂的接触问题。

除以上 7 种分析类型，还有如下特殊的分析应用。

- 断裂力学。
- 复合材料。
- 疲劳分析。

- P-Method（提高单元位移函数多项式的阶次，又称 P 方法）。

绝大多数 ANSYS 单元类型可用于结构分析，所用的单元类型有简单的杆单元和梁单元，以及较为复杂的层合壳单元和大应变实体单元。

2．结构静力分析

从计算的线性和非线性的角度可以把结构分析分为线性分析和非线性分析，线性分析是指在分析过程中结构的几何参数和载荷参数只发生微小的变化，以至可以把这种变化忽略，而把分析中的所有非线性项去掉。从载荷与时间的关系又可以把结构分析分为静力分析和动态分析，而静力分析是最基本的分析，介绍如下。

静力分析的定义：静力分析计算在固定不变的载荷作用下结构的效应，它不考虑惯性和阻尼的影响，如结构随时间变化载荷的情况。可是，静力分析可以计算那些固定不变的惯性载荷（如重力和离心力）对结构的影响，以及那些可以近似为等价静力作用的随时间变化载荷（如在许多建筑规范中所定义的等价静力风载荷和地震载荷）。

静力分析中的载荷：静力分析用于计算由不包括惯性和阻尼效应的载荷作用于结构或部件上引起的位移、应力、应变和力。固定不变的载荷和响应是一种假定，即假定载荷和结构的响应随时间的变化非常缓慢。

静力分析所施加的载荷包括以下几种。

- 外部施加的作用力和压力。
- 稳态的惯性力（如重力和离心力）。
- 位移载荷。
- 温度载荷。

8.1.2　静力分析的类型

静力分析可分为线性静力分析和非线性静力分析，静力分析既可以是线性的也可以是非线性的。非线性静力分析包括所有的非线性类型：大变形、塑性、蠕变、应力刚化、接触（间隙）单元、超弹性单元等。本节主要讨论线性静力分析。

从结构的几何特点上讲，无论是线性的还是非线性的静力分析都可以分为平面问题、轴对称问题和周期对称问题及任意三维结构。

8.1.3　静力分析基本步骤

1．建模

建立结构的有限元模型，使用 ANSYS 软件进行静力分析，有限元模型的建立是否正确、合理，直接影响到分析结果的准确性。因此，在开始建立有限元模型时就应当考虑要分析模型的特点，对需要划分的有限元网格的粗细和分布情况有一个大概的计划。

2．施加载荷和边界条件并求解

在上一步建立的有限元模型上施加载荷和边界条件并求解，这部分要完成的工作包括：指定分析类型和分析选项；根据分析对象的工作状态和环境施加边界条件和载荷；对输出结果内容进行控制，最后根据设定的情况进行有限元求解。

3．结果评价和分析

求解完成后，查看结果文件"Jobname.RST"，结果文件由以下数据构成。

- 基本数据——节点位移（UX、UY、YZ、ROTX、ROTY、ROTZ）。

- 导出数据——节点单元应力、节点单元应变、单元集中力、节点反力等。

可以用 POST1 或 POST26 检查结果。POST1 可以检查基于整个模型的指定子步（时间点）的结果，POST26 用在非线性静力分析中追踪特定结果。

8.2　实例导航——建筑物内支撑柱静力分析

本节对某建筑物内支撑柱进行具体静力受力分析。

8.2.1　问题描述

如图 8-1 所示，某建筑物内有一根支撑柱，支撑柱的两个部位分别受到两个不同的向下的力——F_1 和 F_2，支撑柱与建筑接触部分分别受到反力为 R_1 和 R_2。支撑柱结构性能参数如表 8-1 所示。

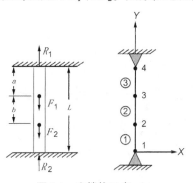

图 8-1　支撑柱示意

表 8-1　支撑柱结构性能参数

材料属性	几何属性	负载
$E = 30 \times 10^6 \text{ lb/in}^2$	$L = 10\text{in}$ $a = b = 0.3L$	$F_1 = 2F_2 = 1000\text{lb}$

8.2.2　GUI 方式

静力分析步骤如下。

（1）创建物理环境。

① 过滤图形界面

从主菜单中选择 Main Menu > Preferences 命令，弹出 "Preferences for GUI Filtering" 对话框，选择 "Structural" 选项，进行菜单及相应的图形界面过滤。

② 定义工作标题

从应用菜单中选择 Utility Menu > File > Change Title 命令，在弹出的对话框中输入 "STATICALLY INDETERMINATE REACTION FORCE ANALYSIS"，单击 "OK" 按钮，如图 8-2 所示。

③ 指定工作名

从应用菜单中选择 Utility Menu > File > Change Jobname 命令，弹出一个对话框，在 "Enter new jobname" 后面输入 "Structural"，单击 "OK" 按钮，如图 8-3 所示。

④ 定义单元类型和选项

从主菜单中选择 Main Menu > Preprocessor > Element Type > Add/Edit/Delete 命令，弹出"Element Types"单元类型对话框，单击"Add"按钮，弹出"Library of Element Types（单元类型库）"对话框。

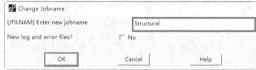

图 8-2　定义工作标题　　　　　　　　　图 8-3　指定工作名

在单元类型库对话框左侧滚动栏中选择"Link"，在右侧的滚动栏中选择"3D finit stn 180"，如图 8-4 所示，单击"OK"按钮，定义"LINK180"单元，得到图 8-5 所示的结果。最后单击"Close"按钮，关闭单元类型库对话框。

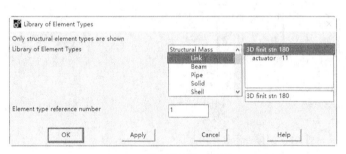

图 8-4　单元类型库对话框　　　　　　　图 8-5　单元类型对话框

⑤ 定义单元截面

从主菜单中选择 Main Menu > Preprocessor > Sections > Link > Add 命令，弹出"Add Link Section"对话框，定义单元截面编号，如图 8-6 所示，在"Add Link Section with ID"右侧的输入栏中输入"1"，单击"OK"按钮，系统弹出"Add or Edit Link Section（添加或编辑链接区域）"对话框，如图 8-7 所示，在该对话框中"Section Name"右侧的输入栏中输入"1"，在"Link area"右侧的输入栏中输入"1"，最后单击"OK"按钮。

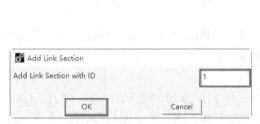

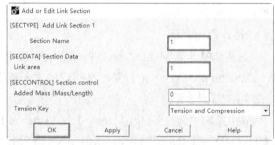

图 8-6　定义单元截面编号　　　　　　　图 8-7　添加或编辑链接区域

⑥ 定义材料模型属性

从主菜单中选择 Main Menu > Preprocessor > Material Props > Material Models 命令，弹出"Define Material Model Behavior（定义材料模型属性）"对话框，在右侧的列表栏中连续单击 Structural >

Linear > Elastic > Isotropic 后，弹出"Linear Isotropic Properties for Material Number 1（编号 1 的线性各向同性属性）"对话框，设置弹性模量和泊松比，如图 8-8 所示，在该对话框中"EX"右侧的输入栏中输入"30E6"，在"PRXY"右侧的输入栏中输入 0.3，单击"OK"按钮。设置好的结果如图 8-9 所示。最后关闭"Define Material Model Behavior"对话框。

（2）建立有限元模型。

① 生成支撑柱的节点

从应用菜单中选择 Utility Menu > Preprocessor > Modeling > Create > Nodes > In Active CS 命令，弹出 "Create Nodes in Active Coordinate System（在激活坐标系中创建节点）"对话框，在"NODE"输入行中输入"1"，在"X，Y，Z"输入行中输入"0，0，0"，单击"Apply"按钮，建立节点，如图 8-10 所示。

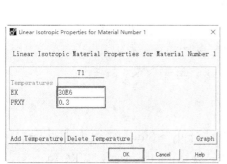

图 8-8　设置弹性模量和泊松比

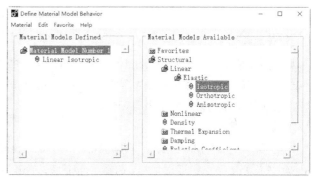

图 8-9　定义材料模型属性

采用同样的方式，输入节点 2、3、4，坐标分别为（0,4,0）、（0,7,0）、（0,10,0）。完成后的图形如图 8-11 所示。

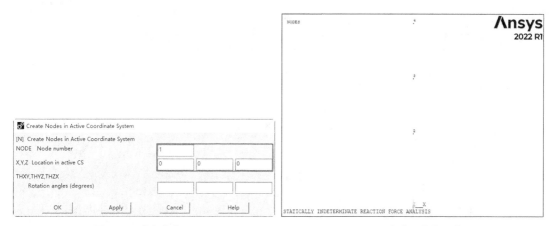

图 8-10　建立节点

图 8-11　生成支撑柱的节点

② 生成支撑柱单元

从应用菜单中选择 Utility Menu > Preprocessor > Modeling > Create > Elements > Auto Numbered > Thru Nodes 命令，弹出"Elements from Nodes"对话框，拾取节点，分别拾取 1 号和 2 号节点，单击"Apply"按钮。采用同样的方式再选择 2 号和 3 号节点、3 号和 4 号节点，单击"OK"按钮，如图 8-12 所示。

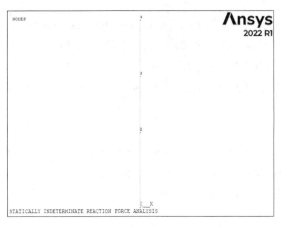

图 8-12　生成支撑柱单元

③ 保存模型文件

从应用菜单中选择 Utility Menu > File > Save as 命令，弹出"Save Database"对话框，在"Save Database to"下方输入栏中输入文件名"Supporting_model.db"，单击"OK"按钮。

（3）施加位移约束和集中力载荷。

① 施加位移约束。

从主菜单中选择 Main Menu > Solution > Define Losads > Apply > Structual > Displacement > On Nodes 命令，弹出节点选取对话框，选择 1 号节点，单击"OK"按钮，弹出"Apply U, ROT On Nodes"对话框，在"Lab2"右侧选择"All DOF"选项，单击"OK"按钮，关闭窗口，如图 8-13 所示。以同样的方法，在 4 号节点处施加位移约束，选择 4 号节点之后，在"DOFs to be constrained"项中选择"All DOF"，单击"OK"按钮，关闭对话框，结果如图 8-14 所示。

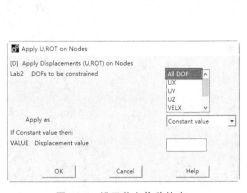

图 8-13　设置节点位移约束

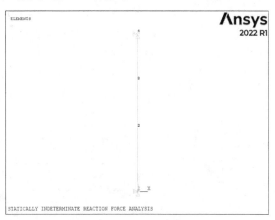

图 8-14　施加位移约束后的模型

② 施加集中力：在两节点处施加集中力荷载。

从主菜单中选择 Main Menu > Solution > Define Losads > Apply > Structual > Force/Moment > On Nodes 命令，弹出节点选取对话框，选择 2 号节点，单击"OK"按钮，弹出"Apply F/M on Nodes"对话框，选择"Lab"项为"FY"，"VALUE"项为"–500"，单击"Apply"按钮，如图 8-15 所示。

弹出节点选取对话框，用箭头选择 3 号节点，单击"OK"按钮再次弹出"Apply F/M on Nodes"对话框，选择"Lab"项为"FY"，"VALUE"项为"–1000"。单击"OK"按钮，关闭对话框。

施加所有荷载后的模型如图 8-16 所示。

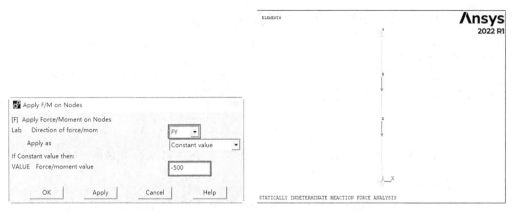

图 8-15 施加集中力荷载 　　　　　图 8-16 施加所有荷载后的模型

（4）求解。

① 选择分析类型

从主菜单中选择 Main Menu > Solution > Analysis Type > New Analysis 命令，在弹出的"New Analysis"对话框中选择"Static"选项，单击"OK"按钮，关闭对话框。

② 开始求解

从主菜单中选择 Main Menu > Solution > Solve > Current LS 命令，弹出一个名为"/STATUS Command"的文本框，如图 8-17 所示，检查无误后，单击"关闭"按钮。在弹出的另一个"Solve Current Load Step"对话框中单击"OK"按钮。求解结束，关闭对话框。

（5）查看计算结果。

① 查看顶部受力

选择 4 号节点。从应用菜单中选择 Utility Menu > Select > Entities 命令，弹出"Select Entities"工具框，如图 8-18 所示，在第一个下拉列表框中选择"Nodes"，在第二个下拉列表框中选择"By Num/Pick"，选中"From Full"单选按钮，单击"OK"按钮。弹出节点选取对话框，选择 4 号节点，单击"OK"按钮。

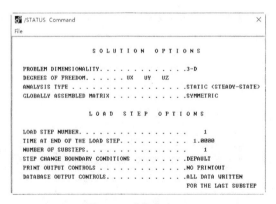

图 8-17 求解信息

图 8-18 选择节点

从主菜单中选择 Main Menu > General Postproc > Read Results > First Set 命令，读取第一步结果。

从主菜单中选择 Main Menu > General Postproc > Nodal Calcs > Total Force Sum 命令，弹出图 8-19

所示的对话框，单击"OK"按钮，顶部受力结果如图 8-20 所示。

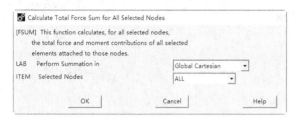

图 8-19　设置计算结果显示

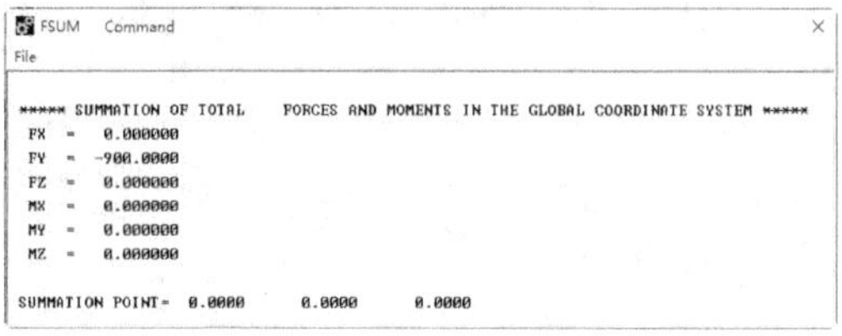

图 8-20　顶部受力结果

② 查看底部受力

从应用菜单中选择 Utility Menu > Select > Entities 命令，弹出"Select Entities"工具框，单击"OK"按钮。弹出节点选取对话框，选择 1 号节点，单击"OK"按钮。

从主菜单中选择 Main Menu > General Postproc > Nodal Calcs > Total Force Sum 命令，在弹出的对话框中单击"OK"按钮，底部受力结果如图 8-21 所示。

③ 列表节点结果

从应用菜单中选择 Utility Menu > Select > Everything 命令。

从主菜单中选择 Main Menu > General Postproc > List Results > Nodal Loads 命令，弹出一个"List Nodal Loads"对话框，选择"Struct force FY"，如图 8-22 所示，单击"OK"按钮。弹出每个节点的 Y 方向受力列表文本，如图 8-23 所示。

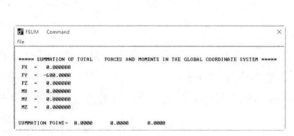

图 8-21　底部受力结果

图 8-22　设置列表节点

（6）退出程序。

单击工具条上的"QUIT"按钮，弹出图 8-24 所示的"Exit"对话框，选取保存方式为"Save Everything（保存全部）"，单击"OK"按钮，退出 ANSYS 软件。

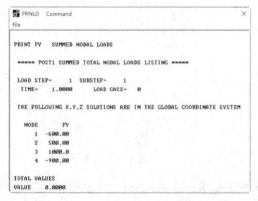

图 8-23　列表节点结果

图 8-24　退出 ANSYS 对话框

8.3 实例导航——联轴体的静力分析

本节将介绍工程中最常见的问题——三维问题。在实际问题中，任何一个物体都是空间物体，它所受的载荷大都是空间的，任何简化分析都会带来误差。

本节通过对联轴体进行静力分析，来介绍 ANSYS 三维问题的分析过程。

8.3.1 问题描述

本节考查联轴体在工作时发生的变形和产生的应力。如图 8-25 所示，联轴体底面的四周边界不能发生上下运动，即不能发生沿轴向的位移；在底面的两个圆周上不能发生任何方向的运动；在小轴孔的孔面上分布有 $1 \times 10^6 \mathrm{Pa}$ 的压力；在大轴孔的孔台上分布有 $1 \times 10^7 \mathrm{Pa}$ 的压力；在大轴孔的键槽的一侧受到 $1 \times 10^5 \mathrm{Pa}$ 的压力。

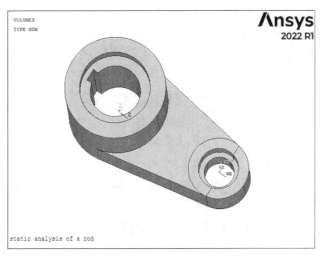

图 8-25　联轴体

8.3.2 建立模型

（1）设定分析作业名和标题。

在进行一个新的有限元分析时，通常需要修改数据库名，并在图形输出窗口中定义一个标题来说明当前进行的工作内容。另外，对于不同的分析范畴（结构分析、热分析、流体分析、电磁场分析等），ANSYS 所用的主菜单的内容不尽相同，为此，需要在分析开始时选定分析的范畴，以便ANSYS 显示与其相对应的菜单选项。具体步骤如下。

① 从应用菜单中选择 Utility Menu > File > Change Jobname 命令，打开"Change Jobname（修改文件名）"对话框，如图 8-26 所示。

② 在"Enter new jobname（输入新文件名）"文本框中输入文字"Coupling2"，作为本分析实例的数据库文件名。

③ 单击"OK"按钮，完成文件名的修改。

④ 从应用菜单中选择 Utility Menu > File > Change Title 命令，打开"Change Title（修改标题）"对话框，如图 8-27 所示。

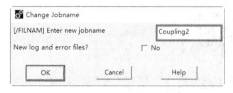

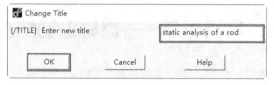

图 8-26 修改文件名对话框　　　　　　　　　　图 8-27 修改标题对话框

⑤ 在 "Enter new title（输入新标题）" 文本框中输入文字 "static analysis of a rod"，作为本分析实例的标题名。

⑥ 单击 "OK" 按钮，完成标题名的指定。

⑦ 从应用菜单中选择 Utility Menu > Plot > Replot 命令，指定的标题 "static analysis of a rod" 将显示在图形窗口的左下角。

⑧ 从主菜单中选择 Main Menu > Preference 命令，将打开 "Preference for GUI Filtering（菜单过滤参数选择）" 对话框，如图 8-28 所示，选中 "Structural" 复选框，单击 "OK" 按钮确定。

（2）定义单元类型。

在进行有限元分析时，首先应根据分析问题的几何结构、分析类型和所分析的问题精度要求等，选定适合具体分析的单元类型。本例中选用 10 节点四面体实体结构单元 10Node 187，它用于计算三维问题。

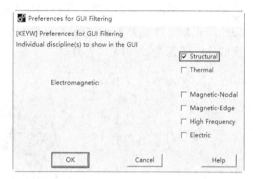

图 8-28 菜单过滤参数选择对话框

① 从主菜单中选择 Main Menu > Preprocessor > Element Type > Add/Edit/Delete 命令，打开 "Element Types" 对话框，如图 8-29 所示。

② 单击 "Add..." 按钮，弹出 "Library of Element Types" 对话框，如图 8-30 所示。

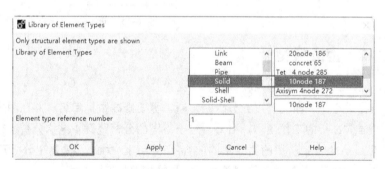

图 8-29 "Element Types" 对话框 1　　　　　图 8-30 "Library of Element Types" 对话框

③ 选择 "Solid" 选项，即选择实体单元类型。

④ 在列表框中选择 10 节点四面体实体结构单元 "10Node 187"。

⑤ 单击 "OK" 按钮，添加 "10Node 187" 单元，关闭 "Element Types" 对话框，同时返回到第①步打开的单元类型对话框，如图 8-31 所示。

⑥ 该单元不需要进行单元选项设置，单击 "Close..." 按钮，关闭单元类型对话框，结束单元类型的添加。

（3）定义实常数。

在实例中选用 10 节点四面体实体结构单元"10Node 187"，不需要设置实常数。

（4）定义模型材料属性。

考虑惯性力的静力分析中必须定义材料的弹性模量和密度。具体步骤如下。

① 从主菜单中选择 Main Menu > Preprocessor > Material Props > Material Models 命令，打开"Define Material Model Behavior"对话框，如图 8-32 所示。

② 依次单击 Structural > Linear > Elastic > Isotropic，展开材料模型属性定义的树形结构。将打开 1 号材料的弹性模量和泊松比的定义对话框，如图 8-33 所示。

③ 在对话框的"EX"文本框中输入弹性模量"2.06e11"，在"PRXY"文本框中输入泊松比"0.3"。

④单击"OK"按钮，关闭对话框，并返回定义材料模型属性对话框，在此对话框的左侧出现刚刚定义的参考号为 1 的材料模型属性。

图 8-31 "Element Types"对话框 2

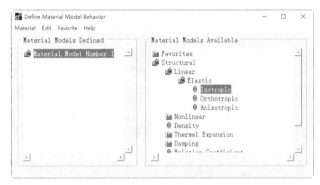

图 8-32 "Define Material Model Behavior"对话框

⑤ 在"Define Material Model Behavior"对话框中，从菜单中选择 Material > Exit 命令，或者单击右上角的"关闭"按钮，退出定义材料模型属性对话框，完成对材料模型属性的定义。

（5）导入联轴体的三维实体模型。单击 File > Read Import Form 命令，导入初始文件"Coupling.txt"，即可导入建立的联轴体的三维实体模型，如图 8-34 所示。

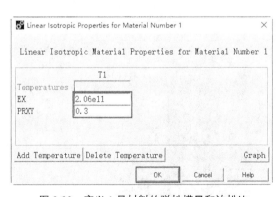

图 8-33 定义 1 号材料的弹性模量和泊松比

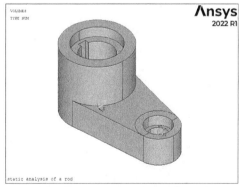

图 8-34 导入三维模型

（6）划分网格。本节选用 10Node 187 单元对三维实体划分自由网格。

① 从主菜单中选择 Main Menu > Preprocessor > Meshing > MeshTool 命令，打开"MeshTool"对话框，如图 8-35 所示。

② 单击"Lines"域中的"Set"按钮，打开线选择对话框，选择定义单元划分数的线。选择大

轴孔圆周，单击"OK"按钮。

③ ANSYS 会提示线划分控制的信息，在"NDIV"右侧文本框中输入"10"，单击"OK"按钮，如图 8-36 所示。

④ 在"MeshTool"对话框中，选择"Mesh"域中的"Volumes"选项，单击"Mesh"按钮，打开"Mesh Volumes（网格体）"对话框，要求选择要划分的体。单击"Pick All"按钮，如图 8-37 所示。

⑤ ANSYS 会根据设置的线控制划分体，划分后的体如图 8-38 所示。

图 8-35　"MeshTool"对话框

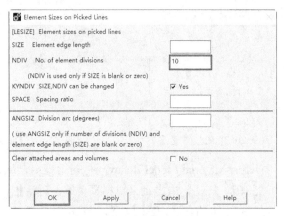

图 8-36　线划分控制

图 8-37　选择要划分的体

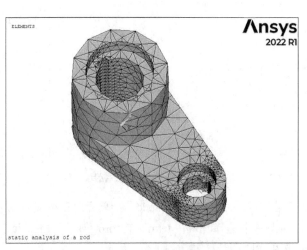

图 8-38　划分后的体

8.3.3 定义边界条件并求解

建立有限元模型后，就需要定义分析类型和施加边界条件及载荷，然后求解。具体步骤如下。

（1）对基座的底部施加位移约束。

① 从主菜单中选择 Main Menu > Solution > Define Loads > Apply > Structural > Displacement > On Lines 命令。

② 弹出"Apply U, ROT on Lines"对话框，拾取基座底面的所有外边界线，单击"OK"按钮，如图 8-39 所示。

③ 选择"UZ"作为约束自由度，单击"OK"按钮，如图 8-40 所示。

图 8-39 拾取外边界线

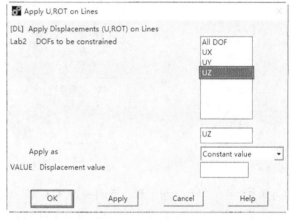

图 8-40 选择"UZ"作为约束自由度

④ 从主菜单中选择 Main Menu > Solution > Define Loads > Apply > Structural > Displacement > On Lines 命令。

⑤ 拾取基座底面的两个圆周线，单击"OK"按钮。选择"All DOF"作为约束自由度，单击"OK"按钮，结果如图 8-41 所示。

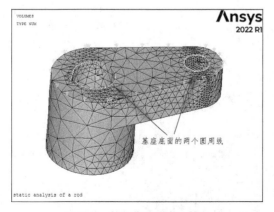

图 8-41 施加位移约束的结果

（2）在小轴孔圆周面上、大轴孔轴台上和键槽的一侧施加压力载荷。

① 从主菜单中选择 Main Menu > Solution > Define Loads > Apply > Structural > Pressure > On Areas 命令。

② 弹出"Apply PRES on Areas"对话框，选择小轴孔的内圆周面和圆台，单击"OK"按钮，如图 8-42 所示。

③ 打开"Apply PRES on Areas"对话框，定义压力的大小，在"VALUE"右侧文本框中输入"1e6"，单击"OK"按钮，如图 8-43 所示。

在圆周面上施加压力的结果如图 8-44 所示。

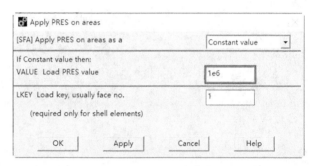

图 8-42　"Apply PRES on Areas"对话框　　　　图 8-43　定义压力的大小

④ 用同样方法在大轴孔轴台上和键槽的一侧分别施加大小为 $1 \times 10^7 Pa$ 和 $1 \times 10^5 Pa$ 的压力载荷。

⑤ 从应用菜单中选择 Utility Menu > PlotCtrls > Symbols"命令，在"Show pres and convect as"栏中选择"Face outlines"，显示载荷符号，单击"OK"按钮，如图 8-45 所示。

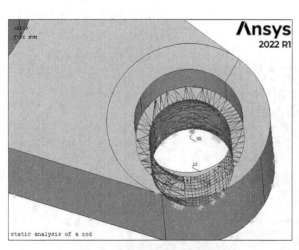

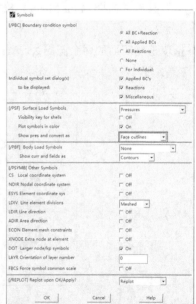

图 8-44　在圆周面上施加压力的结果　　　　图 8-45　显示载荷符号

⑥ 从应用菜单中选择 Utility Menu > Plot > Areas 命令，结果如图 8-46 所示。

⑦ 单击"SAVE-DB"按钮，保存数据库。

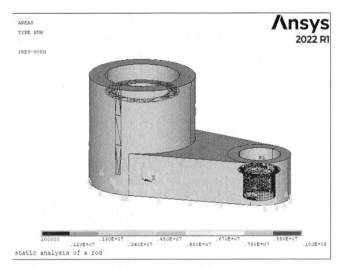

图 8-46 显示载荷

（3）进行求解。

① 从主菜单中选择 Main Menu > Solution > Solve > Current LS 命令，弹出求解当前载荷步确认对话框，如图 8-47 所示，查看列出的求解选项。

② 查看列表中的信息确认无误后，单击"OK"按钮，开始求解。求解过程中会有进度显示，如图 8-48 所示。

图 8-47 求解当前载荷步确认对话框

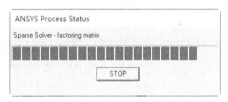

图 8-48 进度显示

③ 求解完成后，弹出图 8-49 所示的提示求解完成对话框。

④ 单击"Close"按钮，关闭提示求解完成对话框。

图 8-49 提示求解完成

8.3.4 查看结果

求解完成后，就可以利用 ANSYS 软件生成的结果文件（对于静力分析，结果文件为 Jobname.RST）进行后处理。在静力分析中通常通过 POST1 就可以处理和显示大多数用户感兴趣的结果数据。

（1）查看变形。三维实体需要查看 3 个方向的位移和总的位移。

① 从主菜单中选择 Main Menu > General Postproc > Plot Result > Contour Plot > Nodal Solu 命令，打开"Contour Nodal Solution Data"对话框，如图 8-50 所示。

② 在"Item to be contoured"域中选择"DOF Solution"选项。

③ 在列表框中选择"X-Component of displacement"选项。

④ 选择"Deformed shape with undeformed edge"选项。

⑤ 单击"OK"按钮，在图形窗口中显示变形图，包含变形前的轮廓线，X 方向位移分布如图 8-51 所示。图中下方的色谱表明不同的颜色对应的数值（带符号）。

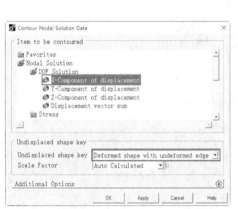

图 8-50　等值线显示节点解数据对话框

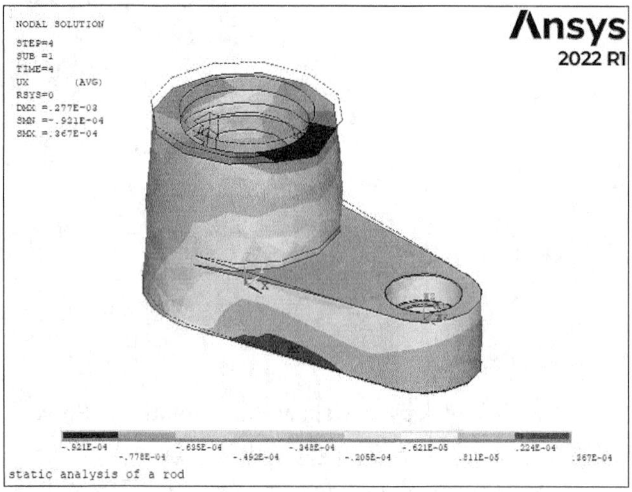

图 8-51　X 方向的位移分布

⑥ 用同样的方法查看 Y 方向的位移，如图 8-52 所示。

⑦ 用同样的方法查看 Z 方向的位移，如图 8-53 所示。

⑧ 用同样的方法查看总的位移，如图 8-54 所示。

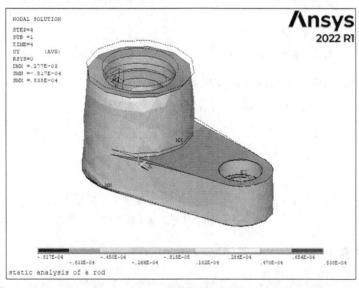

图 8-52　Y 方向的位移分布

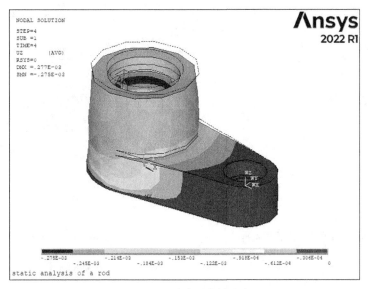

图 8-53　Z 方向的位移分布

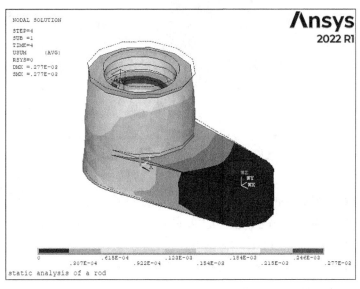

图 8-54　总的位移分布

（2）查看应力。

① 从主菜单中选择 Main Menu > General Postproc > Read Results > First Set 命令，读取第一步结果。

② 从主菜单中选择 Main Menu > General Postproc > Plot Results > Contour Plot > Nodal Solu 命令，打开"Contour Nodal Solution Data"对话框，如图 8-55 所示。

③ 在"Item to be contoured"域中选择"Stress"选项。

④ 在列表框中选择"X-Component of stress"选项。

⑤ 选择"Deformed shape only"选项。

⑥ 单击"OK"按钮，图形窗口中显示出 X 方向（径向）应力分布图，如图 8-56 所示。

⑦ 用同样的方法查看 Y 方向的应力分布，如图 8-57 所示。

图 8-55　等值线显示节点解数据对话框

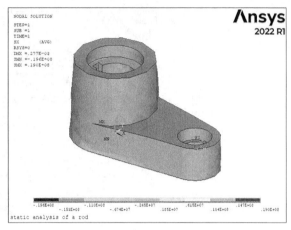

图 8-56　X 方向应力分布

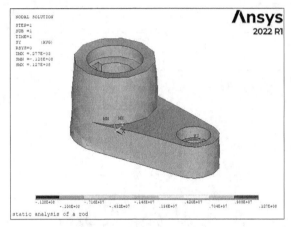

图 8-57　Y 方向应力分布

⑧ 用同样的方法查看 Z 方向的应力分布，如图 8-58 所示。

⑨ 从主菜单中选择 Main Menu > General Postproc > Plot Results > Contour Plot > Nodal Solu 命令，打开 "Contour Nodal Solution Data" 对话框。

⑩ 在 "Item to be contoured" 域左边的列表中选择 "Stress" 选项。

⑪ 在列表框中选择 "von Mises stress" 选项。

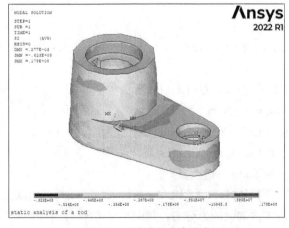

图 8-58　Z 方向的应力分布

⑫ 选择"Deformed shape only"选项。

⑬ 单击"OK"按钮,图形窗口中显示"von Mises"等效应力分布图,如图 8-59 所示。

(3)应力动画。

① 从应用菜单中选择 Utility Menu > PlotCtrls > Animate > Deformed Results 命令。

② 选择"Stress"选项,再选择"von Mises SEQV"选项,然后单击"OK"按钮,如图 8-60 所示。

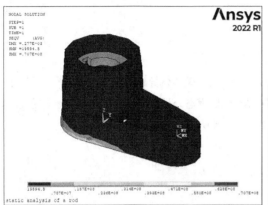

图 8-59 "von Mises"等效应力分布

图 8-60 选择动画内容

③ 要停止播放变形动画,单击"Stop"按钮,如图 8-61 所示。

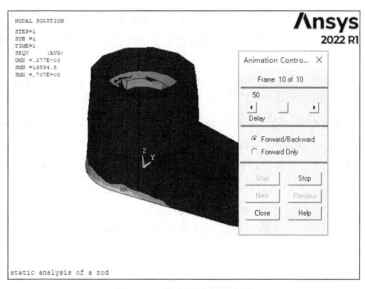

图 8-61 停止播放变形动画

第9章

模态分析

模态分析是动力学分析类型的最基础内容。本章介绍了 ANSYS 模态分析的全流程步骤，详细讲解了各种参数的设置方法与功能，最后通过齿轮模态分析实例对 ANSYS 模态分析功能进行了具体演示。通过本章的学习，读者可以完整深入地掌握 ANSYS 模态分析的各种功能和应用方法。

9.1　模态分析概论

模态分析是用来确定结构的振动特性的一种技术，通过它可以确定自然频率、振型及振型参与系数（即在特定方向上某个振型在多大程度上参与了振动）。

模态分析的优点：可以使结构设计避免共振或以特定频率进行振动（例如扬声器）；使工程师认识结构对不同类型的动力载荷是如何响应的；有助于在其他动力分析中估算求解控制参数（如时间步长等）。由于结构的振动特性决定结构对各种动力载荷的响应情况，所以在准备其他动力分析之前要进行模态分析。

使用模态分析可以确定一个结构的固有频率和振型。固有频率和振型是承受动态载荷结构设计中的重要参数。

可以对有预应力的结构进行模态分析，如旋转的涡轮叶片。另一个有用的分析功能是循环对称结构模态分析，该功能允许只对循环对称结构的一部分进行建模而分析整个结构的振型。

ANSYS 产品家族的模态分析是线性分析。任何非线性特性，如塑性和接触（间隙）单元，即使定义了也将被忽略。可选的模态提取方法有 7 种：Block Lanczos（分块兰索斯法，为默认方法）、PCG Lanczos（PCG 兰索斯法）、Supernode（超节点法）、Subspace（子空间法）、Unsymmetric（非对称法）、Damped（阻尼法）、QR Damped（QR 阻尼法）。其中，Damped 和 QR Damped 方法允许结构中包含阻尼。

9.2　模态分析的基本步骤

9.2.1　建模

在建模过程中要指定项目名和分析标题，然后用前处理器 PREP7 定义单元类型、单元实常数、材料性质及几何模型，在此不再详细介绍。

需要记住以下两个要点。

（1）模态分析只对线性行为是有效的，如果指定了非线性单元，他们将被认为是线性的。例如，如果分析中包含了接触单元，则系统取其初始状态的刚度值并不再改变此刚度值。

（2）必须指定弹性模量（EX）或某种形式的刚度、密度（DENS）或某种形式的质量。材料性质可以是线性的或非线性的、各向同性或正交各向异性的、恒定的或与温度有关的，非线性特性将被忽略。必须对某些指定的单元（COMBIN7、COMBIN14、COMBIN37）进行实常数的定义。

9.2.2　加载及求解

在加载及求解过程中要定义分析类型和分析选项、施加载荷、指定加载阶段选项，并进行固有频率的有限元求解，在得到初始解后，应该对模态进行扩展以供查看。扩展模态将在下一步的"扩展模态"中详细介绍。

1. 进入 ANSYS 求解器

命令：/SOLU。
GUI：Main Menu > Solution。

2. 指定分析类型和分析选项

ANSYS 提供的用于模态分析的选项如表 9-1 所示。

表 9-1　模态分析的选项

选项	命令	GUI 方式
New Analysis	ANTYPE	Main Menu > Solution > Analysis Type > New Analysis
Analysis Type: Modal (see Note below)	ANTYPE	Main Menu > Solution > Analysis Type > New Analysis > Modal
Mode Extraction Method	MODOPT	Main Menu > Solution > Analysis Type > Analysis Options
Number of Modes to Extract	MODOPT	Main Menu > Solution > Analysis Type > Analysis Options
No. of Modes to Expand (see Note below)	MXPAND	Main Menu > Solution > Analysis Type > Analysis Options
Mass Matrix Formulation	LUMPM	Main Menu > Solution > Analysis Type > Analysis Options
Prestress Effects Calculation	PSTRES	Main Menu > Solution > Analysis Type > Analysis Options

（1）New Analysis（命令：ANTYPE）：选择新的分析类型。

（2）Analysis Type: Modal（命令：ANTYPE）：用此选项指定分析类型为模态分析。

（3）Mode Extraction Method（命令：MODOPT）：可以选择不同的模态提取方法，其对应菜单如图 9-1 所示。

（4）Number of Modes to Extract（命令：MODOPT）：指定模态提取的阶数。

（5）No. of Modes to Expand（命令：MXPAND）：此选项只在采用"Unsymmetric"法和"Damped"法时要求设置。但如果想得到单元的求解结果，则无论采用何种模态提取方法都需打开"Calculate elem results（计算初步结果）"项。

（6）Mass Matrix Formulation（命令：LUMPM）：使用该选项可以选定采用默认的质量矩阵形成方式（与单元类型有关）或集中质量矩阵近似方式。建议在大多数情况下采用默认的方式。但对有些包含"薄膜"结构的问题，如细长梁或非常薄的壳，采用集中质量矩阵近似方式会有较好的结果。另外，采用集中质量矩阵近似方式求解时间短，需要内存小。

（7）Prestress Effects Calculation（命令：PSTRES）：使用该选项可以计算有预应力结构的模态。默认的分析过程不包括预应力，即结构是处于无应力状态的。

（8）其他模态分析选项：完成了模态分析选项（Modal Analysis Option）对话框中的选择后，单击"OK"按钮。一个指定模态提取方法的对话框将会出现，以选择分块兰索斯法为例，将弹出"Block

Lanczos Method"对话框，如图 9-2 所示，其中"FREQ8 Start Freq（initial shift）"对应项表示需要提取模态的最小频率，"FREQE End Frequency"对应项表示需要提取模态的最大频率，一般按默认选项即可（即不设定最小和最大频率）。

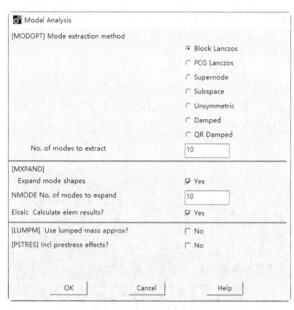

图 9-1　模态分析选项

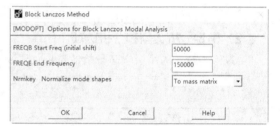

图 9-2　分块兰索斯法选项

3. 定义主自由度

主自由度（MDOF）是结构动力学行为的特征自由度，主自由度的个数至少是所关心模态数的两倍，这里推荐读者根据自己对结构动力学特性的了解尽可能地多定义主自由度（命令：M,MGEN），并且允许 ANSYS 软件根据结构刚度与质量的比值定义一些额外的主自由度（命令：TOTAL）。读者可以列表显示定义的主自由度（命令：MLIST），也可以删除无关的主自由度（命令：MDELE），参考 ANSYS 在线帮助的相关章节可获得更详细的说明。

```
命令：M。
GUI：Main Menu > Solution > Master DOFs > Define。
```

4. 在模型上加载荷

在典型的模态分析中唯一有效的"载荷"是零位移约束。如果在某个 DOF 处指定了一个非零位移约束，程序将以零位移约束替代该 DOF 处的设置。可以施加除位移约束之外的其他载荷，但它们将被忽略。在未加约束的方向上，程序将求解刚体运动（零频）以及高频（非零频）自由体模态。表 9-2 给出了施加位移载荷约束的命令和 GUI 方式。载荷可以加在实体模型（点、线、面）上或加在有限元模型（点和单元）上。

> **注意**
> 其他类型的载荷（力、压力、温度、加速度等）可以在模态分析中指定，但模态提取时将被忽略。程序会计算出所有载荷相应的载荷矢量，并将这些矢量写入振型文件 Jobname.MODE 中，以便在模态叠加法谐响应分析或瞬态分析中使用。在分析过程中，可以增加载荷、删除载荷或在载荷列表进行载荷间运算。

表 9-2　施加位移载荷约束

载荷类型	命令	GUI 方式
Displacement (UX, UY, UZ, ROTX, ROTY, ROTZ)	D	Main Menu > Solution > DefineLoads > Apply > Structural > Displacement

5. 指定载荷步选项

模态分析中可用的载荷步选项如表 9-3 所示，表中左边第一列相应说明了各选项的用途。

表 9-3　载荷步选项

选项	命令	GUI 方式
Alpha（质量）阻尼	ALPHAD	Main Menu > Solution > Load Step Opts > Time/Frequenc > Damping
Beta（刚度）阻尼	BETAD	Main Menu > Solution > Load Step Opts > Time/Frequenc > Damping
恒定阻尼比	DMPRAT	Main Menu > Solution > Load Step Opts > Time/Frequenc > Damping
材料阻尼比	MP，DAMP	Main Menu > Solution > Load Step Opts > Other > Change Mat Props > Polynomial
单元阻尼比	R	MainMenu > Solution > Load Step Opts > Other > Real Constants > Add/Edit/Delete
输出	OUTPR	Main Menu > Solution > Load Step Opts > Output Ctrls > Solu Printout

> **注意**
> 阻尼只在用"Damped"法提取模态时有效（在其他模态提取法中阻尼将被忽略）。如果包含阻尼，且采用"Damped"法，则计算的特征值是复数解。

6. 开始求解计算

命令：SOLVE。
GUI：Main Menu > Solution > Solve > Current LS。

7. 完成求解

命令：FINISH。
GUI：Main Menu > Finish。

9.2.3　扩展模态

从严格意义上来说，"扩展"这个词意味着将减缩解扩展到完整的 DOF 集上。"减缩解"常用主 DOF 表达。而在模态分析中，我们用"扩展"这个词指将振型写入结果文件。因此，如果想在后处理器中查看振型，必须先对其扩展，也就是将振型写入结果文件。

> **注意**
> 模态扩展要求振型文件 Jobname.MODE、Jobname.EMAT、Jobname.ESAV 必须存在；数据库中必须包含与计算模态时完全相同的分析模型。

扩展模态的具体操作步骤如下。

1. 进入 ANSYS 求解器

```
命令：/SOLU。
GUI: Main Menu > Solution。
```

> **注意**
> 在扩展处理前必须明确地离开 SOLUTION（求解器），使用命令"FINISH"和相应 GUI 方式可重新进入。

2. 激活扩展处理及相关选项

ANSYS 提供的扩展处理选项如表 9-4 所示。

表 9-4　扩展处理选项

选项	命令	GUI 方式
Expansion Pass On/Off	EXPASS	Main Menu > Solution > Analysis Type > Expansion Pass
No. of Modes to Expand	MXPAND	Main Menu > Solution > Load Step Opts > ExpansionPass > Single Expand > Expand Modes
Freq. Range for Expansion	MXPAND	Main Menu > Solution > Load Step Opts > ExpansionPass > Single Expand > Expand Modes
Stress Calc. On/Off	MXPAND	Main Menu > Solution > Load Step Opts > ExpansionPass > Single Expand > Expand Modes

（1）Expansion Pass On/Off（命令为 EXPASS）：选择 ON（打开）。

（2）No. of Modes to Expand（命令为 MXPAND）：指定要扩展的模态数，默认为不进行模态扩展，其对应的对话框如图 9-3 所示。

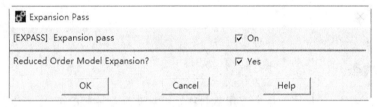

图 9-3　扩展模态选项

> **注意**
> 只有经过扩展的模态才可在后处理中进行观察。

（3）Freq. Range for Expansion（命令为 MXPAND）：这是另一种控制扩展模态数的方法。如果指定了一个频率范围，那么只有该频率范围内的模态会被扩展。

（4）Stress Calc On/Off（命令为 MXPAND）：设置是否计算应力选项，默认为不计算。

3. 指定载荷步选项

模态扩展处理中唯一有效的选项是输出控制。

（1）Printed Output

此选项用来控制输出文件 Jobname.OUT 中包含的任何结果数据。

```
命令：OUTPR。
GUI: Main Menu > Solution > Load Step Opts > Output Ctrls > Solu Printout。
```

（2）Database and results file output：此选项用来控制结果文件 Jobname.RST 中包含的数据。OUTRES 中的 FREQ 域只可为 ALL 或 NONE，即要么输出所有模态，要么不输出任何模态的数据。例如，不能输出每一阶的模态信息。

```
命令：OUTRES。
GUI: Main Menu > Solution > Load Step Opts > Output Ctrls > DB/Results File。
```

4. 开始扩展处理

扩展处理的输出包括已扩展的振型，还可以包含各阶模态相对应的应力分布。

```
命令：SOLVE。
GUI: Main Menu > Solution > Solve > Current LS。
```

5. 重复扩展处理

如需扩展另外的模态（如不同频率范围的模态）请重复步骤 2、3 和 4。每一次扩展处理的结果文件中存储单步的载荷步。

6. 完成求解

```
命令：FINISH。
GUI: Main Menu > Finish。
```

9.2.4 观察结果和后处理

模态分析的结果（扩展模态处理的结果）被写入结构分析结果文件 Jobname.RST。包括如下分析。

- 固有频率。
- 已扩展的振型。
- 相对应力和力分布（如果要求输出）。

可以在 POST1（命令：/POST1）中，即普通后处理器中观察模态分析结果。模态分析的一些常用后处理操作将在下面予以描述。

> **注意**
> 如果在 POST1 中观察结果，则数据库中必须包含和求解相同的模型；结果文件 Jobname.RST 必须存在。

（1）观察结果数据包括读入的合适子步的结果数据。每阶模态在结果文件中被存为一个单独的子步。例如，扩展了 6 阶模态，结果文件中将有 6 个子步组成的一个载荷步。

```
命令：SET, SUBSTEP。
GUI: Main Menu > General Postproc > Read Results > By Load Step > Substep。
```

（2）执行任何想做的 POST1 操作，常用的模态分析 POST1 操作如下。

Listing All Frequencies：用于列出所有已扩展模态对应的频率。

```
命令：SET, LIST。
```

```
GUI: Main Menu > General Postproc > List Results > Detailed Summary。
命令: PLDISP。
GUI: Main Menu > General Postproc > Plot Results > Deformed Shape。
```

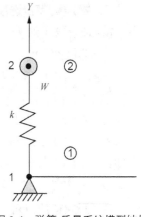

9.3 实例导航——弹簧-质量系统模态分析

本节对一种弹簧-质量系统进行模态分析，如图 9-4 所示，步骤如下。

9.3.1 问题描述

在本系统中，将重量为 w 的仪器悬置在一个柔性系统上，系统中弹簧的刚度为 k，求其固有振动频率 f。弹簧长度可任意选择。弹簧-质量系统模型结构如图 9-4 所示。系统的属性及参数材料属性见表 9-5。

图 9-4　弹簧-质量系统模型结构

表 9-5　系统的属性及参数材料属性

属性	数值
弹簧刚度	48 lb/in
仪器重量	2.5 lb
负载	386 in/s^2

9.3.2 GUI 方式

（1）建立模型。

本实例直接通过节点和单元生成有限元模型，建立模型的过程包括定义工作文件名和标题，定义单元类型和实常数，生成有限元模型。

① 定义工作文件名。

从应用菜单中选择 Utility Menu > File > Change Jobname 命令，弹出"Change Jobname"对话框，定义工作文件名，如图 9-5 所示，在"Enter new jobname"右侧文本框中输入"Spring-Mass"，并将"New log and error files"复选框选为"Yes"，单击"OK"按钮。

② 定义工作标题。

从应用菜单中选择 Utility Menu > File > Change Title 命令，在出现的对话框中输入"NATURAL FREQUENCY OF A SPRING-MASS SYSTEM"，定义工作标题，如图 9-6 所示，单击"OK"按钮。

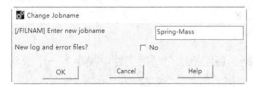

图 9-5　定义工作文件名

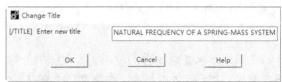

图 9-6　定义工作标题

③ 关闭三角坐标符号。

从应用菜单中选择 Utility Menu > PlotCtrls > Window Controls > Window Options 命令，弹出图 9-7 所示的"Window Options"对话框，在"Location of triad"下拉列表框中选择"Not shown"，单击"OK"按钮。

④ 选择单元类型。

从主菜单中选择 Main Menu > Preprocessor > Element Type > Add/Edit/Delete，弹出图 9-8 所示的"Element Types"对话框，单击"Add"按钮，弹出"Library of Element Types"对话框，在列表框中分别选择"Combination"和"Spring-damper 14"单元类型，单击"Apply"按钮。

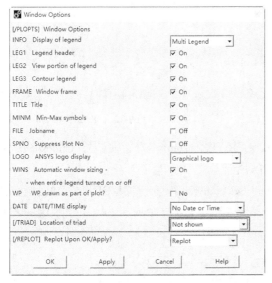

图 9-7 关闭三角坐标符号

图 9-8 "Element Types"对话框 1

⑤ 返回"Library of Element Types"对话框中，继续选择"Structural Mass"和"3D mass 21"，单击"OK"按钮，关闭"Library of Element Types"对话框，返回图 9-10 所示的"Element Types"对话框。

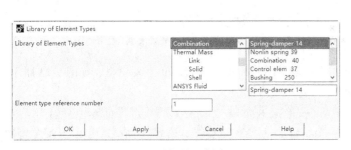

图 9-9 选择单元类型

图 9-10 "Element Types"对话框 2

⑥ 在"Element Types"对话框中选择"COMBIN14"单元，单击"Options..."按钮打开"COMBIN14 element type options"对话框，将其中的"K3"设置为"2-D longitudinal"，单元属性设置如图 9-11 所示，单击"OK"按钮。

⑦ 在"Element Types"单元类型对话框中选择"MASS21"单元，单击"Options..."按钮，打开"MASS21 element type options"对话框，将其中的"K3"设置为"2-D w/o rot iner"，单击"OK"按钮。最后单击"Close"按钮，关闭单元类型对话框。

⑧ 从主菜单中选择 Main Menu > Preprocessor > Real Constants > Add/Edit/Delete 命令，打开"Real Constants"对话框，如图 9-12 所示。

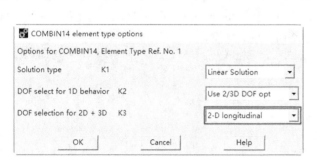

图 9-11　单元属性设置

图 9-12　"Real Constants"对话框

⑨ 单击"Add"按钮，打开"Element Type for Real Constants"对话框，在"Choose element type"列表框中选择"Type 1 COMBIN14"，如图 9-13 所示。

⑩ 单击"OK"按钮，打开"Real Constant Set Number 1，for COMBIN14"对话框，设置实常数集，如图 9-14 所示。在"Spring constant"（弹簧常数）文本框中输入"48"，其余选项采用系统默认设置，单击"OK"按钮，关闭该对话框。

图 9-13　"Element Type for Real Constants"对话框

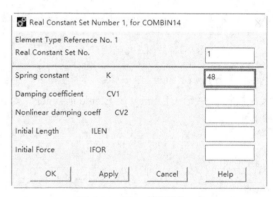

图 9-14　设置实常数集

⑪ 单击"Add"按钮，再次打开"Element Type for Real Constants"对话框，如图 9-13 所示，在"Choose element type"列表框中选择"Type 2 MASS21"。

⑫ 单击"OK"按钮，打开"Real Constant Set Number 2，for MASS 21"对话框，如图 9-15 所示。在"2-D mass"右侧文本框输入"0.006477"，其余选项采用系统默认设置，单击"OK"按钮，关闭该对话框，单击"Close"按钮关闭"Real Constants"对话框。

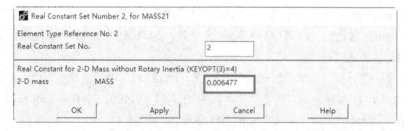

图 9-15　"Real Constant Set Number 1，for MASS21"对话框

⑬ 从主菜单中选择 Main Menu > Preprocessor > Modeling > Create > Nodes > In Active CS 命令，

打开"Create Nodes in Active Coordinate System"对话框，如图 9-16 所示。在"NODE Node number"右侧文本框中输入"1"，在"X,Y,Z Location in active CS"右侧文本框中输入"0，0，0"。

⑭ 单击 Apply 按钮会再次打开"Create Nodes in Active Coordinate System"对话框，如图 9-16 所示。在"NODE Node number"文本框中输入"2"，在"X,Y,Z Location in active CS"文本框中依次输入"0，1，0"，单击"OK"按钮关闭该对话框。

⑮ 从主菜单中选择 Main Menu > Preprocessor > Modeling > Create > Elements > Auto Numbered > Thru Nodes 命令，打开"Elements from Nodes"对话框，在文本框中输入"1,2"，单击"OK"按钮关闭该对话框。

⑯ 指定网格划分单元的类型。从主菜单中选择 Main Menu > Preprocessor > Modeling > Create > Elements > Elem Attributes 命令，弹出一个指定网格划分单元类型对话框，如图 9-17 所示。在"Element type number"右侧的下拉菜单中选择"2 MASS21"，在"Real constant set number"右侧下拉式选择栏中选择"2"，单击"OK"按钮。

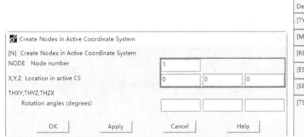

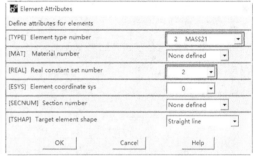

图 9-16 "Create Nodes in Active Coordinate System"对话框　　图 9-17 指定网格划分单元类型对话框

⑰ 从主菜单中选择 Main Menu > Preprocessor > Modeling > Create > Elements > Auto Numbered > Thru Nodes 命令，打开"Elements from Nodes"对话框，在文本框中输入"2"，单击"OK"按钮关闭该对话框。

（2）施加载荷并求解。

本实例采用 Block Lanczos 模态提取法，在建立有限元模型后，就需要进行分析类型设置、选择模态提取方法、施加边界条件、然后提交求解。

① 设定分析类型：从主菜单中选择 Main Menu > Solution > Analysis Type > New Analysis 命令，弹出图 9-18 所示的"New Analysis"对话框，选中"Modal"选项，单击"OK"按钮。

② 选择模态提取方法：从主菜单中选择 Main Menu > Solution > Analysis Type > Analysis Options 命令，弹出图 9-19 所示"Modal Analysis"对话框，选中"Block Lanczos"模态提取法；在"No. of modes to extract"文本框中输入 1，单击"OK"按钮。再次弹出图 9-20 所示的"Block Lanczos Method"对话框，单击"Cancel"按钮。

③ 从主菜单中选择 Main Menu > Solution > Load Step Opts > Output Ctrls > Solu Printout 命令。

④ 打开"Solution Printout Controls"对话框，在"Item for printout control"下拉列表框中选择"All items"选项，在"Print Frequency"单选框中选择"Every Nth substp"项，在"Value of N"文本框中输入"1"，单击"OK"按钮，如图 9-21 所示。

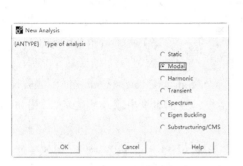

图 9-18 "New Analysis" 对话框

图 9-19 "Modal Analysis" 对话框

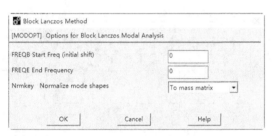

图 9-20 "Block Lanczos Method" 对话框

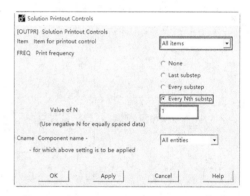

图 9-21 "Solution Printout Controls" 对话框

⑤ 从主菜单中选择 Main Menu > Solution > Define Loads > Apply > Structural > Displacement > On Nodes 命令，打开"Apply U,ROT on Nodes"对话框，要求选择欲施加位移约束的节点。在下方文本框中输入"1"，单击"OK"按钮，如图 9-22 所示。

⑥ 打开"Apply U,ROT on Nodes"对话框，在"DOFs to be constrained"滚动框中选择"All DOF"（单击一次使其高亮度显示，确保其他选项未被高亮显示）。单击"OK"按钮，如图 9-23 所示。

图 9-22 选择节点

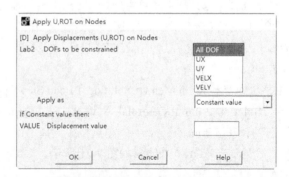

图 9-23 "Apply U,ROT on Nodes" 对话框

⑦ 继续从主菜单中选择 Main Menu > Solution > Define Loads > Apply > Structural > Displacement > On Nodes 命令，选择节点，要求选择欲施加位移约束的节点。在文本框中输入"2"，单击"OK"按钮。

⑧ 打开"Apply U,ROT on Nodes"对话框，在"DOFs to be constrained"滚动框中选择"UX"。单击"OK"按钮。

⑨ 选择所有节点：从应用菜单中选择 Utility Menu > Select > Everything 命令。

⑩ 保存数据：单击菜单栏上的"SAVE_DB"按钮。

⑪ 求解：从主菜单中选择 Main Menu > Solution > Solve > Current LS 命令，弹出一个信息提示框对话框，浏览完毕后单击 File > Close 命令，然后单击对话框上的"OK"按钮，开始求解运算，当出现一个"Solution is done"的信息提示框时，单击"Close"按钮，完成求解运算。

（3）POST1 后处理。求解完成后，就可以利用 ANSYS 软件生成的结果文件（对于静力分析，就是 Jobname.RST）进行后处理。静力分析中通常通过 POST1 就可以处理和显示大多数用户感兴趣的结果数据。

① 从主菜单中选择 Main Menu，General Postproc > Results Summary 命令，打开"SET，LIST Command"列表显示结果，如图 9-24 所示。

② 退出 ANSYS。单击工具栏上的"QUIT"选项，在出现的对话框上选择"QUIT – No Save"，单击"OK"按钮。

图 9-24　分析结果的列表显示

9.4　实例导航——小发电机转子模态分析

本节通过对小发电机转子进行模态分析。

9.4.1　分析问题

小发电机驱动主机质量为 m，通过直径为 d 的钢轴驱动。发电机转子的极惯性矩为 J，假设发电机轴固定，质量忽略。几何尺寸及模型如图 9-25 所示。其中材料属性及几何参数见表 9-6。

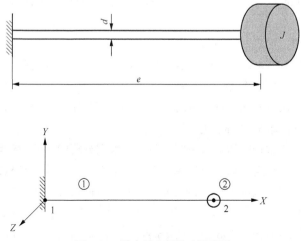

图 9-25　发电机几何尺寸及模型

表 9-6　材料属性及几何参数

材料属性	几何参数
$E = 31.2 \times 106\ \text{lb/in}^2$	$d = 0.375\text{in}$
$m = 1\text{lb} \cdot \text{s}^2/\text{in}$	$e = 8.00\text{in}$
	$J = 0.031\ \text{lb} \cdot \text{in} \cdot \text{s}^2$

9.4.2　建立模型

建立模型包括设定分析作业名和标题、定义单元类型和实常数、定义截面类型和实常数、定义材料属性、建立实体模型。

（1）设定分析作业名和标题。在进行一个新的有限元分析时，通常需要修改数据库名，并在图形输出窗口中定义一个标题来说明当前进行的工作内容。另外，对于不同的分析范畴（结构分析、热分析、流体分析、电磁场分析等），ANSYS 所用的主菜单的内容不尽相同，为此，需要在分析开始时选定分析内容的范畴，以便 ANSYS 显示与其相对应的菜单选项。

① 从应用菜单中选择 Utility Menu > File > Change Jobname 命令，将打开"Change Jobname"对话框，修改文件名如图 9-26 所示。

② 在"Enter new jobname"文本框中输入文字"Motor Generator"，作为本分析实例的数据库文件名。

③ 单击"OK"按钮，完成文件名的修改。

④ 从应用菜单中选择 Utility Menu > File > Change Title 命令，将打开"Change Title"对话框，修改标题如图 9-27 所示。

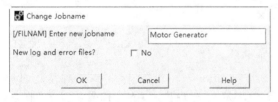

图 9-26　修改文件名

图 9-27　修改标题

⑤ 在"Enter new title"文本框中输入文字"natural frequency of a motor- generator"，为本分析实例的标题名。

⑥ 单击"OK"按钮，完成对标题名的指定。

⑦ 从应用菜单中选择 Utility Menu > Plot > Replot 命令，指定的标题"natural frequency of a motor- generator"将显示在图形窗口的左下角。

⑧ 从主菜单中选择 Main Menu > Preference 命令，将打开"Preference for GUI Filtering"对话框，选中"Structural"复选框，单击"OK"按钮。

（2）定义单元类型。在进行有限元分析时，首先应根据分析问题的几何结构、分析类型和所分析的问题精度要求等，选定适合具体分析的单元类型。本例中选用梁单元 SOLID188。

① 从主菜单中选择 Main Menu > Preprocessor > Element Type > Add/Edit/Delete 命令，将打开"Element Types"对话框。

② 单击"Add"按钮，将打开"Library of Element Types"对话框，选择单元类型，如图 9-28 所示。

③ 在左边的列表框中选择"Beam"选项，选择梁单元类型。

④ 在右边的列表框中选择"2 node 188"选项，选择 2 节点梁单元"BEAM 188"。

⑤ 单击"Apply"按钮，添加 SOLID 188 单元，并返回单元类型对话框。

⑥ 在左边的列表框中选择"Structural Mass"选项。

⑦ 在右边的列表框中选择"3D mass 21"选项。

⑧ 单击"OK"按钮，添加"MASS 21"单元，并关闭"Element Types"对话框，同时返回到第①步打开的"Element Types"对话框，如图 9-29 所示。

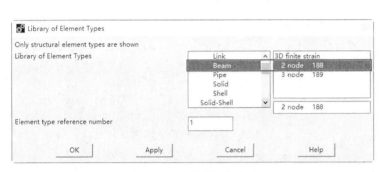

图 9-28 选择单元类型

图 9-29 "Element Types"对话框

⑨ 单击"Close"按钮，关闭"Element Types"对话框，结束单元类型的添加。

（3）定义截面类型。

定义杆件材料性质：从主菜单中选择 Main Menu > Preprocessor > Sections > Beam > Common Section 命令，弹出图 9-30 所示的"Beam Tool（梁工具）"对话框，在"Sub-Type"下拉列表中选择实心圆管，在"R"文本框中输入半径"0.1875"，在"N"文本框中输入划分段数为"20"，单击"OK"按钮。

（4）定义实常数。

① 从主菜单中选择 Main Menu> Preprocessor > Real Constants > Add/Edit/Delete 命令，弹出一个"Real Constants"对话框。

② 单击"Add"按钮，弹出"Element Type for Real Constants"对话框，定义实常数单元类型，选择"Type 2 MASS21"，单击"OK"按钮，弹出"Real Constant Set Number 1, for MASS21"对话框，为"MASS 21"单元定义实常数，如图 9-31 所示。

③ 在"Real constant Set No."后面的文本框中输入"2"，在"IXX"后面的文本框中输入"0.031"，单击"OK"按钮，回到"Real Constants"对话框。然后单击"Close"按钮关闭该对话框。

（5）定义材料属性。考虑惯性力的静力分析中必须定义材料的弹性模量和密度。具体步骤如下。

① 从主菜单中选择 Main Menu > Preprocessor > Material Props > Material Models 命令，将打开"Define Material Model Behavior"对话框，定义材料模型属性，如图 9-32 所示。

② 依次单击 Structural > Linear > Elastic > Isotropic 命令，展开材料属性的树形结构。定义 1 号材料的弹性模量"EX"和泊松比"PRXY"，如图 9-33 所示。

图 9-30　"Beam Tool" 对话框

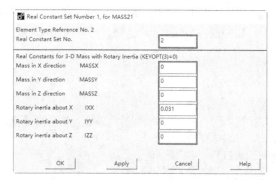

图 9-31　定义实常数单元类型

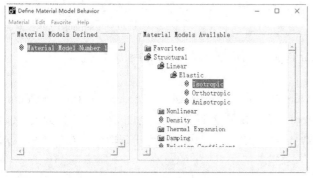

图 9-32　定义材料模型属性

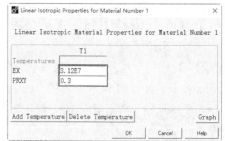

图 9-33　定义 1 号材料的弹性模量和泊松比

③ 在对话框的"EX"文本框中输入弹性模量"3.12E7"，在"PRXY"文本框中输入泊松比"0.3"。

④ 单击"OK"按钮，关闭对话框，并返回定义材料模型属性对话框，在此对话框的左边一栏会出现刚刚定义的参考号为 1 的材料属性。

⑤ 依次单击 Structural > Density 命令，定义材料密度，设置如图 9-34 所示。

⑥ 在"DENS"文本框中输入密度数值"7.8e3"。

⑦ 单击"OK"按钮，关闭对话框，并返回定义材料模型属性对话框，在此对话框的左边一栏参考号为 1 的材料属性下方出现密度项。

⑧ 在"Define Material Model Behavior"对话框中，从菜单中选择 Material > Exit 命令，或者单击右上角的"关闭"按钮，退出该对话框，完成对材料模型属性的定义。

（6）建立实体模型。

① 从主菜单中选择 Main Menu > Preprocessor > Modeling > Create > Nodes > In Active CS 命令，打开"Create Nodes in Active Coordinate System"对话框，建立如图 9-35 所示。在"NODE Node number"右侧文本框中输入"1"，在"X,Y,Z Location in active CS"右侧文本框中输入"0，0"。

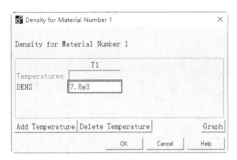

图 9-34　定义材料密度

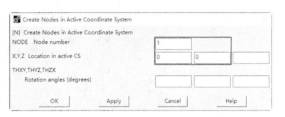

图 9-35　建立实体模型

② 单击"Apply"按钮会再次打开"Create Nodes in Active Coordinate System"对话框，如图 9-35 所示。在"NODE Node number"文本框输入"2"，在"X,Y,Z Location in active CS"文本框中依次输入"8，0"，单击"OK"按钮关闭该对话框。

③ 从主菜单选择 Main Menu > Preprocessor > Modeling > Create > Elements > Auto Numbered > Thru Nodes 命令，打开"Elements from Nodes"对话框，在文本框输入"1，2"，单击"OK"按钮关闭该对话框。

④ 单击菜单栏中的 PlotCtrls > Style > Colors > Reverse Video 命令，ANSYS 窗口将变成白色。单击菜单栏中的 Plot > Elements 命令，ANSYS 窗口会显示模型，如图 9-36 所示。

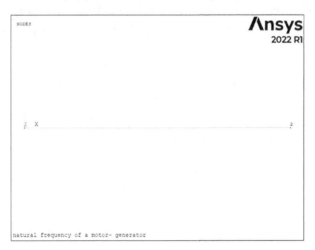

图 9-36　显示模型

⑤ 从主菜单中选择 Main Menu > Preprocessor > Modeling > Create > Elements > Elem Attributes 命令，打开"Element Attributes"对话框，如图 9-37 所示。在"[TYPE] Element type number"下拉列表框中选择"2 MASS21"，在"[REAL] Real constant set number"下拉列表框中选择"2"，其余选项采用系统默认设置，单击"OK"按钮关闭该对话框。

⑥ 从主菜单中选择 Main Menu > Preprocessor > Modeling > Create > Elements > Auto Numbered > Thru Nodes 命令，打开"Elements from Nodes"对话框，在文本框中输入"2"，单击"OK"按钮，关闭该对话框。

⑦ 存储数据库 ANSYS。单击"SAVE_DB"按钮，保存文件。

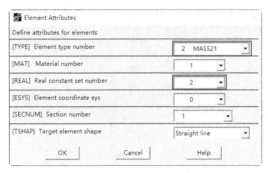

图 9-37 "Element Attributes" 对话框

9.4.3 进行模态设置、定义边界条件并求解

在进行模态分析，建立有限元模型后，就需要设置求解选项、设置模态分析、施加边界条件、求解。

（1）设置求解选项。

从主菜单中选择 Main Menu > Solution > Load Step Opts > Output Ctrls > Solu Printout 命令，弹出如图 9-38 所示的对话框，在对话框中，在"Item for printout Control"项中选择"Basic quantities"，单击"OK"按钮。

（2）设置模态分析。

① 从主菜单中选择 Main Menu > Solution > Analysis Type > New Analysis 命令，打开"New Analysis"对话框，选择模态分析种类，选择"Modal"选项，单击"OK"按钮，如图 9-39 所示。

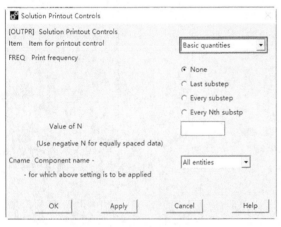

图 9-38 设置结果输出控制

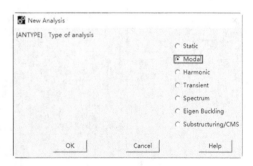

图 9-39 选择模态分析种类

② 从主菜单中选择 Main Menu > Solution > Analysis Type > Analysis Options 命令，打开"Modal Analysis"对话框，选择模态分析方法，选择"Block Lanczos"选项，在"No. of modes to extract"右侧文本框中输入"1"，将"Expand mode shapes"设置为"Yes"，单击"OK"按钮，如图 9-40 所示。

③ 打开"Block Lanczos Method"对话框，采取默认设置，单击"OK"按钮。

（3）施加边界条件。

① 从主菜单中选择 Main Menu > Solution > Define Loads > Apply > Structural > Displacement > On Nodes 命令，打开节点选择对话框，选择施加位移约束的节点，单击"Pick All"按钮，如图 9-41 所示。

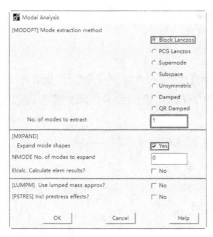

图 9-40　选择模态分析方法

图 9-41　选择施加位移约束的节点

② 打开约束种类的对话框，在列表框中选择 "All DOF" 按钮，单击 "OK" 按钮，如图 9-42 所示。

③ 从主菜单中选择 Main Menu > Solution > Define Loads > Delete > Structural > Displacement > On Nodes 命令，打开节点选择对话框，选择欲删除位移约束的关键点，选择节点 2，单击 "OK" 按钮。

④ 打开删除约束种类的对话框，在列表框中选择 "ROTX" 选项，单击 "OK" 按钮，如图 9-43 所示。

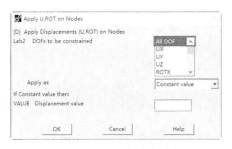

图 9-42　选择约束的种类

图 9-43　选择删除约束的种类

（4）求解。

① 从主菜单中选择 Main Menu > Solution > Solve > Current LS 命令，打开求解当前载荷步确认对话框和状态列表，如图 9-44 所示，要求查看列出的求解选项。

② 查看列表中的信息，确认无误后，单击 "OK" 按钮，开始求解。

③ 求解完成，如图 9-45 所示。

图 9-44　求解当前载荷步确认对话框

图 9-45　提示求解完成

④ 单击 "Close" 按钮，关闭提示对话框。

⑤ 从主菜单中选择 Main Menu > Finish 命令。

9.4.4 查看结果

求解完成后，就可以利用 ANSYS 软件生成的结果文件（对于静力分析，就是 Jobname.RST）进行后处理。静力分析中通常通过 POST1 就可以处理和显示大多数用户感兴趣的结果数据。

列表显示分析的结果。

（1）读取一个载荷步的结果，从主菜单中选择 Main Menu > General Postproc > Read Results > Last Set 命令。

（2）从主菜单中选择 Main Menu > General Postproc > Results Summary 命令，打开"SET LIST Command"列表显示结果，如图 9-46 所示。

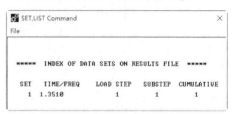

图 9-46　列表显示结果

第 10 章

谐响应分析

谐响应分析用于确定线性结构在承受随时间按正弦（简谐）规律变化载荷时的稳态响应。本章介绍了 ANSYS 谐响应分析的全流程步骤，详细讲解了各种参数的设置方法与功能，最后通过吉他琴弦谐响应实例对 ANSYS 谐响应分析功能进行了具体演示。

通过本章的学习，读者可以完整深入地掌握 ANSYS 谐响应分析的各种功能和应用方法。

10.1 谐响应分析概论

谐响应分析是确定一个结构在已知频率的正弦（简谐）载荷作用下结构响应的技术。其输入为已知大小和频率的谐波载荷（力、压力和强迫位移）；或者同一频率的多种载荷，可以是相同或不相同的。其输出为每一个自由度上的谐位移，或者其他多种导出量，如应力和应变等。

谐响应分析可用于多种结构，例如，旋转设备（如压缩机、发动机、泵、涡轮机械等）的支座、固定装置和部件；受涡流（流体的漩涡运动）影响的结构；涡轮叶片、飞机机翼、桥和塔等。

任何持续的周期载荷将在结构系统中产生持续的周期响应（谐响应）。谐响应分析使设计人员能预测结构的持续动力特性，从而使设计人员能够验证其设计能否成功地克服共振及其他受迫振动引起的有害效果。

谐响应分析的目的是计算结构在几种频率下的响应，并得到一些响应值（通常是位移）对频率的曲线。从这些曲线上可以找到"峰值"响应，并进一步观察峰值频率对应的响应效果。

这种分析技术只计算结构的稳态受迫振动，发生在激励开始时的瞬态振动不在谐响应分析中考虑，如图 10-1 所示。

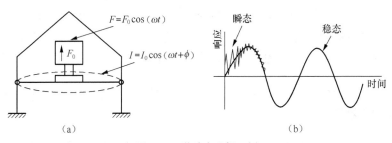

图 10-1 谐响应分析示例

> **注意**
> 图 10-1（a）表示标准谐响应分析系统，F_0 和 ω 已知，h 和 φ 未知；图 10-2（b）表示结构的稳态和瞬态谐响应分析。

谐响应分析是一种线性分析。任何非线性特性，如塑性和接触（间隙）单元，即使被定义了也会被忽略。但在分析中可以包含非对称矩阵，如分析在流体－结构相互作用中的问题。谐响应分析同样也可以分析有预应力的结构，如小提琴的弦（假定简谐应力比预加的拉伸应力小得多）。

谐响应分析可以采用 4 种方法：Full（完全法）、Mode Superpos'n（模态叠加法）、TV Full（频率扫描法）、TVPA Prfct Absrb（频率扫描完美吸收法）。当然，还有另外一种方法，就是将简谐载荷指定为有时间历程的载荷函数而进行瞬态动力学分析，这是一种开销较大的方法。3 种方法的共同局限性包括：

- 所有载荷必须随时间按正弦规律变化；
- 所有载荷必须有相同的频率；
- 不允许有非线性特性；
- 不计算瞬态效应。

可以通过瞬态动力学分析来克服这些限制，这时应将简谐载荷表示为有时间历程的载荷函数。

10.2 谐响应分析的基本步骤

本节描述如何用完全法来进行谐响应分析，然后再介绍使用模态叠加法时有差别的步骤。

完全法谐响应分析的过程由 3 个主要步骤组成。

（1）建立建模（前处理）。

（2）加载并求解。

（3）观察模型（后处理）。

10.2.1 建立模型（前处理）

在这一步中，需指定文件名和标题，然后用"PREP7"来定义单元类型、单元实常数、材料特性及几何模型。需记住两个要点。

（1）在谐响应分析中，只有线性行为是有效的。如果有非线性单元，他们将被按线性单元处理。如果分析中包含接触单元，则它们的刚度取初始状态值并在计算过程中不再发生变化。

（2）必须指定弹性模量"EX"（或某种形式的刚度）和密度"DENS"（或某种形式的质量）。材料特性可以是线性的、各向同性的或各向异性的、恒定的或和温度相关的。非线性材料特性会被忽略。

10.2.2 加载和求解

在这一步中，要定义分析类型和选项，加载并指定载荷步选项，并开始有限元求解。下面会列出详细说明。

> **注意**
> 　　峰值响应分析发生在力的频率和结构的固有频率相等时。在得到谐响应分析解之前，应该首先进行模态分析，以确定结构的固有频率。

1. 进入求解器

命令：/SOLU。
GUI：Main Menu > Solution。

2. 定义分析类型和载荷选项

ANSYS 提供用于谐响应分析类型和求解选项（见表 10-1）。

表 10-1　分析类型和求解选项

选项	命令	GUI 方式
新的分析	ANTYPE	Main Menu > Solution > Analysis Type > New Analysis
分析类型：谐响应分析	ANTYPE	Main Menu > Solution > Analysis Type > New Analysis > Harmonic
求解方法	HROPT	Main Menu > Solution > Analysis Type > Analysis Options
输出格式	HROUT	Main Menu > Solution > Analysis Type > Analysis Options
质量矩阵	LUMPM	Main Menu > Solution > Analysis Type > Analysis Options
方程求解器	EQSLV	Main Menu > Solution > Analysis Type > Analysis Options
模态数	HROPT	Main Menu > Solution > Analysis Type > Analysis Options
输出选项	HROUT	Main Menu > Solution > Analysis Type > Analysis Options
预应力	PSTRES	Main Menu > Solution > Analysis Type > Analysis Options

下面对求解选项进行详细的解释。

（1）[ANTYPE] New Analysis：选择 "New Analysis"（新的分析）。在谐响应分析中 "Restart" 命令不可用；如果需要施加另外的简谐载荷，可以另进行一次新分析。

（2）[ANTYPE] Analysis Type: Harmonic Response：选择分析类型为 "Harmonic Response"（谐响应分析）。图 10-2 表示谐响应分析选项菜单。

（3）[HROPT] Solution method：选择下列求解方法中的一种：Full、TV Full、TVPA Prfct Absrb、Mode Superpos'n。

（4）[HROUT] DOF printout format：此选项确定在输出文件 Jobname.Out 中谐响应分析的位移解如何列出。可以选的方式有 "Real +imaginary"（实部和虚部，该方式为默认）形式和 "Amplitud+ phase"（幅值和相位角）形式。

（5）[LUMPM] Use lumped mass approx：此选项用于指定是采用默认的质量阵形成方式（取决于单元类型）还是用集中质量阵近似。

设置完 "Harmonic Analysis" 对话框后单击 "OK" 按钮，则会根据设置的求解方法弹出相应的菜单，如果 "Solution Method" 设置为 "Full"，那么会弹出 "Full Harmonic Analysis" 对话框，如图 10-3 所示，此对话框用于选择方程求解器和预应力，如果 "Solution Method" 设置为 "Mode Superpos'n"（模态叠加法），那么会弹出 "Mode Sup Harmonic Analysis" 对话框，如图 10-4 所示，此对话框用于设置最多模态数、最少模态数以及模态输出选项。

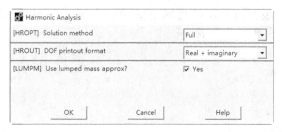

图 10-2　谐响应分析选项

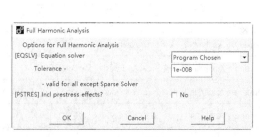

图 10-3　完全法选项

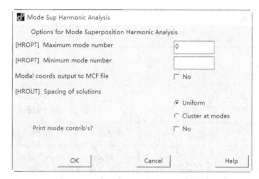

图 10-4　设置模态叠加法选项

（6）[EQSLV] Equation solver：可选的求解器有"Program Chosen"求解器（默认），"Jacobi Conj Grad"求解器，以及"Sparse solver"求解器。对大多数结构模型，建议采用"Program Chosen"求解器或"Sparse solver"求解器。

（7）[HROPT] Maximum/Minimum mode number：设置模态叠加法的最多模态数和最少模态数。

（8）[HROUT] Spacing of solutions：设置模态输出格式。

3. 在模型上加载

根据定义，谐响应分析假定所施加的所有载荷随时间按简谐（正弦）规律变化。指定一个完整的简谐载荷需输入 3 条信息：Amplitude（幅值）、Phase angle（相位角）和 Forcing frequency range（强制频率范围），如图 10-5 所示。

幅值是载荷的最大值，载荷可以用表 10-2、表 10-3 中的命令来指定。相位角是时间的度量，它表示载荷是滞后还是超前参考值，在图 10-5 中的复平面上，实轴（Real）就表示相位角。只有当施加多组有不同相位的载荷时，才需要分别指定其相位角。图 10-6 所示的不平衡的旋转天线，

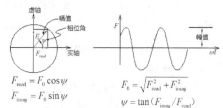

图 10-5　实部/虚部和幅值/相位角的关系

它将在 4 个支撑点处产生不同相位的垂直方向的载荷，图中实轴表示角度；用户可以通过命令或者 GUI 方式在 VALUE 和 VALUE2 位置指定实部和虚部值，而对于其他表面载荷和实体载荷，则只能指定为 0 相位角（没有虚部），不过有如下例外情况：在用完全法或模态叠加法（利用 Block Lanczos 方法提取模态）求解谐响应问题时，表面压力的非零虚部可以通过表面单元 SURF153 和 SURF154 来指定。实部和虚部的计算参考图 10-5 所示。

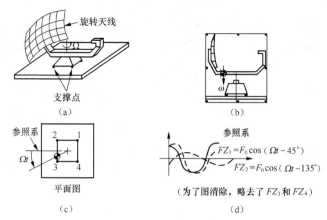

图 10-6 不平衡旋转天线

表 10-2 在谐响应分析中施加载荷

载荷类型	类别	命令	GUI 方式
位移约束	Constraints	D	Main Menu>Solution>Define Loads>Apply>Structural >Displacement
集中力或者力矩	Forces	F	Main Menu>Solution>Define Loads>Apply>Structural>Force/Moment
压力（PRES）	Surface Loads	SF	Main Menu>Solution >Define Loads > Apply > Structural > Pressure
温度（TEMP） 流体（FLUE）	Body Loads	BF	Main Menu>Solution>Define Loads>Apply>Structural>Temperature
重力、向心力等	Inertia Loads	—	Main Menu > Solution > Define Loads > Apply > Structural > Other

在分析中，用户可以施加、删除、修正或显示载荷。

表 10-3 谐响应分析的载荷命令

载荷 类型	实体模型或 有限元模型	图元	施加载荷	删除载荷	列表显示载荷	对载荷操作	设定载荷
位移约束	实体	Keypoints	DK	DKDELE	DKLIST	DTRAN	—
	实体	Lines	DL	DLDELE	DLLIST	DTRAN	—
	实体	Areas	DA	DADELE	DALIST	DTRAN	—
	有限元	Nodes	D	DDELE	DLIST	DSCALE	DSYM, DCUM
集中力	实体	Keypoints	FK	FKDELE	FKLIST	FTRAN	—
	有限元	Nodes	F	FDELE	FLIST	FSCALE	FCUM
压力	实体	Lines	SFL	SFLDELE	SFLLIST	SFTRAN	SFGRAD
	实体	Areas	SFA	SFADELE	SFALIST	SFTRAN	SFGRAD
	有限元	Nodes	SF	SFDELE	SFLIST	SFSCALE	SFGRAD, SFCUM
	有限元	Elements	SFE	SFEDELE	SFELIST	SFSCALE	SFGRAD, SFBEAM, SFFUN, SFCUM
温度或 者流体	实体	Keypoints	BFK	BFKDELE	BFKLIST	BFTRAN	—
	实体	Lines	BFL	BFLDELE	BFLLIST	BFTRAN	—
	实体	Areas	BFA	BFADELE	BFALIST	BFTRAN	—
	实体	Volumes	BFV	BFVDELE	BFVLIST	BFTRAN	—
	有限元	Nodes	BF	BFDELE	BFLIST	BFSCALE	BFCUM
	有限元	Elements	BFE	BFEDELE	BFELIST	BFSCALE	BFCUM

（续表）

载荷类型	实体模型或有限元模型	图元	施加载荷	删除载荷	列表显示载荷	对载荷操作	设定载荷
惯性力	—	—	ACEL OMEGA DOMEGA CGLOC CGOMGA DCGOMG	—	—	—	—

载荷的频带是指谐波载荷（周期函数）的频率范围，可以利用"HARFRQ"命令将它作为一个载荷步选项来指定。

> **注意**
> 谐响应分析不能计算不同频率的多个强制载荷同时作用时产生的响应，如两个具有不同转速的机器同时运转。但在 POST1 中可以对两种载荷状况进行叠加以得到总体响应。在分析过程中，可以施加、删除载荷或对载荷进行操作。

4. 指定载荷步选项

在谐响应分析中使用的选项如表 10-4 所示。

表 10-4　载荷步选项

	选项	命令	GUI 方式
普通选项	谐响应分析的子步数	NSUBST	Main Menu > Solution > Load Step Opts > Time/Frequenc > Freq and Substeps
	阶跃载荷或者坡道载荷	KBC	Main Menu > Solution > Load Step Opts > Time/Frequenc > Time - Time Step or Freq and Substeps
动力选项	载荷频带	HARFRQ	Main Menu>Solution>Load Step Opts>Time/Frequenc>Freq and Substeps
	阻尼	ALPHAD, BETAD, DMPRAT	Main Menu > Solution > Load Step Opts > Time/Frequenc > Damping
输出控制选项	输出	OUTPR	Main Menu > Solution > Load Step Opts > Output Ctrls > Solu Printout
	数据库和结果文件输出	OUTRES	Main Menu>Solution>Load Step Opts > Output Ctrls > DB/ Results File
	结果外推	ERESX	Main Menu>Solution >Load Step Opts > Output Ctrls > Integration Pt

（1）普通选项如图 10-7 所示，具体说明如下。

- [NSUBST] Number of substeps：可用此选项计算任何数目的谐响应解。解（或子步）将均布于指定的频率范围内。例如，如果在 30 ~ 40Hz 范围内要求出 10 个解，程序将计算在频率 31、32、…、40Hz 处的响应，而不计算其他频率处的解。

- [KBC] Stepped or ramped b.c：载荷可以采用"Stepped"或"ramped"方式变化，默认时方式是"ramped"，即载荷的幅值随各子步逐渐增长。而如果用命令"KBC，1"设置了"Stepped"载荷，则在频率范围内的所有子步载荷将保持恒定的幅值。

（2）动力选项具体说明如下。

- [HARFRQ] Harmonic freq range：在谐响应分析中必须指定强制频率范围，然后指定在此频率范围内要计算出的解的数目。

- Damping：必须指定某种形式的阻尼，否则在共振处的响应将无限大。如 Alpha（质量）阻尼（命令：ALPHAD）、Beta（刚度）阻尼（命令：BETAD）、恒定阻尼比（命令：DMPRAT）。

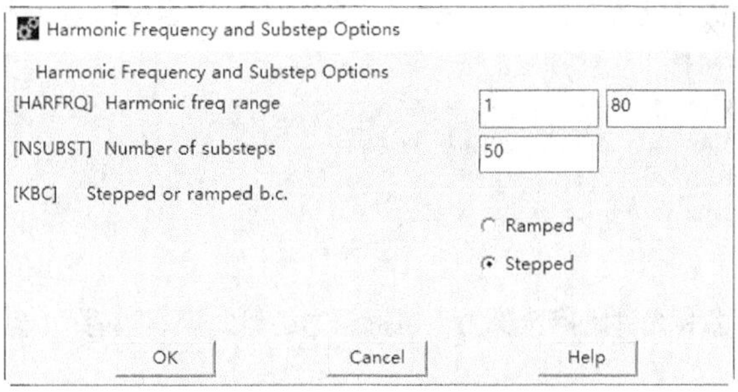

图 10-7　谐响应分析频率和子步选项

> **注意**
> 在直接积分谐响应分析（用 "Full" 模态提取法）中如果没有指定阻尼，程序将默认采用零阻尼。

（3）输出控制选项具体说明如下。

- [OUTPR] Printed Output：此选项用于指定输出文件 Jobname.OUT 中要包含的结果数据。
- [OUTRES] Database and Results File Output：此选项用于控制结果文件 Jobname.RST 中包含的数据。
- [ERESX] Extrapolation of Results：此选项用于设置将结果复制到节点处方式而默认的外插方式得到单元积分点结果。

5. 保存模型

命令：SAVE。
GUI：Utility Menu > File > Save as。

6. 开始求解

命令：SOLVE。
GUI：Main Menu > Solution > Solve > Current LS。

7. 对于多载荷步可重复以上步骤

如果有另外的载荷和频率范围（即另外的载荷步），重复 3～6 步。如果要进行时间历程后处理（POST26），则一个载荷步和另一个载荷步的频率范围间不能重叠。

8. 离开求解器

命令：FINISH。

10.2.3　观察模型（后处理）

谐响应分析的结果被保存到结构分析结果文件 "Jobname.RST" 中。如果结构定义了阻尼，响应将与载荷异步。所有结果将是复数形式的，并以实部和虚部存储。

通常可以用 POST26 和 POST1 观察结果。一般的处理顺序是，首先用 POST26 找到临界强制频率，即模型中所关注的点产生最大位移（或应力）时的频率，然后用 POST1 在这些临界强制频率处处理整个模型。

- POST1：用于在指定频率点观察整个模型的结果。
- POST26：用于观察在整个频率范围内模型中指定点处的结果。

1. 利用 POST26

POST26 描述不同频率对应的结果值，每个变量都有一个相应的数字标号。

（1）用如下方法定义变量。

```
命令: NSOL。[用于定义基本数据（节点位移）]
     ESOL。[用于定义派生数据（单元数据，如应力）]
     RFORCE。[用于定义反作用力数据]
GUI: Main Menu > TimeHist Postpro > Define Variables
```

> **注意**
> "FORCE"命令允许选择全部力，包括总力的静力项、阻尼项或者惯性项。

（2）绘制变量表格（如不同频率或其他变量），然后利用"PLCPLX"命令绘制幅值、相位角、实部或虚部。

```
命令: PLVAR, PLCPLX。
GUI: Main Menu > TimeHist Postpro > Graph Variables。
Main Menu > TimeHist Postpro > Settings > Graph。
```

（3）列表显示变量，利用"EXTREM"命令显示极值，然后利用"PRCPLX"命令显示幅值、相位角、实部或虚部。

```
命令: PRVAR, EXTREM, PRCPLX。
GUI: Main Menu > TimeHist Postpro > List Variables。
Main Menu > TimeHist Postpro > List Extremes。
Main Menu > TimeHist Postpro > Settings > List。
```

另外，POST26 里面还有许多其他函数，例如，对变量进行数学运算、将变量移动到数组参数里面等，详细信息可参考 ANSYS 在线帮助文档。

如果想要观察在时间历程里面特殊时刻的结果，可利用"POST1"后处理器。

2. 利用 POST1

可以用"SET"命令读取谐响应分析的结果，不过它只会读取实部或虚部，两者不能同时读取。结果的幅值是实部和虚部的平方根，如图 10-5 所示。

用户可以显示结构变形形状、应力应变云图等，还可以显示矢量图形，另外还可以利用"PRNSOL""PRESOL""PRRSOL"等命令列表显示结果。

（1）显示变形图

```
命令: PLDISP。
GUI: Main Menu > General Postproc > Plot Results > Deformed Shape。
```

（2）显示变形云图

```
命令: PLNSOL or PLESOL。
GUI: Main Menu > General Postproc > Plot Results > Contour Plot > Nodal Solu or Element Solu。
```

> **注意**
> 该命令可以显示所有变量的云图，如应力（SX、SY、SZ……）、应变（EPELX、EPELY、EPELZ……）和位移（UX、UY、UZ……）等。

"PLNSOL"和"PLESOL"命令的"KUND"项表示是否要在变形图里同时显示变形前的图形。

（3）绘制矢量

```
命令: PLVECT。
GUI: Main Menu > General Postproc > Plot Results > Vector Plot > Predefined。
```

（4）列表显示

```
命令: PRNSOL （节点结果）。
PRESOL （单元结果）。
PRRSOL （反作用力等）。
```

```
NSORT, ESORT。
GUI: Main Menu > General Postproc > List Results > Nodal Solution。
Main Menu > General Postproc > List Results > Element Solution。
Main Menu > General Postproc > List Results > Reaction Solu。
```

在列表显示之前，可以利用 "NSORT" 和 "ESORT" 命令对数据进行分类。

另外，POST1 后处理器里面还包含很多其他的功能，例如，将结果映射到路径来显示、将结果转换坐标系显示、载荷工况叠加显示等，详细信息可参考 ANSYS 在线帮助文档。

10.3 实例导航——弹簧质子系统的谐响应分析

本实例通过一个弹簧质子的谐响应分析来阐述谐响应分析的基本过程和步骤，使用模态叠加法求解，如果要采用其他两种方法，步骤相同。

10.3.1 问题描述

已知一个质量弹簧系统，该系统受到幅值为 F_o、频率范围为 0.1～1.0Hz 的谐波载荷作用，如图 10-8 所示，求其固有频率和位移响应。材料属性和载荷数值如表 10-5 所示。

表 10-5　材料属性和载荷数值

材料属性	载荷
$k_1 = 6$N/m	$F_o = 50$ N
$k_2 = 16$N/m	—
$m_1 = m_2 = 2$kg	—

10.3.2 建模及分网

① 定义工作标题。从应用菜单中选择 Utility Menu > File > Change Title 命令，弹出 "Change Title" 对话框，输入 "HARMONIC RESPONSE OF A SPRING-MASS SYSTEM"，如图 10-9 所示，然后单击 "OK" 按钮。

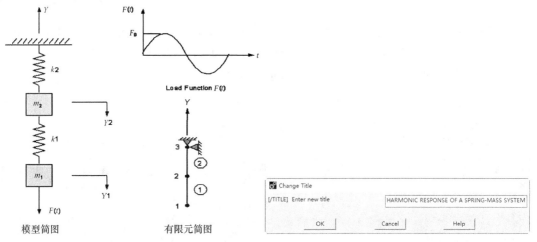

图 10-8　质量弹簧系统　　　　　　　　　图 10-9　定义工作标题

② 定义单元类型。从主菜单中选择 Main Menu > Preprocessor > Element Type > Add/Edit/Delete

命令，弹出"Element Types"对话框，定义单元类型如图 10-10 所示，单击"Add..."按钮，接着弹出"Library of Element Types"对话框，在左侧列表框中选择"Combination"，在右侧的列表框中选中"Combination 40"，添加单元类型如图 10-11 所示，然后单击"OK"按钮，回到图 10-10 所示的对话框。

图 10-10　定义单元类型

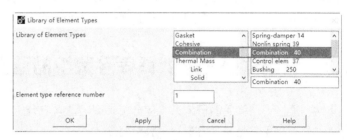

图 10-11　添加单元类型

③ 定义单元选项。在图 10-10 所示的对话框中单击"Options..."按钮，弹出 COMBIN40 element type options 对话框，在"Element degree(s) of freedom K3"后面的下拉列表中选择"UY"，如图 10-12 所示，单击"OK"按钮，返回图 10-10 所示的"Element Types"对话框，单击"Close"按钮关闭该对话框。

④ 定义第一种实常数。从主菜单选择 Main Menu > Preprocessor > Real Constants > Add/Edit/Delete 命令，弹出"Real Constants"对话框，如图 10-13 所示，然后单击"Add..."按钮，弹出"Element Type for Real Constants"对话框，选择单元类型，如图 10-14 所示。

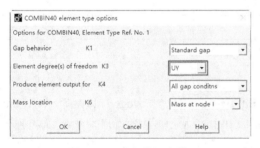

图 10-12　定义单元选项

图 10-13　定义第一种实常数

⑤ 在图 10-14 所示的对话框中选择"Type 1 COMBIN40"，单击"OK"按钮。出现"Real Constant Set Number1，for COMBIN40"对话框，在"Spring constant K1"文本框中输入"6"，在"Mass M"文本框中输入"2"，如图 10-15 所示，单击"Apply"按钮。

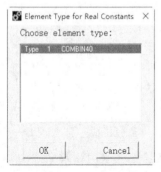

图 10-14　选择单元类型

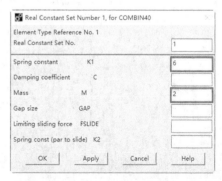

图 10-15　"Real Constant Set Number 1，for COMBIN40"对话框（定义 K1，M）

⑥ 在弹出对话框的"Real Constant Set No."文本框中输入"2",在"Spring constant K1"文本框中输入"16",在"Mass M"文本框中输入"2",如图 10-16 所示,单击"OK"按钮。接着单击"Real Constants"对话框的"Close"按钮关闭该对话框,退出实常数定义。

⑦ 创建节点。从主菜单选择 Main Menu > Preprocessor > Modeling > Create > Nodes > In Active CS 命令,弹出"Create Nodes in Active Coordinate System"对话框。在"NODE Node number"文本框中输入 1,如图 10-17 所示,在"X,Y,Z Location in active CS"文本框中输入"0,0,0",然后单击"Apply"按钮。

⑧ 在"Create Nodes in Active Coordinate System"对话框中的"NODE Node number"文本框中输入"3",在"X,Y,Z Location in active CS"文本框中输入"0,2,0",然后单击"OK"按钮。

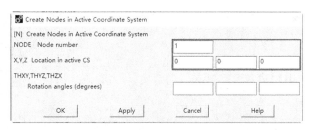

图 10-16 "Real Constants Set Number 2,for COMBIN40"　　　　图 10-17 创建第一个节点
对话框(定义 K1,M2)

⑨ 打开节点编号显示控制。从应用菜单中选择 Utility Menu > PlotCtrls > Numbering 命令,弹出"Plot Numbering Controls"对话框,单击"NODE Node numbers"复选框使其显示为"On",如图 10-18 所示,然后单击"OK"按钮。

⑩ 插入新节点。从主菜单中选择 Main Menu > Preprocessor > Modeling > Create > Nodes > Fill between Nds 命令,弹出如图 10-19 所示的"Fill between Nds"对话框,用光标在屏幕上单击拾取编号为 1 和 3 的两个节点,单击"OK"按钮,弹出"Create Nodes Between 2 Nodes"对话框。单击"OK"按钮接受默认设置,如图 10-20 所示。

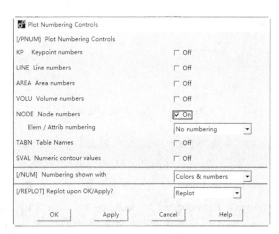

图 10-18 打开节点编号显示控制　　　　　图 10-19 "Fill between Nds"对话框

⑪ 选择菜单路径。从应用菜单中选择 Utility Menu > PlotCtrls > Window Controls > Window Options 命令，弹出对话框，在"[/TRIAD] Location of triad"下拉列表中选择"At top left"，单击"OK"按钮关闭该对话框。设置窗口显示控制如图 10-21 所示，此时屏幕中节点显示如图 10-22 所示。

⑫ 定义梁单元属性。从主菜单中选择 Main Menu > Preprocessor > Modeling > Create > Elements > Elem Attributes 命令，弹出"Element Attributes"对话框，在"[TYPE] Element type number"下拉列表框中选择"1 COMBIN40"，在"[REAL] Real constant set number"下拉列表中选择"1"，单击"OK"按钮，如图 10-23 所示。

⑬ 创建梁单元。从主菜单中选择 Main Menu > Preprocessor > Modeling > Create > Elements > Auto Numbered > Thru Nodes，弹出"Elements from Nodes"拾取菜单。用光标在屏幕上拾取编号为 1 和 2 的节点，单击"OK"按钮，屏幕上在节点 1 和节点 2 之间出现一条直线。

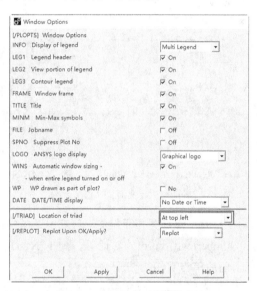

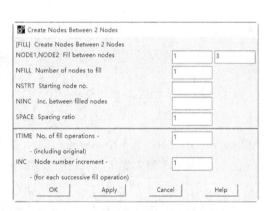

图 10-20　在两节点之间创建新节点　　　　图 10-21　设置窗口显示控制

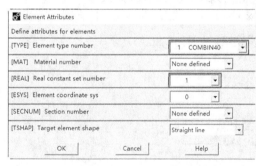

图 10-22　节点显示　　　　图 10-23　定义梁单元属性

⑭ 定义梁单元属性。从主菜单中选择 Main Menu > Preprocessor > Modeling > Create > Elements > Elem Attributes 命令，弹出"Element Attributes"对话框，在"[TYPE] Element type number"下拉列表中选择"1 COMBIN40"，在"[REAL] Real constant set number"下拉列表中选择"2"，单击"OK"按钮。

⑮ 创建梁单元。从主菜单中选择 Main Menu > Preprocessor > Modeling > Create > Elements > Auto Numbered > Thru Nodes 命令，弹出"Elements from Nodes"拾取菜单。用光标在屏幕上拾取编号为 2 和 3 的节点，单击"OK"按钮，屏幕上在节点 2 和节点 3 之间出现一条直线。此时屏幕显示如图 10-24 所示。

10.3.3 模态分析

① 定义求解类型。从主菜单中选择 Main Menu > Solution > Analysis Type > New Analysis 命令，弹出"New Analysis"对话框，选中"Modal"，如图 10-25 所示，单击"OK"按钮。

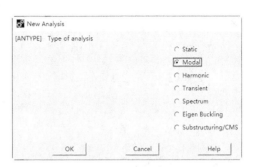

图 10-24 梁单元模型　　　　　　　　图 10-25 定义求解类型

② 设置求解选项。从主菜单中选择 Main Menu > Solution > Analysis Type > Analysis Options 命令，弹出"Modal Analysis"对话框，在"[MODOPT] Mode extraction method"项中选择"Block Lanczos"，在"No. of modes to extract"文本框中输入"2"，如图 10-26 所示，单击"OK"按钮。

③ 弹出"Block Lanczos Method"对话框，选择系统默认项，如图 10-27 所示，单击"OK"按钮。

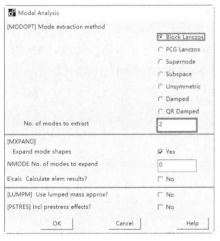

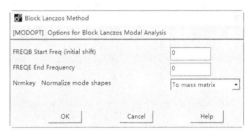

图 10-26 设置求解选项　　　　　　图 10-27 "Block Lanczos Method"对话框

④ 定义主自由度。从主菜单中选择 Main Menu > Preprocessor > Modeling > CMS > CMS Interface > Define 命令，弹出"Define Master DOFs"拾取菜单，用光标在屏幕上拾取编号为 1 的节点，单击"OK"按钮，弹出"Define Master DOFs"对话框，在"Lab1 1st degree of freedom"下拉列表中选择"All DOF"，如图 10-28 所示，单击"Apply"按钮。

⑤ 弹出"Define Master DOFs"拾取菜单，用光标在屏幕上拾取编号为 2 的节点，单击"OK"按钮，弹出"Define Master DOFs"对话框，在"Lab1 1st degree of freedom"下拉列表中选择"All DOF"，单击"OK"按钮。

⑥ 施加约束。从主菜单中选择 Main Menu > Solution > Define Loads > Apply > Structural > Displace ment > On Nodes 命令，弹出"Apply U,ROT on Nodes"拾取菜单，用光标在屏幕上拾取编

号为 3 的节点，单击"OK"按钮，弹出"Apply U,ROT on Nodes"对话框，在"Lab2 DOFs to be constrained"列表框中选择"All DOF"，如图 10-29 所示，单击"OK"按钮。

图 10-28　定义主自由度

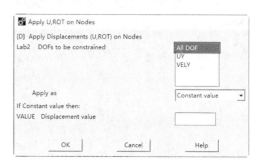

图 10-29　施加约束

⑦ 模态分析求解。从主菜单中选择 Main Menu > Solution > Solve > Current LS 命令，弹出 "/STATUS Command"信息提示栏和"Solve Current Load Step"对话框。浏览信息提示栏中的信息，如果无误则单击 File > Close 命令将其关闭。单击"Solve Current Load Step"对话框的"OK"按钮，开始求解。求解完毕后会出现"Solution is done"的提示框，单击"Close"按钮关闭即可。

⑧ 退出求解器。从主菜单中选择 Main Menu > Finish 命令。

10.3.4　谐响应分析

① 定义求解类型。从主菜单中选择 Main Menu > Solution > Analysis Type > New Analysis 命令，弹出"New Analysis"对话框，选中"Harmonic"，如图 10-30 所示，单击"OK"按钮。

② 设置求解选项。从主菜单中选择 Main Menu > Solution > Analysis Type > Analysis Options 命令，弹出"Harmonic Analysis"对话框，在"[HROPT] Solution method"下拉列表中选择"Mode Superpos'n"，如图 10-31 所示，单击"OK"按钮。

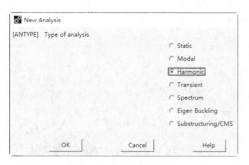

图 10-30　定义求解类型

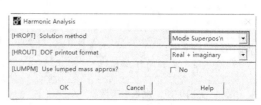

图 10-31　设置求解选项

③ 弹出"Mode Sup Harmonic Analysis"对话框，在"[HROPT] Maximum mode number"文本框中输入 2，如图 10-32 所示，单击"OK"按钮。

④ 施加集中载荷。从主菜单中选择 Main Menu > Solution > Define Loads > Apply > Structural > Force/Moment > On Nodes 命令，弹出"Apply F/M on Nodes"拾取菜单，在屏幕上拾取编号为 1 的节点，弹出"Apply F/M on Nodes"对话框，在"Lab Direction of force/mom"下拉列表中选择"FY"，在"VALUE Real part of force/mom"文本框中输入"50"，如图 10-33 所示，单击"OK"按钮。

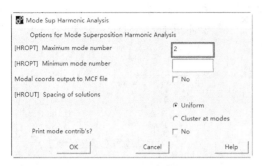

图 10-32 "Mode Sup Harmonic Analysis" 对话框

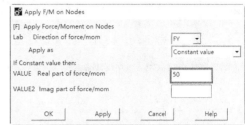

图 10-33 施加集中载荷

⑤ 设置载荷。从主菜单中选择 Main Menu > Solution > Load Step Opts > Time/Frequenc > Freq and Substps 命令，弹出 "Harmonic Frequency and Substep Options" 对话框，在 "[NSUBST] Number of substeps" 文本框中输入 "50"，在 "[HARFRQ] Harmonic freq range" 文本框中依次输入 "0.1，1"，勾选 "Stepped" 单选按钮，如图 10-34 所示，单击 "OK" 按钮。

⑥ 设置输出选项。从主菜单中选择 Main Menu > Solution > Load Step Opts > Output Ctrls > DB/Results File 命令，弹出 "Controls for Database and Results File Writing" 对话框，在 "FREQ File write frequency" 后面单击选中 "Every substep"，如图 10-35 所示，单击 "OK" 按钮。

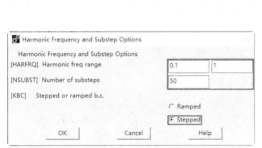

图 10-34 设置载荷

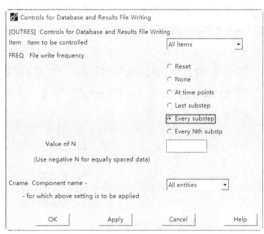

图 10-35 设置输出选项

⑦ 谐响应分析求解。从主菜单中选择 Main Menu > Solution > Solve > Current LS 命令，弹出 "/STATUS Command" 信息提示栏和 "Solve Current Load Step" 对话框。浏览信息提示栏中的信息，如果无误则单击 File > Close 命令关闭。单击 "Solve Current Load Step" 对话框的 "OK" 按钮，开始求解。求解完毕后会出现 "Solution is done" 的提示框，单击 "Close" 按钮关闭即可。

⑧ 退出求解器。从主菜单中选择 Main Menu > Finish 命令。

10.3.5 观察结果

① 进入时间历程后处理。从主菜单中选择 Main Menu > TimeHist PostPro 命令，弹出 "Time History Variables" 对话框，里面已有默认变量频率（FREQ），如图 10-36 所示。

② 定义位移变量 UY1。在图 10-36 所示的对话框中单击左上角的"Add Data"按钮，弹出"Add Time-History Variable"对话框，连续单击 Nodal Solution > DOF Solution > Y-Component of displacement 命令，如图 10-37 所示，在"Variable Name"文本框输入"UY_1"，单击"OK"按钮。

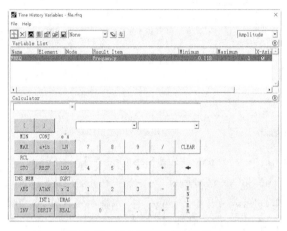

图 10-36　进入时间历程后处理

图 10-37　定义位移变量 UY1

③ 弹出"Node for Data"对话框，如图 10-38 所示，在文本框中输入"1"，单击"OK"按钮，返回"Time History Variables-file.rfrq"对话框，此时变量列表里面多了一项"UY_1"变量。

④ 定义位移变量 UY2。在图 10-36 所示的对话框中单击左上角的"Add Data"按钮，弹出"Add Time-History Variable"对话框，连续单击 Nodal Solution > DOF Solution > Y-Component of displacement，如图 10-37 所示，在"Variable Name"文本框中输入"UY_2"，单击"OK"按钮。

⑤ 弹出"Node for Data"对话框，如图 10-38 所示，在文本框中输入"2"，单击"OK"按钮。返回"Time History Variables-file.rfrq"对话框，此时变量列表里面多了一项"UY_2"变量，如图 10-39 所示。

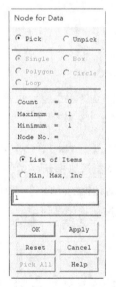

图 10-38　"Node for Data"对话框

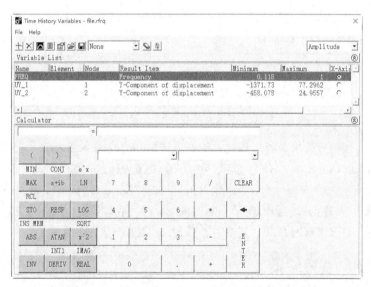

图 10-39　"Time History Variables-file.rfrq"对话框

⑥ 单击对话框左上角的 File > Close 命令关闭。

⑦ 修改曲线图的网络。从应用菜单中选择 Utility Menu > PlotCtrls > Style > Graphs > Modify Grid 命令，弹出"Grid Modifications for Graph Plots"对话框，在"[/GRID] Type of grid"右侧下拉列表中选择"X and Y lines"，如图 10-40 所示，单击"OK"按钮。

⑧ 修改曲线图的坐标轴。从应用菜单中选择 Utility Menu > PlotCtrls > Style > Graphs > Modify Axes 命令，弹出"Axes Modifications for Graph Plots"对话框，在"[/AXLAB] Y-axis label"文本框中输入"DISP"，如图 10-41 所示，单击"OK"按钮。

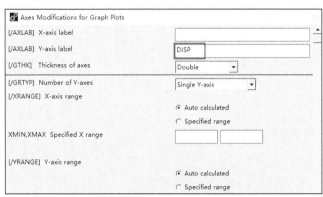

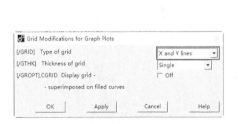

图 10-40　修改曲线图的网格　　　　　　　图 10-41　修改曲线图的坐标轴

⑨ 绘制变量时程图。从主菜单中选择 Main Menu > TimeHist PostPro > Graph Variables 命令，弹出"Graph Time-History Variables"对话框，如图 10-42 所示。在"NVAR1"文本框中输入"2"，在"NVAR2"文本框中输入"3"，单击"OK"按钮，屏幕显示如图 10-43 所示。

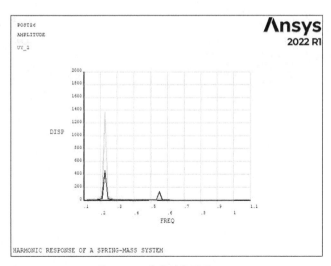

图 10-42　绘制变量时程图　　　　　　　　图 10-43　变量时程图显示

⑩ 列表显示变量。从主菜单中选择 Main Menu > TimeHist PostPro > List Variables 命令，弹出"List Time-History Variables"对话框，如图 10-44 所示，在"NVAR1"文本框中输入"2"，在"NVAR2"文本框中输入"3"，单击"OK"按钮，结果如图 10-45 所示。

⑪ 退出 ANSYS。在"ANAYS Toolbar"中单击"Quit"，选择要保存的项后单击"OK"按钮。

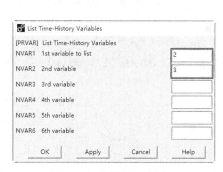

图 10-44　列表显示变量

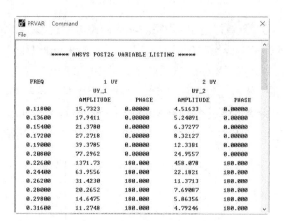

图 10-45　列表显示变量结果

第11章

谱分析

谱分析是模态分析的扩展，用于计算结构对地震及其他随机激励的响应。本章介绍了 ANSYS 谱分析的全流程，讲解了各种参数的设置方法与功能，最后通过支撑平板的动力效果分析实例对 ANSYS 谱分析功能进行了具体演示。

通过本章的学习，读者可以深入掌握 ANSYS 谱分析的各种功能和应用方法。

11.1 谱分析概论

谱是指频率与谱值的曲线，它表征时间历程载荷的频率和强度特征。谱分析包括如下几种。

（1）响应谱分析。

（2）动力设计分析。

（3）随机振动分析。

11.1.1 响应谱分析

响应谱表示单自由度系统对时间历程载荷的响应，它是响应与频率的曲线，这里的响应可以是位移、速度、加速度或力。响应谱分析包括如下两种。

1. 单点响应谱分析

在单点响应谱分析（SPRS）中，只可以给节点指定一种谱曲线（或一族谱曲线），如在支撑处指定一种谱曲线，如图 11-1（a）所示。

2. 多点响应谱分析

在多点响应谱分析（MPRS）中可在不同节点处指定不同的谱曲线，如图 11-1（b）所示。

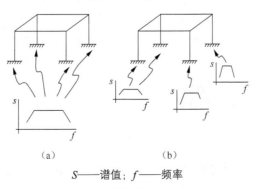

（a）　　　　　　　　（b）

S——谱值；f——频率

图 11-1　响应谱分析示意

11.1.2　动力设计分析

动力设计分析是一种用于分析船装备抗振性的分析方法，它本质上来说也是一种响应谱分析，该方法中用到的谱曲线是根据一系列经验公式和抗振设计表格得到的。

11.1.3　随机振动分析

功率谱密度（PSD）是随机变量在单位频率间隔的功率，该值用于随机振动分析，此时，响应的瞬态数值只能用概率函数来表示，其数值的概率对应一个精确值。

功率谱密度函数表示功率谱密度值与频率的曲线，这里的功率谱可以是位移功率谱、速度功率谱、加速度功率谱或力功率谱。从数学意义上来说，功率谱密度与频率在坐标系中围成的面积就等于功率方差。与响应谱分析类似，随机振动分析也可以用于单点或多点分析。对于单点随机振动分析，在模型的一组节点处指定一种功率谱密度；对于多点随机振动分析，可以在模型不同节点处指定不同的功率谱密度。

11.2　谱分析的基本步骤

11.2.1　前处理

该步骤和普通结构静力分析一样，需注意以下两点。

（1）在谱分析中只有线性行为有效。如果有非线性单元存在，将其作为线性单元考虑。举例来说，如果分析中包括接触单元，它们的刚度将依据原始状态来计算并且不再改变。

（2）必须指定弹性模量（EX）或某种形式的刚度，以及密度（DENS）或某种形式的质量。材料属性可以是线性的、各向同性或各向异性的、与温度无关或有关。如果定义了非线性材料属性，其非线性将被忽略。

11.2.2　模态分析

谱分析之前需进行模态分析，其具体步骤可参考模态分析章节，需注意以下几点。

（1）提取模态方法可以用 Block Lanczos、Subspace 或减缩方法，其他的方法如 Unsymmetric、Damped、QR Damped 和 PowerDynamics 法不能用于后来的谱分析。

（2）提取的模态阶数必须足够描述所关心频率范围内的结构响应特性。

（3）如果想用一个单独的步骤来扩展模态，那么使用 GUI 方式分析时，在弹出的对话框中要选择不扩展模态（参考 MXPAND 命令的 SIGNIF 变量）。否则，在模态分析时就选择扩展模态。

（4）如果谱分析中包括与材料相关的阻尼，必须在模态分析时指定。

（5）确定施加激励谱的自由度约束。

（6）在求解结束后，需明确的离开求解器。

11.2.3　谱分析

从模态分析得到的模态文件和全部文件（jobname.MODE、jobname.FULL）必须存在且有效，数据库中必须包含相同的结构模型。

1. 进入求解器

命令：/SOLU。
GUI：Main Menu > Solution。

2. 定义分析类型和选项

ANSYS 程序为谱分析提供了分析选项，如表 11-1 所示，需要注意，并不是所有的模态分析选项和特征值提取方法都可用于谱分析。

表 11-1　分析选项

选项	命令	GUI 方式
新的分析	ANTYPE	Main Menu > Solution > Analysis Type > New Analysis
分析类型：谱分析	ANTYPE	Main Menu > Solution > Analysis Type > New Analysis > Spectrum
谱分析类型：SPRS	SPOPT	Main Menu > Solution > Analysis Type > Analysis Options
提取的模态阶数	SPOPT	Main Menu > Solution > Analysis Type > Analysis Options

（1）在[ANTYPE] New Analysis 选项中选择"New Analysis"。

（2）在[ANTYPE] Analysis Type: Spectrum 选项中选择"spectrum"（谱分析）。

（3）在 Spectrum Type [SPOPT]选项中，可供选择项有"Single-pt resp"（SPRS）（单点响应谱），"Multi-pt respons"（MPRS）（多点响应谱），"D. D. A. M"（动力设计分析）和"P. S. D"（随机振动分析），如图 11-2 所示。针对不同的谱分析方法，后面的载荷步选项也不相同。

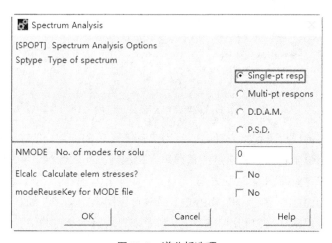

图 11-2　谱分析选项

（4）提取的模态阶数。提取足够的模态，需覆盖谱分析所跨越的频率范围，这样才可以描述结构的响应特征。求解的精度依赖模态的提取阶数，提取阶数越多，求解精度越高，该项对应图 11-2 中的"NMODE No. of modes for solu"选项。如果想计算相对应力，保持"Elcalc Calculate elem stresses?"选项为默认设置，即不勾选"No"复选框。

3. 指定载荷步选项

为单点响应谱分析指定有效的载荷步选项，如表 11-2 所示。

表 11-2　载荷步选项

	选项	命令	GUI 方式
谱分析选项	响应谱的类型	SVTYP	Main Menu > Solution > Load Step Opts > Spectrum > Single Point > Settings
	激励方向	SED	Main Menu > Solution > Load Step Opts > Spectrum > Single Point > Settings
	谱值与频率的曲线	FREQ, SV	Main Menu > Solution > Load Step Opts > Spectrum > Single Point > Freq Table or Spectr Values
阻尼（动力学选项）	刚度阻尼	BETAD	Main Menu > Solution > Load Step Opts > Time/Frequenc > Damping
	阻尼比常数	DMPRAT	Main Menu > Solution > Load Step Opts > Time/Frequenc > Damping
	模态阻尼	MDAMP	Main Menu > Solution > Load Step Opts > Time/Frequenc > Damping

（1）响应谱的类型。如图 11-3 所示，响应谱的类型可以是位移、速度、加速度、力或功率谱密度。除了力，其余都可以表示地震谱，也就是说，它们都假定作用于基础上（即约束处）。力谱作用于没有约束的节点，可以利用命令"F"或者"FK"来施加，其方向分别用 FX、FY、FZ 表示。功率谱密度谱在内部被转化为位移响应谱并且限定为平面窄带谱，详情可以参考 ANSYS 帮助文档。

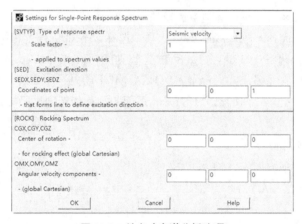

图 11-3　单点响应谱分析选项

（2）激励方向。该选项用于定义激励方向。用户直接输入 SEDX、SEDY、SEDZ 的值来定义全局坐标系中的一点，通过坐标原点和该点的直线来定义激励方向。例如，在 SEDX、SEDY、SEDZ 输入（0,1,0）表示将正 Y 轴定义为激励方向。

（3）谱值与频率的曲线。"SV"和"FREQ"命令可以用来定义谱曲线。可以定义一族谱曲线，每条曲线都有不同的阻尼率，可以利用"STAT"命令来列表显示谱曲线值。另一条命令"ROCK"可用来定义摆动谱。

（4）阻尼。如果定义超过多种阻尼，ANSYS 程序会对每种频率计算有效的阻尼比，然后对谱曲线取对数，计算有效阻尼比处对应的谱值。如果没指定阻尼，程序会自动选择阻尼最低的谱曲线。

阻尼有如下几种有效形式。

- Beta（stiffness）Damping [BETAD]

该选项定义频率相关的阻尼比。

- Constant Damping Ratio [DMPRAT]

该选项指定可用于所有频率的阻尼比常数。

- Modal Damping [MDAMP]

该选项用于设置模态阻尼比常数。

> **注意**　"MDAMP"命令还可以指定模态分析中的材料相关阻尼比常数，但不能指定用于其他分析中的材料相关刚度阻尼。

4. 开始求解

命令: SOLVE。
GUI: Main Menu > Solution > Solve > Current LS.

求解输出结果包括参与因子表。该表作为打印输出的一部分，列出了参与因子、模态系数（基于最小阻尼比），以及每阶模态的质量分布。用振型乘以模态系数就可以得到每阶模态的最大响应（模态响应）。利用"*GET"命令可以重新得到模态系数，在"SET"命令里可以将它作为一个比例因子。

如果还有其他的响应谱，需要重复 2、3 步骤，要注意的是，此时的求解不会写入"file.RST"文件。

5. 离开求解器

命令: FINISH。
GUI: Close the Solution menu.

11.2.4　扩展模态

（1）扩展模态步骤如下。

命令: MXPAND。
GUI: Main Menu > Solution > Analysis Type > New Analysis > Modal.
Main Menu > Solution > Analysis Type > Expansion Pass.
Main Menu>Solution > Load Step Opts > Expansion Pass >Single Expand>Expand Modes.

（1）弹出"New Analysis"对话框，选择"Modal"选项，建立新分析如图 11-4 所示。

（2）弹出"Expansion Pass"对话框，选择"Expansion pass"选项，设置扩展通行如图 11-5 所示，单击"OK"按钮。

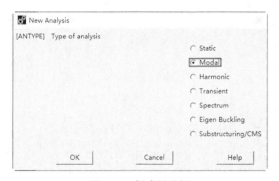

图 11-4　创建新分析

图 11-5　设置扩展通行

（3）弹出"Expand Modes"对话框，如图 11-6 所示，填入想要扩展的模态或频率范围，单击"OK"按钮。

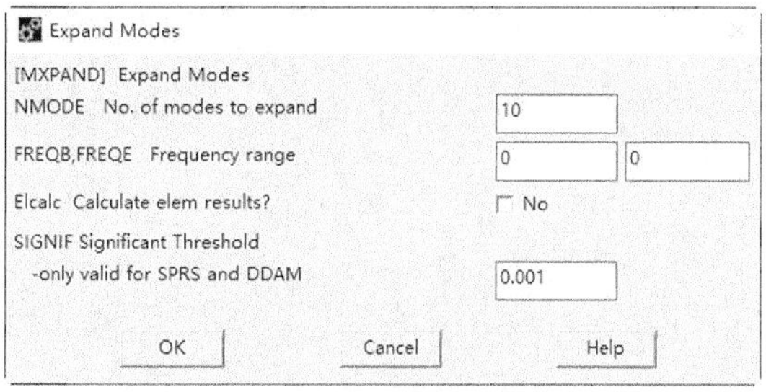

无论模态分析采用何种模态提取方法，都需要扩展模态。前面已经说过模态扩展的具体方法和步骤，但要记住以下两点。

① 只有有意义的模态才能被扩展。如果用命令方法，可以参考"MSPAND"命令的"SIGNIF"

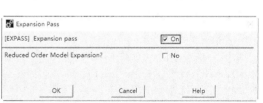

图 11-6　扩展模态对话框

选项；如果用 GUI 方式，在模态分析步骤时，在 "Expansion Pass" 对话框中（见图 11-5）选择 "No"，然后就可以在谱分析结束后用一个单独的步骤来扩展模态。

② 只有扩展后的模态才能进行合并模态操作。

另外，如果想要扩展所有模态，可以在模态分析步骤时就选择扩展模态。但如果只是想有选择的扩展模态（只扩展对求解有意义的模态），则必须在谱分析结束后用单独的模态扩展步骤来完成。

 注意 只有扩展后的模态才会写入结果文件（Jobname.RST）。

11.2.5 合并模态

模态合并作为一个单独的过程，其步骤如下。

1. 进入求解器

命令：/SOLU。
GUI：Main Menu > Solution。

2. 定义求解类型

命令：ANTYPE。
GUI：Main Menu > Solution > Analysis Type > New Analysis。

- 选项：New Analysis [ANTYPE]。

选择 New Analysis。

- 选项：Analysis Type: Spectrum [ANTYPE]。

选择 analysis type spectrum。

3. 选择一种合并模态方式

ANSYS 程序提供了 5 种合并模态方式，分别如下。

- Square Root of Sum of Squares（SRSS）。
- Complete Quadratic Combination（CQC）。
- Double Sum（DSUM）。
- Grouping（GRP）。
- Naval Research Laboratory Sum（NRLSUM）。

其中，NRLSUM 方法专门用于动力设计分析方法，用下面的方法激活合并模态方法。

GUI：Main Menu > Solution > Analysis Type > New Analysis > Spectrum。
Main Menu > Solution > Analysis Type > Analysis Opts > Single-pt resp.。
Main Menu > Load Step Opts > Spectrum > Single Point > Mode Combine > CQC Method.

弹出 "CQC Mode Combination" 对话框，设置模态合并，如图 11-7 所示。

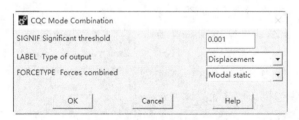

图 11-7 设置模态合并

ANSYS 允许计算 3 种不同响应类型的合并模态，对应于如图 11-7 所示对话框中 "LABEL Type

of output"的下拉列表。

（1）位移（label = DISP）

位移响应包括位移、应力、力等。

（2）速度（label = VELO）

速度响应包括速度、应力速度、集中力速度等。

（3）加速度（label = ACEL）

加速度响应包括角速度、应力加速度、集中力加速度等。

在分析地震波和冲击波时，DSUM 方法还允许输入时间。

> **注意**
>
> 如果要选用 CQC 方法，则必须指定阻尼。另外，如果使用材料相关阻尼，在模态扩展时就必须计算应力（在命令 MXPAND 中设置 Elcalc = YES）。

4．开始求解

命令：SOLVE。
GUI：Main Menu > Solution > Solve > Current LS。

模态合并步骤会建立一个 POST1 命令文件（Jobname.MCOM），在 POST1（通用后处理）读入这个文件并利用模态扩展的结果文件（Jobname.RST）进行模态合并。

文件（Jobname.MCOM）包含 POST1 命令，命令中包含由指定模态合并方法计算得到的整体结构响应的最大模态响应。

模态合并方法决定了结构模态响应如何被合并。

（1）如果选择位移响应类型（label = DISP），模态合并命令将合并每一阶模态的位移和应力。

（2）如果选择速度响应类型（label = VELO），模态合并命令将合并每一阶模态的速度和应力速度。

（3）如果选择加速度响应类型（label = ACEL），模态合并命令将合并每一阶模态的加速度和应力加速度。

5．离开求解器

命令：FINISH。

> **注意**
>
> 如果除了计算位移，还想计算速度和加速度，在合并位移类型之后，重复执行模态合并步骤以合并速度和加速度。需要记住，在执行了新的模态合并步骤之后，Jobname.MCOM 文件会被重新入。

11.2.6　后处理

单点响应谱分析的结果文件以 POST1 命令形式被写入模态合并文件"Jobname.MCOM"。这些命令以某种指定的方式合并最大模态响应，然后计算出结构的整体响应。整体响应包括位移（或速度和加速度），另外，如果在模态扩展阶段进行了相应设定，则还包括整体应力（或应力速度和应力加速度）、应变（或应变速度和应变加速度），以及反作用力（或反作用力速度和反作用力加速度）。

可以通过 POST1（通用后处理器）来观察这些结果。

> **注意**
>
> 如果要直接合并衍生应力（S1、S2、S3、SEQV、SI），在读入 Jobname.MCOM 文件前执行"SUMTYPE, PRIN"命令。默认命令"SUMTYPE,COMP"只能直接处理单元非平均应力及这些应力的衍生量。

1. 读入 Jobname.MCOM 文件。

命令：/INPUT。
GUI：Utility Menu > File > Read Input From。

2. 显示结果。

（1）显示变形图

命令：PLDISP。
GUI：Main Menu > General Postproc > Plot Results > Deformed Shape。

（2）显示云图

命令：PLNSOL or PLESOL。
GUI：Main Menu > General Postproc > Plot Results > Contour Plot > Nodal Solu or Element Solu。

利用命令 PLNSOL 和 PLESOL 可以绘制任何结果项的云图（等值线），例如应力（SX、SY、SZ 等）、应变（EPELX、EPELY、EPELZ 等）、位移（UX、UY、UZ 等）。如果执行了"SUMTYPE"命令，那么"PLNSOL"和"PLESOL"命令的显示结果将会受到"SUMTYPE"命令的影响。

利用"PLETAB"命令可以绘图显示单元表，利用"PLLS"命令可以绘图显示线单元数据。

> **注意**
>
> 利用"PLNSOL"命令绘制衍生数据（如应力和应变）时，其节点处是平均值。在单元不同材料、不同壳厚度或其他不连续处时，这种平均导致节点处结果被"磨平"。如果想受到这种"磨平"的影响，可以在执行"PLNSOL"命令之前选择同种材料、壳厚度相同等的单元。

（3）显示矢量图

命令：PLVECT。
GUI：Main Menu > General Postproc > Plot Results > Vector Plot > Predefined。

（4）列表显示结果

命令：PRNSOL（节点结果）
PRESOL（单元结果）
PRRSOL（反作用力）
GUI：Main Menu > General Postproc > List Results > Nodal Solution。
Main Menu > General Postproc > List Results > Element Solution。
Main Menu > General Postproc > List Results > Reaction Solu。

（5）其他功能

后处理器还包含许多其他功能，例如，将结果映射到具体路径，将结果转化到不同坐标系，载荷工况叠加等，可以参考 ANSYS 帮助文档。

11.3 实例导航——三层框架结构地震响应分析

本节采用 GUI 方式对一个简单的两跨三层框架结构进行地震响应分析。

11.3.1 问题描述

某板梁结构，计算在 Y 方向的地震位移响应谱作用下整个结构的响应情况，板梁结构立面图和侧面图的基本尺寸如图 11-8 所示，频率-谱值如表 11-3 所示，其他数据如下。

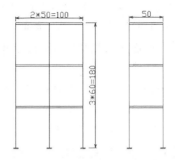

图 11-8　三层框架结构

材料为 A3 钢，杨氏模量为 $2 \times 10^{11} \text{N/m}^2$，泊松比为 0.3，密度为 $7.8 \times 10^3 \text{kg/m}^3$。

板壳厚度 $2 \times 10^{-3} \text{m}$。

梁几何性质：截面面积为 $1.6 \times 10^{-5} \text{m}^2$，惯性矩为 $64/3 \times 10^{-12} \text{m}^4$，宽度 $4 \times 10^{-3} \text{m}$，高度 $4 \times 10^{-3} \text{m}$。

表 11-3　频率-谱值表

响应谱	
频率（Hz）	位移（m）
0.5	1.0×10^{-3}
1.0	0.5×10^{-3}
2.4	0.9×10^{-3}
3.8	0.8×10^{-3}
17	1.2×10^{-3}
18	0.75×10^{-3}
20	0.86×10^{-3}
32	0.2×10^{-3}

11.3.2　GUI 方式

（1）创建物理环境

① 过滤图形界面

从主菜单中选择 Main Menu > Preferences 命令，弹出"Preferences for GUI Filtering"对话框，选中"Structural"来对后面的分析进行菜单及相应的图形界面过滤。

② 定义工作标题

从主菜单中选择 Utility Menu > File > Change Title 命令，在弹出的对话框中输入"Single-point response analysis"，单击"OK"按钮，如图 11-9 所示。

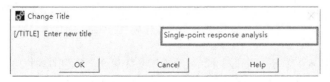

图 11-9　定义工作标题

③ 定义单元类型

从主菜单中选择 Main Menu > Preprocessor > Element Type > Add/Edit/Delete 命令，弹出"Element Types"对话框，单击"Add"按钮，弹出"Library of Element Types"对话框，如图 11-10 所示。在该对话框左面滚动栏中选择"Shell"，在右边的滚动栏中选择"3D 4node 181"，定义"SHELL181"单元。

单击"Apply"按钮，弹出"Library of Element Types"对话框。在该对话框左面滚动栏中选择"Beam"，在右边的滚动栏中选择"2 node 188"，单击"OK"按钮，定义"BEAM188"单元。

在"Element Types"对话框中选择"SHELL181"单元，单击"Options..."按钮，打开"SHELL181 element type options"对话框，将其中的"K3"设置为"Full w/incompatible"，单击"OK"按钮。

选择"BEAM188"单元，单击"Options..."按钮打开"BEAM188 element type options"对话框，将其中的"K3"设置为"Cubic Form"，单击"OK"按钮，如图 11-11 所示。最后单击"Close"按钮，关闭单元类型对话框。

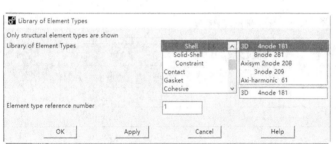

图 11-10 "Library of Element Types"对话框   图 11-11 定义单元类型

④ 定义材料模型属性

从主菜单中选择 Main Menu > Preprocessor > Material Props > Material Models 命令，弹出"Define Material Model Behavior"对话框，如图 11-12 所示，在右边的栏中连续单击"Structural > Linear > Elastic > Isotropic"后，弹出"Linear Isotropic Properties for Material Number 1"对话框，在该对话框中"EX"后面的输入栏输入"2e11"，在"PRXY"后面的输入栏输入"0.3"，设置弹性模量和泊松比，如图 11-13 所示，单击"OK"按钮。

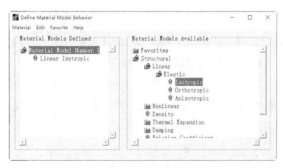 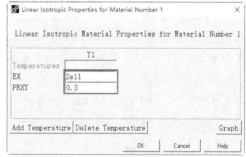

图 11-12 定义材料模型属性   图 11-13 设置弹性模量和泊松比

弹出"Define Material Model Behavior"对话框，设置密度，在右边的栏中连续单击"Structural > Density"，弹出"Density for Material Number 1"对话框，在该对话框中"DENS"后面的输入栏输入"7800"，单击"OK"按钮，如图 11-14 所示，关闭对话框。

⑤ 定义壳单元厚度

从主菜单中选择 Main Menu > Preprocessor > Sections > Shell > Lay-up > Add / Edit 命令，弹出的 "Create and Modify Shell Sections" 对话框，设置 Thickness 为 "2e-3"，如图 11-15 所示单击 "OK" 按钮。

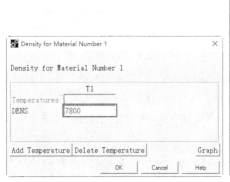

图 11-14　定义密度

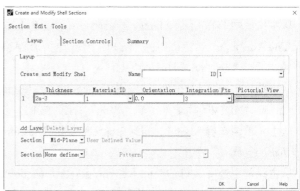

图 11-15　定义壳单元厚度

⑥ 定义梁单元截面

从主菜单中选择 Main Menu > Preprocessor > Sections > Beam > Common Sections 命令，弹出 "Beam Tool" 对话框，定义梁单元，设置如图 11-16 所示，然后单击 "Apply" 按钮。

定义好截面之后，单击 "Preview" 可以观察截面特性。在本模型中截面特性如图 11-17 所示，最后单击 "OK" 按钮。

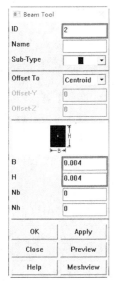

图 11-16　定义梁单元截面

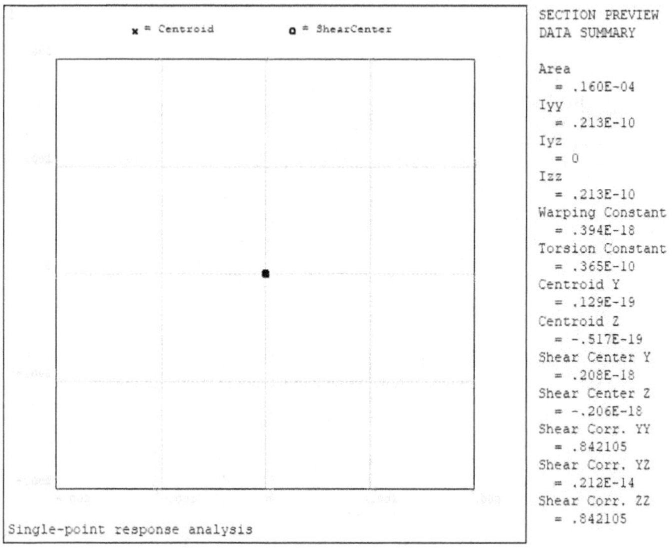

图 11-17　截面图及截面特性

（2）建立有限元模型

① 建立框架柱

从主菜单中选择 Main Menu > Preprocessor > Modeling > Create > Keypoints > In Active CS 命令，弹出 "Create Keypoints in Active Coordinate System" 对话框，在 "NPT" 输入行中输入 1，在 "X，Y，Z" 输入行输入 "0，0，0"，单击 "Apply" 按钮，在 "NPT" 输入行中输入 "2"，在 "X，Y，

Z"输入"0，0.6，0"，单击"Apply"按钮，输入"3""0，1.2，0"，单击"Apply"按钮，继续输入"4""0，1.8，0"，单击"OK"按钮，建立节点，如图 11-18（a）所示。

从主菜单中选择 Main Menu > Preprocessor > Modeling > Create > Lines > Lines > Straight Line 命令，分别选择点 1 和点 2、点 2 和点 3、点 3 和点 4 画出直线，单击"OK"按钮，如图 11-18（b）所示。

从主菜单中选择 Main Menu > Preprocessor > Meshing > Mesh Attributes > Default Attribs 命令，在"Meshing Attributes"对话框中的"TYPE"项选择"2 BEAM188"，在"MAT"项选择"1"，在"SECNUM"项选择"2"，单击"OK"按钮。

从主菜单中选择 Main Menu > Preprocessor > Meshing > Size Cntrls > ManualSize > Lines > All Lines 命令，"NDIV"项输入"6"，单击"OK"按钮，复制节点，如图 11-18（c）所示。

从主菜单中选择 Main Menu > Preprocessor > Meshing > Mesh > Lines 命令，在选择对话框中单击"Pick All"选项。

从主菜单中选择 Main Menu > Preprocessor > Modeling > Copy > Lines 命令，在弹出的选择线对话框中单击"Pick All"按钮，出现"Copy Lines"对话框，在"ITIME"项输入"2"，在"DZ"项中输入"0.5"，单击"Apply"按钮；再单击"Pick All"按钮，出现"Copy Lines"对话框，在"ITIME"项输入"3"，在"DX"项中输入"0.5"，单击"OK"按钮，如图 11-19 所示。

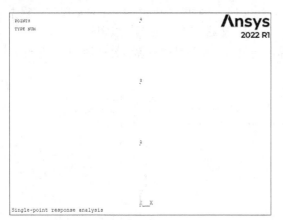

（a）建立节点

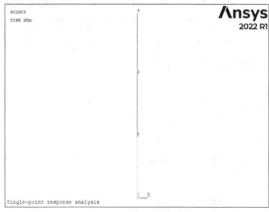

（b）绘制直线

图 11-18　建立框架柱

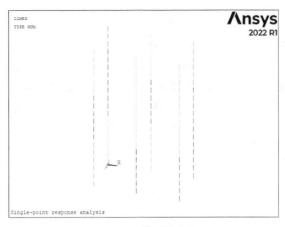

图 11-19　模型的节点

② 建立层板

从主菜单中选择 Main Menu > Preprocessor > Modeling > Create > Areas > Arbitrary > Through KPs 命令，按顺序选择 2、6、14、10 号节点，单击"OK"按钮，形成一个矩形面。

从主菜单中选择 Main Menu > Preprocessor > Meshing > Mesh Attributes > All Areas 命令，在"MAT"项选择"1"，在"TYPE"项选择"1 SHELL181"，在"SECT"项选择"1"，单击"OK"按钮。

从应用菜单中选择 Utility Menu > Preprocessor > Meshing > Size Cntrls > ManualSize > Lines > Picked Lines 命令，然后拾取 20、22 号线，单击"OK"按钮，"NDIV"项输入"5"，单击"OK"按钮。

从主菜单中选择 Main Menu > Preprocessor > Meshing > Mesh > Areas > Mapped > 3 or 4 sided 命令，弹出面拾取对话框，选择 1 号面，单击"OK"，如图 11-20 所示。

从主菜单中选择 Main Menu > Preprocessor > Modeling > Copy > Areas 命令，拾取 1 号面，单击"OK"按钮。出现"Copy Areas"对话框，在"ITIME"项输入"2"，在"DX"项中输入"0.5"，单击"Apply"按钮；在弹出面拾取对话框中单击"Pick All"按钮，出现"Copy Areas"对话框，在"ITIME"项输入"3"，在"DY"项中输入"0.6"，单击"OK"按钮，如图 11-21 所示。

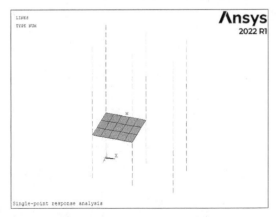

图 11-20　划分好单元的一个面

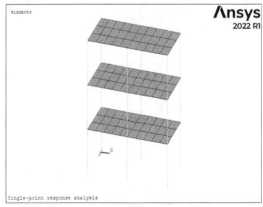

图 11-21　划分好单元的结构

从主菜单中选择 Main Menu > Preprocessor > Numbering Ctrls > Merge Items 命令，弹出"Merge Coincident or Equivalently Defined Items"对话框，在"Label"项选择"All"，单击"OK"按钮关闭对话框，如图 11-22 所示。

从主菜单中选择 Main Menu > Preprocessor > Numbering Ctrls > Compress Numbers 命令，弹出

"Compress Numbers" 对话框，"Label" 项选择 "All"，单击 "OK" 按钮关闭对话框。

③ 施加位移约束。假设此结构与地面接触的柱脚处为固接。

从主菜单中选择 Main Menu > Solution > Define Losads > Apply > Structual > Displacement > On Nodes 命令，弹出节点选取对话框，拾取柱脚处 6 个节点。弹出 "Apply U，ROT no Nodes" 对话框，在 "DOFs to be constrained" 项中选择 "All DOF"，在 "VALUE" 项中输入 "0"，单击 "OK" 关闭窗口，如图 11-23 所示。加约束之后的模型如图 11-24 所示。

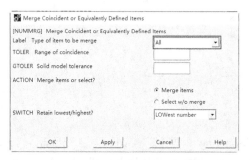

图 11-22　合并重合的节点和单元

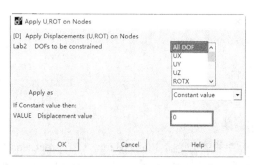

图 11-23　约束节点自由度

（3）模态求解

① 选择分析类型。从主菜单中选择 Main Menu > Solution > Analysis Type > New Analysis 命令，在弹出的 "New Analysis" 对话框中选择 "Modal" 选项，单击 "OK" 按钮关闭对话框。

② 选择模态分析类型。从主菜单中选择 Main Menu > Solution > Analysis Type > Analysis Options 命令，在弹出的 "Modal Analysis" 对话框中选择 "PCG Lanczos" 模态分析法，提取前 10 阶模态，保持 "Expand mode shapes" 项为 "No"，关闭模态扩展，如图 11-25 所示。单击 "OK" 按钮关闭对话框。接着弹出 "PCG Lanczos Modal Analysis" 对话框，设置子空间法模态分析选项，在 "FREQE End Frequency" 文本框中输入 "1000"，单击 "OK" 按钮关闭对话框，如图 11-26 所示。

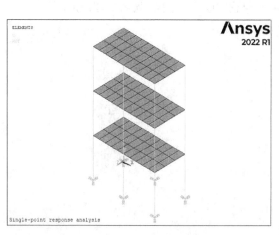

图 11-24　加约束后的模型

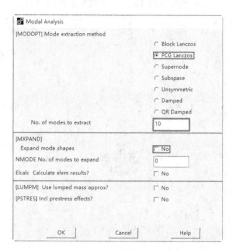

图 11-25　选择模态分析类型

③ 开始求解

从主菜单中选择 Main Menu > Solution > Solve > Current LS，弹出一个名为 "/STATUS Command" 的文本框，检查无误后，单击 "Close"。在弹出的 "Solve Current Load Step" 对话框中单击 "OK" 按钮开始求解。求解结束后，关闭 "Solution is done" 对话框。

（4）获得谱解

① 关闭主菜单中求解器菜单，再重新打开。

从主菜单中选择 Main Menu >Finish 命令。

从主菜单中选择 Main Menu > Solution > Analysis Type > New Analysis 命令，在弹出的"New Analysis"对话框中选择"Spectrum"选项，单击"OK"按钮关闭对话框。

② 选择谱分析类型

从主菜单中选择 Main Menu > Solution > Analysis Type > Analysis Options，在弹出的"Spectrum Analysis"对话框中选择"Single-pt resp"单选按钮，"NMODE"右侧文本框中输入"10"，勾选"Elcalc Calculate elem stresses？"项为"Yes"。如图 11-27 所示，单击"OK"按钮。

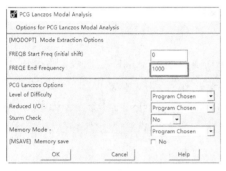

图 11-26 选择模态分析模型

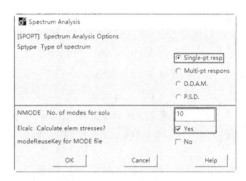

图 11-27 选择谱分析类型

③ 设置反应谱

从主菜单中选择 Main Menu > Solution > Load Step Opts > Spectrum > Single Point > Setting 命令，弹出的单点反应谱设置对话框中，在"SVTYP"项右侧选择"Seismic displac"，并设置为"1"，设置激励方向"SEDX、SEDY、SED2"为"0，0，1"，如图 11-28 所示，单击"OK"按钮。

从主菜单中选择 Main Menu > Solution > Load Step Opts > Spectrum > Single Point > Freq Table 命令，弹出频率输入对话框，按照频率-谱值表依次输入频率值，如图 11-29 所示，单击"OK"按钮。

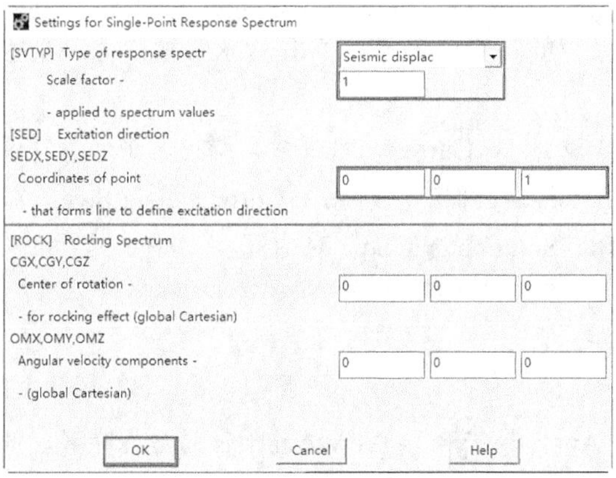

图 11-28 设置反应谱

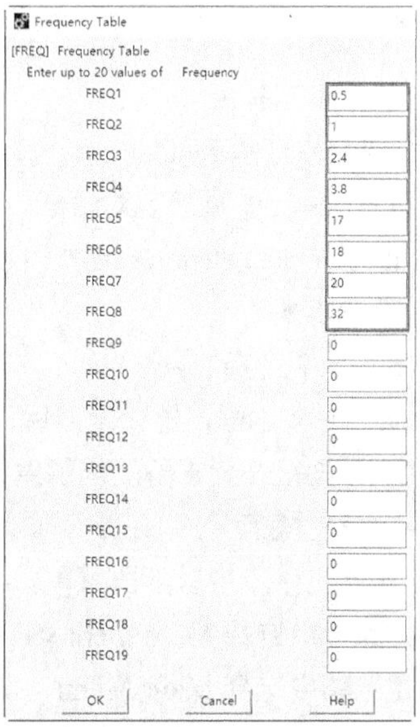

图 11-29 输入频率值

从主菜单中选择 Main Menu > Solution > Load Step Opts > Spectrum > Single Point > Spectr Values 命令，弹出谱值-阻尼比对话框，直接单击"OK"按钮，此时设置为默认状态，即无阻尼。然后依次对应上述频率输入谱值，如图 11-30 所示。单击"OK"按钮关闭该对话框。

从主菜单中选择 Main Menu > Solution > Load Step Opts > Spectrum > Single Point > Show Status，弹出频率-谱值列表，检查无误后关闭列表。

④ 开始求解

从主菜单中选择 Main Menu > Solution > Solve > Current LS 命令，弹出一个名为"/STATUS Command"的文本框，检查无误后，单击"Close"选项。在弹出的另一个"Solve Current Load Step"对话框中单击"OK"按钮开始求解。求解结束后，关闭"Solution is done"对话框。

（5）扩展模态

① 关闭主菜单中求解器菜单，再重新打开。

从主菜单中选择 Main Menu > Finish 命令。

从主菜单中选择 Main Menu > Solution > Analysis Type > New Analysis 命令，在弹出的"New Analysis"对话框中选择"Modal"选项，单击"OK"按钮关闭该对话框。

从主菜单中选择 Main Menu > Solution > Analysis Type > ExpansionPass 命令，弹出"Expansion Pass"对话框，将"EXPASS"项设置成"On"，如图 11-31 所示，单击"OK"按钮。

图 11-30 谱值表

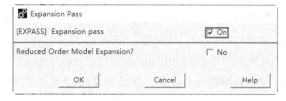

图 11-31 "Expansion Pass"对话框

② 设置模态扩展

从主菜单中选择 Main Menu > Solution > Load Step Opts > ExpansionPass > Single Expand > Expand Modes 命令，弹出扩展模态对话框，在"NMODE"项输入"10"，在"SIGNIF"项输入"0.005"，勾选"Elcalc Calculate elem results？"项为"Yes"，如图 11-32 所示，单击"OK"按钮关闭该对话框。

③ 开始求解

从主菜单中选择 Main Menu > Solution > Solve > Current LS 命令，弹出一个名为"/STATUS Command"的文本框，检查无误后，单击"Close"。在弹出的"Solve Current Load Step"对话框中单击"OK"按钮开始求解。求解结束后，关闭"Solution is done"对话框。

（6）模态叠加

① 关闭主菜单中求解器菜单，再重新打开。

从主菜单中选择 Main Menu > Finish 命令。

从主菜单中选择 Main Menu > Solution > Analysis Type > New Analysis 命令，在弹出的"New Analysis"对话框中选择"Spectrum"选项，单击"OK"按钮关闭该对话框。

从主菜单中选择 Main Menu > Solution > Analysis Type > Analysis Options 命令，单击 "OK" 按钮，选择默认设置，如图 11-33 所示。

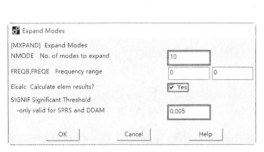

图 11-32 设置扩展模态

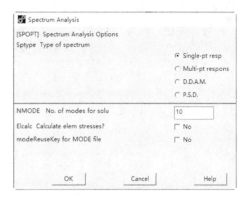

图 11-33 选择谱类型

② 模态叠加

从主菜单中选择 Main Menu > Solution > Load Step Opts > Spectrum > Single Point > Mode Combine > SRSS Method 命令，弹出 "SRSS Mode Combination" 对话框，在 "SIGNIF" 项右侧文本框中输入 0.15，在 "LABEL" 右侧下拉列表中选择 "Displacement"，设置合并模态，如图 11-34 所示，单击 "OK" 按钮。

③ 开始求解

从主菜单中选择 Main Menu > Solution > Solve > Current LS 命令，弹出一个名为 "/STATUS Command" 的文本框，检查无误后，单击 "Close" 按钮。在弹出的 "Solve Current Load Step" 对话框中单击 "OK" 按钮开始求解。求解结束后，关闭 "Solution is done" 对话框。

（7）查看结果

① 查看 SET 列表

从主菜单中选择 Main Menu > General Postproc > List Results > Detailed Summary 命令，弹出 Set 命令列表，结果如图 11-35 所示，浏览后关闭。

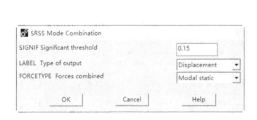

图 11-34 设置合并模态

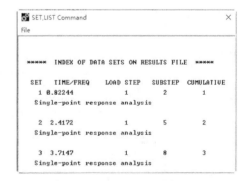

图 11-35 SET 命令结果表

② 读取结果文件

从应用菜单中选择 Utility Menu > File > Read Input from 命令，在 "Read File" 对话框右侧的滚动栏中选择包含结果文件的路径；在左侧的滚动栏中选择 Jobname.MCOM 文件。单击 "OK" 按钮关闭该对话框。

③ 列表显示节点位移结果

从主菜单中选择 Main Menu > General Postproc > List Results > Nodal Solution 命令，在"List Nodal Solution"对话框中选择 Nodal Solution > DOF Solution > Displacement vector sum 命令，单击"OK"按钮。弹出节点位移列表，如图 11-36 所示，浏览后关闭窗口。

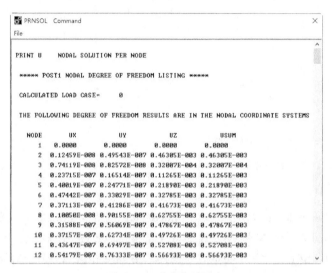

图 11-36　节点位移列表

④ 列表显示单元结果

从主菜单中选择 Main Menu > General Postproc > List Results > Element Solution 命令，在"List Element Solution"对话框中选择"Element Solution > All Available force items"命令，单击"OK"按钮。弹出单元结果列表，如图 11-37 所示，浏览后关闭窗口。

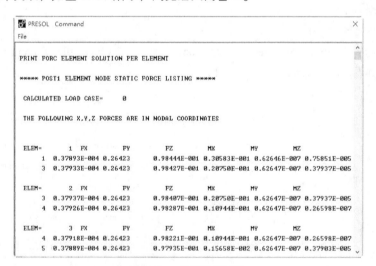

图 11-37　单元结果列表

⑤ 列表显示反力

从主菜单中选择 Main Menu > General Postproc > List Results > Reaction Solu 命令，在"List Reaction Solution"对话框中选择"All items"，单击"OK"按钮。弹出被约束的节点反力列表，如图 11-38 所示，浏览后关闭窗口。

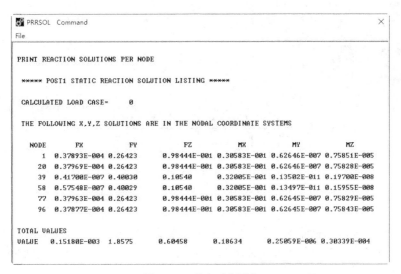

图 11-38 节点反力列表

（8）退出程序

单击工具条上的"QUIT"选项，弹出"Exit"对话框，选取一种保存方式，单击"OK"按钮，退出 ANSYS 软件。

第 12 章

非线性分析

非线性变化是日常生活和科研工作中经常碰到的情形。本章介绍了 ANSYS 非线性分析的全流程步骤，详细讲解了其中各种参数的设置方法与功能，最后通过一个实例对 ANSYS 非线性分析功能进行了具体演示。

通过本章的学习，读者可以完整深入地掌握 ANSYS 非线性分析的各种功能和应用方法。

12.1 非线性分析概论

在日常生活中，经常会遇到非线性的结构变化。例如，无论何时用订书钉装订书，金属订书钉将永久地弯曲成一种形状，如图 12-1（a）所示；如果你在一个木书架上放置重物，随着时间的推移它将越来越下垂，如图 12-1（b）所示；当在汽车或卡车上装货时，轮胎和路面间接触面积将随货物重量而变化，如图 12-1（c）所示。如果将上面例子的载荷-变形曲线画出来，将会发现它们都显示了非线性结构的基本特征，即变化的结构刚性。

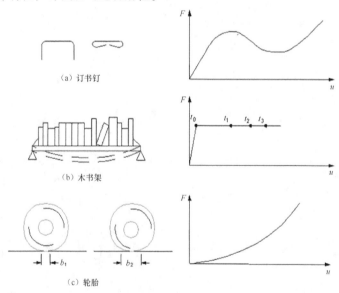

（a）订书钉

（b）木书架

（c）轮胎

图 12-1　非线性结构行为的普通例子

12.1.1 非线性行为的原因

引起结构非线性变化的原因很多，它可以被分成 3 种主要类型。

（1）状态变化（包括接触）。许多普通结构表现出一种与状态相关的非线性行为，例如，一根只能拉伸的电缆可能是松散的，也可能是绷紧的。轴承套之间可能是接触的，也可能是不接触的，冻土可能是冻结的，也可能是融化的。这些系统的刚度由于系统状态的改变在不同的值之间突然变化。状态改变也许和载荷有关（如在电缆情况中），也可能由某种外部原因引起（如冻土中的紊乱热力学条件）。ANSYS 程序中单元的激活与抑制选项用来给物体这种状态的变化建模。

接触是一种很普遍的非线性行为，接触是状态变化非线性类型中一个特殊而重要的子集。

（2）几何非线性。如果物体大变形，它变化的几何形状可能会引起结构的非线性响应。如图 12-2 所示，随着垂向载荷的增加，竿不断弯曲导致动力臂明显减少，竿端显示在较高载荷下不断增长的刚性。

（3）材料非线性。非线性的应力-应变关系是材料非线性的常见原因。许多因素可以影响材料的应力-应变性质，包括加载历史（如在弹-塑性响应状况下）、环境状况（如温度）、加载的时间总量（如在蠕变响应状况下）。

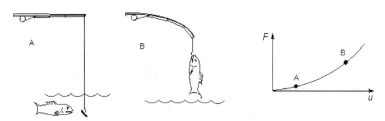

图 12-2 钓鱼竿示范几何非线性

12.1.2 非线性分析的基本信息

ANSYS 程序的方程求解器计算一系列的联立线性方程来预测工程系统的响应。然而，非线性结构的行为不能直接用这样一系列的线性方程表示，需要一系列的带校正的线性近似来求解非线性问题。

1. 非线性求解方法

一种近似的非线性求解方法是将载荷分成一系列的载荷增量，可以在几个载荷步内或在一个载荷步的几个子步内施加载荷增量。在每一个增量的求解完成后，继续进行下一个载荷增量计算，并调整刚度矩阵以反映结构刚度的非线性变化。遗憾的是，纯粹的增量近似不可避免地随着每一个载荷增量积累误差，导致结果最终失去平衡，如图 12-3（a）所示。

ANSYS 程序通过使用牛顿－拉弗森平衡迭代求解方法克服了这种困难，它迫使在每一个载荷增量的末端解达到平衡收敛（在某个容限范围内）。图 12-3（b）描述了在单自由度非线性分析中牛顿-拉弗森平衡迭代法（NR 法）的使用。在每次求解前，NR 方法估算出残差矢量，这个矢量是回复力（对应单元应力的载荷）和所加载荷的差值。程序使用非平衡载荷进行线性求解，且核查收敛性。如果不满足收敛准则，则重新估算非平衡载荷，修改刚度矩阵，获得新解，持续这种迭代过程直到解收敛。

ANSYS 程序提供了一系列命令来增强解的收敛性，如自适应下降、线性搜索、自动载荷步及二分法等，可被激活来加强解的收敛性，如果不能得到收敛，那么程序要么继续计算下一个载荷步、要么终止（依据用户的指示而定）。

对某些物理意义上不稳定系统的非线性静态分析，如果仅仅使用 NR 法，正切刚度矩阵可能变为降秩矩阵，导致严重的收敛问题，包括在独立实体从固定表面分离的静态接触分析中结构完全崩溃或"突然变成"另一个稳定形状的非线性弯曲问题。对这样的情况，可以激活另外一种迭代方法

——弧长方法，来帮助稳定求解。弧长方法在 NR 法平衡迭代基础上使解沿一段弧收敛，此时即使正切刚度矩阵的倾斜为零或负值时，也往往阻止解发散。这种迭代方法以图形表示在图 12-4 中。

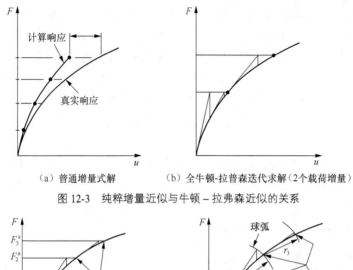

（a）普通增量式解 （b）全牛顿-拉普森迭代求解（2个载荷增量）

图 12-3　纯粹增量近似与牛顿－拉弗森近似的关系

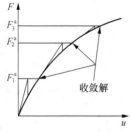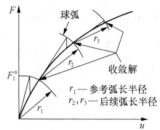

图 12-4　传统的 NR 方法与弧长方法的比较

2．非线性求解级别

非线性求解被分成 3 个操作级别。

（1）"顶层"级别由在一定"时间"范围内明确定义的载荷步组成。假定载荷在载荷步内是线性变化的。

（2）在每一个载荷子步内，为了逐步加载可以控制程序来执行多次求解（子步或时间步）。

（3）在每一个子步内，程序将进行一系列的平衡迭代以获得收敛的解。

图 12-5 说明了一段用于非线性分析的典型的载荷、子步及时间关系图。

3．载荷和位移的方向改变

当结构经历大变形时应该考虑载荷发生的变化。在许多情况中，无论结构如何变形，施加在系统中的载荷依旧保持恒定的方向。而在另一些情况中，力改变方向，载荷方向随着单元方向的改变而变化。

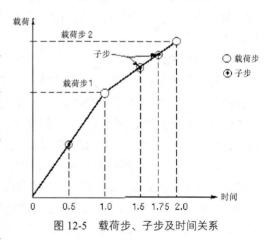

图 12-5　载荷步、子步及时间关系

> **注意**
> 在大变形分析中不修正节点坐标系方向。因此，计算出的位移在最初的方向上输出。

ANSYS 程序对这两种情况都可以建模，依赖于所施加的载荷类型。加速度和集中力将不受单元方向改变的影响而保持它们最初的方向，表面载荷作用在变形单元表面的法向，且可被用来模拟"跟随"力。图 12-6 说明了恒力和跟随力的差异。

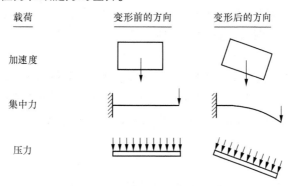

图 12-6　变形前后载荷方向

4．非线性瞬态过程分析

非线性瞬态过程的分析与线性静态或准静态分析类似：以步进增量加载，程序在每一步中进行平衡迭代。静态分析和瞬态分析的主要不同是，在瞬态过程分析中要激活时间积分效应。因此，在瞬态过程分析中"时间"总是表示实际的时序。自动时间分步和二等分特点同样也适用于瞬态过程分析。

12.1.3　几何非线性

小转动（小挠度）和小应变通常假定变形足够小以至于可以不考虑由变形导致的刚度阵变化，但是大变形分析中，必须考虑单元形状或方向变化导致的刚度阵变化。使用命令"NLGEOM,ON"（GUI 方式：Main Menu > Solution > Analysis Type > Sol'n Control 或者 Main Menu > Solution > Unabridged Menu > Analysis Type > Analysis Options)，可以激活大变形效应（针对支持大变形的单元）。大多数实体单元（包括所有大变形单元和超弹单元）和大多数梁单元，以及壳单元都支持大变形。

大变形过程在理论上并没有限制单元的变形或者转动（实际的单元还是要受到经验变形的约束，即不能无限大），但求解过程必须保证应变增量满足精度要求，即总体载荷要被划分为很多小步来加载。

1．大转动（大挠度）

所有梁单元和大多数壳单元，以及其他的非线性单元都有大转动（大挠度）效应，可以通过命令"NLGEOM,ON"来激活该选项。

2．应力刚化

结构的面外刚度有时候会受到面内应力的明显影响，这种面内应力与面外刚度的耦合，即所谓的应力刚化，在面内应力很大的薄结构（如缆索、隔膜）中非常明显。

因为应力刚化理论，通常假定单元的转动和变形都非常小，所以这种单元应用小转动或线性理论。但在有些结构里面，应力刚化只有在大转动（大挠度）下才会体现，如图 12-7 所示结构。

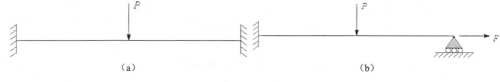

图 12-7　应力刚化的梁

可以在第一个载荷步中利用命令"PSTRES,ON"（GUI 方式：Main Menu > Solution > Unabridged

Menu > Analysis Type > Analysis Options）激活应力刚化选项。

大应变和大转动分析过程理论上包括初始应力的影响，大多数单元在使用命令"NLGEOM,ON"激活大变形效应时，会自动包括初始应力的影响。

3．旋转软化

旋转软化会调整（软化）旋转结构的刚度矩阵来考虑动态质量的影响，这种调整近似于在小挠度分析中考虑大挠度圆周运动引起的几何尺寸的变化，它通常与由旋转模型的离心力所产生的预应力（命令为 PSTRES，GUI 方式：Main Menu > Solution > Unabridged Menu > Analysis Type > Analysis Options）一起使用。

注意 旋转软化不能与其他的几何非线性、大转动或大应变同时使用。

利用命令"OMEGA"和"CMOMEGA KSPIN"选项（GUI 方式：Main Menu > Preprocessor > Loads > Define Loads > Apply > Structural > Inertia > Angular Velocity）来激活旋转软化效应。

12.1.4 材料非线性

在求解过程中，与材料相关的因子会导致结构的刚度变化。塑性、多线性和超弹性的非线性应力-应变关系会导致结构刚度在不同载荷阶段（典型的，如不同温度）发生变化。蠕变、黏弹性和黏塑性的非线性则与时间、速度、温度以及应力相关。

如果材料的应力-应变关系是非线性的或与速度相关，必须利用"TB"命令族（TBTEMP、TBDATA、TBPT、TBCOPY、TBLIST、TBPLOT、TBDELE）（GUI 方式：Main Menu > Preprocessor > Material Props > Material Models > Structural > Nonlinear）通过数据表的形式来定义非线性材料特性。下面对不同的材料非线性行为选项做简单介绍。

1．塑性

多数工程材料在达到比例极限之前，应力-应变关系都采用线性形式。超过比例极限之后，应力-应变关系呈现非线性，不过通常还是弹性的。而塑性，则以无法恢复的变形为特征，在应力超过屈服极限之后就会出现。因为通常情况下比例极限和屈服极限只有微小的差别，在塑性分析中 ANSYS 程序假定这两点重合，塑性应力-应变关系如图 12-8 所示。

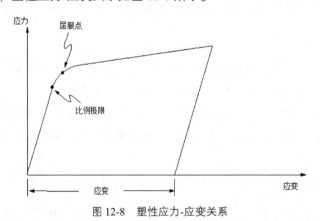

图 12-8 塑性应力-应变关系

塑性是一种不可恢复、与路径相关的变形现象。换句话说，施加载荷的次序以及在何种塑性阶段施加将影响最终的结果。如果想在分析中预测塑性响应，则需要将载荷分解成一系列增量步（或时间步），这样模型才可能正确的模拟载荷-响应路径。每个增量步（或时间步）的最大塑性应变会储存在输出文件（Jobname.OUT）里面。

自动步长调整选项（AUTOTS）（GUI 方式：Main Menu > Solution > Analysis Type > Sol'n Control 或者 Main Menu > Solution > Unabridged Menu > Load Step Opts > Time/Frequenc > Time and Substps)会根据实际的塑性变形调整步长，当求解迭代次数过多或塑性应变增量大于 15％时会自动缩短步长。如果采用的步长过长，ANSYS 程序会减半或采用更短的步长，具体菜单如图 12-9 所示。

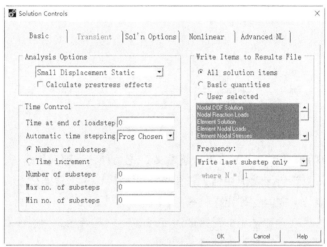

图 12-9　自动步长调整选项对话框

在塑性分析时，材料可能还会同时出现其他非线性特性。例如，大转动（大挠度）和大应变的几何非线性通常伴随塑性同时出现。如果想在分析中加入大变形，可以用命令 NLGEOM（GUI 方式：Main Menu > Solution > Analysis Type > Sol'n Control 或者 Main Menu > Solution > Unabridged Menu > Analysis Type > Analysis Options）激活相关选项。对于大应变分析，材料的应力-应变特性必须是用真实应力和对数应变输入的。

2. 多线性

多线性弹性材料行为选项（MELAS）描述一种保守响应（与路径无关）的行为，其加载和卸载沿相同的应力/应变路径。所以，对于这种非线性行为，可以使用相对较大的步长。

3. 超弹性

如果存在一种材料，其弹性能函数（或者应变能密度函数），即应变或变形张量的比例函数，对相应应变项求导就能得到相应应力项，这种材料通常被称为超弹性材料。

超弹性可以用来解释类橡胶材料（如人造橡胶）在经历大应变和大变形时（命令为"NLGEOM,ON"）其体积变化非常微小的现象，它近似于不可压缩材料。一种有代表性的超弹结构（气球封管）如图 12-10 所示。

有两种类型的单元适合模拟超弹材料。

（1）超弹单元（HYPER56、HYPER58、HYPER74、HYPER158）。

（2）除了梁、杆单元，所有编号为 18x 的单元（PLANE182、PLANE183、SOLID185、SOLID186、SOLID187）。

4. 蠕变

蠕变是一种与速度相关的材料的非线性特性，当材料受到持续载荷作用

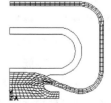

图 12-10　超弹结构

时，其变形会持续增加。相反地，如果施加强制位移，反作用力或应力会随着时间慢慢减小，即应力松弛，如图 12-11（a）所示。蠕变的 3 个阶段如图 12-11（b）所示。ANSYS 程序可以模拟前两个阶段，第 3 个阶段通常不分析，因为它已经接近破坏程度。

在高温应力分析中，对于原子反应器，蠕变是非常重要的。如果在原子反应器中施加预载荷以防止邻近部件移动，过了一段时间后（高温条件下），预载荷会自动降低（应力松弛），导致邻近部件开始移动。对于预应力混凝土结构，蠕变效应也是非常显著的，而且蠕变是持久的。

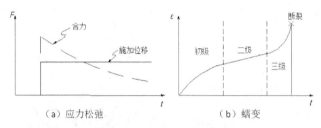

图 12-11　应力松弛和蠕变

ANSYS 程序利用两种时间积分方法来分析蠕变，这两种方法都适用于静力分析和瞬态分析。

（1）隐式蠕变方法：该方法功能更强大、更快、更精确，对于普通分析，推荐使用。其蠕变常数依赖于温度，也可以与各向同性硬化塑性模型耦合。

（2）显式蠕变方法：当需要使用非常短的时间步长时，可考虑该方法，其蠕变常数不能依赖于温度，另外，可以通过强制手段与其他塑性模型耦合。

需要注意以下 3 个方面。

- 隐式和显式这两个词是针对蠕变的，不能用于其他环境，例如，没有显式动力分析的说法，也没有显式单元的说法。

- 隐式蠕变方法支持如下单元：PLANE42、SOLID45、PLANE82、SOLID92、SOLID95、LINK180、SHELL181、PLANE182、PLANE183、SOLID185、SOLID186、SOLID187、BEAM188 和 BEAM189。

- 显式蠕变方法支持如下单元：LINK1、PLANE2、LINK8、PIPE20、BEAM23、BEAM24、PLANE42、SHELL43、SOLID45、SHELL51、PIPE60、SOLID62、SOLID65、PLANE82、SOLID92 和 SOLID95。

5. 形状记忆合金

形状记忆合金（SMA）材料行为选项用于镍钛合金的过弹性行为。镍钛合金是一种柔韧性非常好的合金，无论在加载/卸载时经历多大的变形都不会永久变形，如图 12-12 所示，材料行为包含 3 个阶段：奥氏体阶段（线弹性）、马氏体阶段（也是线弹性）和两者间的过渡阶段。

利用 "MP" 命令定义奥氏体阶段的线弹性材料行为，利用 "TB，SMA" 命令定义马氏体阶段和过渡阶段的线弹性材料行为。另外，可以用 "TBDATA" 命令输入合金的指定材料参数组，总共可以输入 6 组参数。

形状记忆合金可以使用如下单元：PLANE182、PLANE183、SOLID185、SOLID186、SOLID187。

6. 黏弹性

黏弹性类似于蠕变，不过当去掉载荷时，材料部分变形会一起消失。最普遍的黏弹性材料是玻璃，部分塑料也可认为是黏弹性材料。图 12-13 表示一种黏弹性行为。

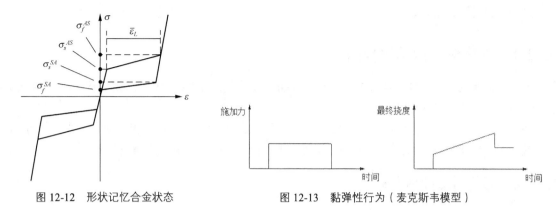

图 12-12　形状记忆合金状态　　　图 12-13　黏弹性行为（麦克斯韦模型）

可以利用单元 VISCO88 和 VISCO89 模拟小变形黏弹性，LINK180、SHELL181、PLANE182、PLANE183、SOLID185、SOLID186、SOLID187、BEAM188 和 BEAM189 模拟小变形或大变形黏弹性。用户可以用"TB"命令族输入材料属性。对于单元 SHELL181、PLANE182、PLANE183、SOLID185、SOLID186 和 SOLID187，需用"MP"命令指定其黏弹性材料属性，并用"TB，HYPER"命令指定其超弹性材料属性。弹性常数与快速载荷值有关。用"TB，PRONY"和"TB，SHIFT"命令输入松弛属性。

7. 黏塑性

黏塑性是一种与时间相关的塑性现象，塑性应变的扩展与加载速率有关，其经常出现在高温金属成型过程，例如在滚动锻压时，材料会产生很大的塑性变形，而弹性变形却非常小，如图 12-14 所示。因为塑性应变所占比例非常大（通常超过 50%），所以要求打开大变形选项[NLGEOM，ON]。可利用 VISCO136、VISCO137 和 VISCO138 命令来模拟黏塑性。黏塑性是通过一套流动和强化准则将材料的塑性特性和蠕变特性平均化，约束方程通常用于保证塑性区域的体积。

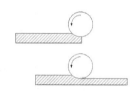

图 12-14　翻滚操作中的黏塑性行为

12.1.5　其他非线性问题

（1）屈曲：屈曲分析是一种用于确定结构的屈曲载荷（使结构开始变得不稳定的临界载荷）和屈曲模态（结构屈曲响应的特征形态）的技术。

（2）接触：接触问题分为两种基本类型：刚体与柔体的接触、半柔体与柔体的接触，都是高度非线性行为。

这两种非线性问题将在后面两章单独讲述。

12.2　非线性分析的基本步骤

非线性分析的基本步骤如下。

（1）前处理（建模和分网）。

（2）设置求解控制器。

（3）设置其他求解选项。

（4）加载。

（5）求解。

（6）后处理（观察模型）。

12.2.1　前处理（建模和分网）

非线性分析前处理本质上与线性分析一样。如果分析中包含大应变效应，那么应力-应变数据必须用真实应力和真实应变或对数应变表示。

在前处理完成之后，需要设置求解控制器（分析类型、求解选项、载荷步选项等）、加载和求解。非线性分析不同于线性分析之处在于，它通常要求执行多载荷步增量和平衡迭代。

12.2.2　设置求解控制器

对于非线性分析来说，设置求解控制器包括与线性分析有同样的选项和访问路径（求解控制器对话框）。

选择如下 GUI 方式进入求解控制器。

GUI 方式：Main Menu > Solution > Analysis Type > Sol'n Control，弹出"Solution Controls"对话框，如图 12-15 所示。

从图 12-15 中可以看到，该对话框主要包括 5 大块：基本选项（Basic）、瞬态选项（Transient）、求解选项（Sol'n Options）、非线性选项（Nonlinear）和高级非线性选项（Advanced NL）。

结构静力分析（如设置求解控制、访问求解控制器对话框，利用基本选项、瞬态选项、求解选项、非线性选项和高级非线性选项等）已介绍过，下面重点阐述前文没提到的选项及功能。

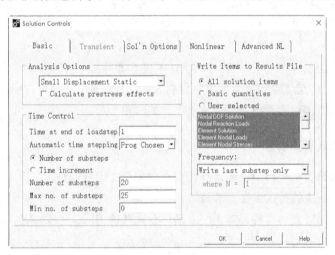

图 12-15　求解控制器对话框

1. 设置求解器基本选项

（1）若开始一项新的分析，在设置分析类型和非线性选项时，选择"Large Displacement Static"选项（不过要记住不是所有的非线性分析都支持大变形）。

（2）在进行时间选项设置时，这些设置可以在任何一个载荷步中更改。

（3）非线性分析通常要求多步或时间步（这两者是等效的），这样一来，逐步施加模拟载荷以获得比较精确的解。命令"NSUBST"和"DELTIM"用不同的方法获得同样的效果。"NSUBST"指定一个载荷步内的子步数，而"DELTIM"则明确指定时间步长。如果自动时间步长（命令为AUTOTS）是关闭的，那么整个载荷步都采用开始的步长。

（4）命令"OUTRES"控制结果数据输出到结果文件（Jobname.RST）中，默认情况下，只会输出最后一个子步的数据。另外，默认情况下，ANSYS 最多允许输出 1000 个子步的结果，可以用命令"/CONFIG,NRES"来修改该限定。

2. 可以在求解控制器里设置的高级分析选项

多数情况下，ANSYS 会自动激活稀疏矩阵直接求解器（EQSLV,SPARSE），不过对于子结构分析，则默认激活波前直接求解器。对于实体单元（例如 SOLID92 和 SOLID45），PCG 求解器可能更快，特别是对于 3D 模型。

如果想利用 PCG 求解器，可以利用"MSAVE"命令降低内存使用率，但这只能针对线性分析。

稀疏矩阵直接求解器与迭代求解采用方法不同，是直接解法，功能非常强大。虽然 PCG 求解器可以求解不定方程，但当遇到病态矩阵时，该求解器会进行迭代直到达到最大迭代数，如果解还没收敛就会终止求解。而当稀疏矩阵求解器遇到这种情况时，会自动将步长减半，如果此时矩阵的条件数很好，则继续求解。最终可以求出整个非线性载荷步的解。

可以根据如下几条准则选择稀疏矩阵直接求解器和 PCG 求解器来进行非线性结构分析。

（1）对于包含梁或壳的模型（有无实体单元均可），选用稀疏矩阵求解器。

（2）对于三维实体模型并且自由度数偏多（如 200 000 或更多），选择 PCG 求解器。

（3）如果矩阵方程的条件数很差，或者模型不同区域的材料性质差别很大，或者没有足够的约束条件，则选择稀疏矩阵直接求解器。

3. 可以在求解器对话框设置的高级载荷步选项

（1）自动时间步。可利用命令"AUTOTS,ON"打开自动时间步长选项。自动调整时间步长能保证设置时间步长既不冒进（时间步长过长）也不保守（时间步长过短）。在当前子步结束时，下一个子步的时间步长可以基于如下因子来预测。

- 最后一个时间步长的方程迭代数（方程迭代数越多，时间步长越短）。
- 非线性单元状态改变的预测（在接近状态改变时减小时间步长）。
- 塑性应变增量。
- 蠕变应变增量。

（2）迭代收敛精度。在求解非线性问题时，ANSYS 程序会进行平衡迭代直到满足迭代精度（命令：CNVTOL）或是达到最大迭代数（命令：NEQIT）。如果对默认设置不满意，可以对这两者进行设置。

示例如下。

```
CNVTOL,F,5000,0.0005,0。
CNVTOL,U,10,0.001,2。
```

（3）求解方程最大迭代步数。ANSYS 程序默认设置方程最大迭代步数为 15 ~ 26，其准则是缩短时间步长以减少迭代步数。

（4）预测校正选项。如果没有梁或壳单元，默认情况下预测校正选项是打开的[PRED，ON]，如果当前子步的时间步长缩短很多，预测校正会自动关上。对于瞬态分析，预测校正也自动关上。

（5）线性搜索选项。默认 ANSYS 程序会自动打开或关闭线性搜索，对于多数接触问题，线性搜索自动打开（命令：LNSRCH,ON）；对于多数非接触问题，线性搜索自动关上（命令：LINSRCH,OFF）。

（6）后移准则。在时间步长里面，为了使步长减半或后移的效果更好，可以利用命令"CUTCONTROL, Lab, VALUE, Option"。

12.2.3　设定其他求解选项

1. 无法在求解控制器里设置的高级求解选项

（1）应力刚化。如果确信忽略应力刚化对结果影响不大，可以设置关掉应力刚化（命令：SSTIF,OFF），否则应该打开。

```
命令：SSTIF。
GUI: Main Menu > Solution > Unabridged Menu > Analysis Type > Analysis Options。
```

（2）牛顿-拉弗森选项。ANSYS 通常选择牛顿-拉弗森方法，关掉自适应下降选项。但是，对于考虑摩擦的点-点接触、点-面接触单元，通常需要打开自适应下降选项，例如单元 PIPE20、BEAM23、BEAM24 和 PIPE60。

```
命令：NROPT。
GUI: Main Menu > Solution > Unabridged Menu > Analysis Type > Analysis Options。
```

2. 无法在求解控制器里设置的高级载荷步选项

（1）蠕变准则。如果结构有蠕变效应，可以自动调整时间步长[如果自动时间步长调整功能（命令：AUTOTS）是关闭的，该蠕变准则无效]，指定蠕变准则。程序会计算蠕变应变增量与弹性应变增量的比值，如果上一步的比值大于指定的蠕变准则，程序会减小下一步的时间步长，如果小于蠕变准则，就加大时间步长。时间步长的调整还与方程迭代数、是否接近状态变化点和塑性应变增量有关。对于显示蠕变（Option = 0），如果上述比值大于稳定界限 0.25 并且时间步长已经调整到最小，程序会终止求解并报错。这个问题可以通过设置足够小的最小时间步长（利用"DELTIM"和"NSUBST"命令）来解决。对于隐式蠕变（Option = 1），默认没有最大蠕变界限，当然，也可以通过如图 12-16 所示蠕变准则对话框来指定。

```
命令：CRPLIM。
GUI: Main Menu > Solution > Unabridged Menu > Load Step Opts > Nonlinear > Creep Criterion。
```

> **注意**
> 如果在分析中不考虑蠕变的影响，利用命令"RATE"设置"Option = OFF"，或者将时间步长设置大于前面所述，但不要大于 1.0×10^{-6}。

（2）时间步开放控制。时间步控制对话框如图 12-17 所示，该对话框对于热分析有效，方法如下。

```
命令：OPNCONTROL。
GUI: Main Menu > Solution > Unabridged Menu > Load Step Opts > Nonlinear > Open Control。
```

（3）求解监控器。该选项可以方便地在指定节点的指定自由度上设置求解监视，方法如下。

```
命令：MONITOR。
GUI: Main Menu > Solution > Unabridged Menu > Load Step Opts > Nonlinear > Monitor。
```

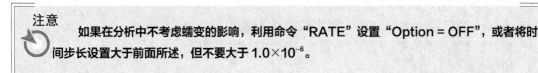

图 12-16　蠕变准则对话框　　　　　　图 12-17　时间步控制对话框

（4）激活与抑制。有时候，指定激活与抑制选项是有必要的。可以抑制（EKILL）或者激活（EALIVE）指定的单元来模拟在结构中移除或者添加材料，当然，作为一种替换方法，也可以在不同载荷步里改变材料属性（利用"MPCHG"命令）。

① 抑制或者激活单元命令如下。

命令：EKILL, EALIVE。
GUI: Main Menu > Solution > Load Step Opts > Other > Birth & Death > Kill Elements.
Main Menu > Solution > Load Step Opts > Other > Birth & Death > Activate Elem.

② 单元激活与抑制的替换方法（修改材料属性）。

命令：MPCHG。
GUI: Main Menu > Solution > Load Step Opts > Other > Change Mat Props > Change Mat Num.

注意 　慎用"MECHG"命令，在非线性分析中改变材料属性有时会导致意想不到的结果。

（5）输出控制。

命令：OUTPR, ERESX。
GUI: Main Menu > Solution > Unabridged Menu > Load Step Opts > Output Ctrls > Solu Printout.
Main Menu > Solution > Unabridged Menu > Load Step Opts > Output Ctrls > Integration Pt.

12.2.4　加载

此步骤与结构的静力分析中的一样。需要记住的是，惯性载荷和几种载荷的方向是固定的，而表面载荷在结构大变形时会随着结构的变形而改变方向。另外，可以利用一维数组给结构定义边界条件。

12.2.5　求解

该步骤与线性静力分析中的一样。如果需要定义多载荷步，必须对每一个载荷步指定时间设置、载荷步选项等，并且保存，然后选择多载荷步求解。

12.2.6　后处理

非线性静力分析的结果包括位移、应力、应变和反作用力，可以通过 POST1（通用后处理器）和 POST26（时间历程后处理器）来观察这些结果。

注意 　POST1 在一个时刻只能读取一个子步的结果数据，并且这些数据必须已经写入"Jobname. RST"文件。

1. 要点

（1）数据库必须和求解时使用的是同一个模型。

（2）结果文件（Jobname.RST）须存在且有效。

2. 利用 POST1 作后处理

（1）进入后处理器。

命令：/POST1。
GUI: Main Menu > General Postproc.

（2）读取子步结果数据。

命令：SET。
GUI: Main Menu > General Postproc > Read Results > By load step.

> **注意**
>
> 如果指定的时刻没有结果数据，ANSYS 程序会按线性插值计算该时刻的结果，在非线性分析时，这种线性插值可能会丧失部分精度，如图 12-18 所示。所以建议对真实求解时间点做后处理。
>
>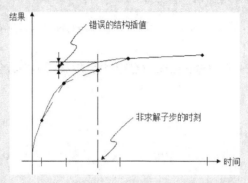
>
> 图 12-18 非线性结果的线性插值可能丧失部分精度

（3）显示变形图。

```
命令：PLDISP。
GUI：Main Menu > General Postproc > Plot Results > Deformed Shape。
```

（4）显示变形云图。

```
命令：PLNSOL or PLESOL。
GUI：Main Menu > General Postproc > Plot Results > Contour Plot > Nodal Solu or Element Solu。
```

（5）利用单元表格。

```
命令：PLETAB，PLLS。
GUI：Main Menu > General Postproc > Element Table > Plot Elem Table。
Main Menu > General Postproc > Plot Results > Contour Plot > Line Elem Res。
```

（6）列表显示结果。

```
命令：PRNSOL（节点结果）。
PRESOL（单元结果）。
PRRSOL（反作用力）。
PRETAB。
PRITER（子步迭代数据）。
NSORT。
ESORT。
GUI：Main Menu > General Postproc > List Results > Nodal Solution。
Main Menu > General Postproc > List Results > Element Solution。
Main Menu > General Postproc > List Results > Reaction Solu。
```

（7）其他通用后处理。将结果映射到路径等，可参考 ANSYS 帮助文档。

3. 利用 POST26 后处理

利用 POST26 可以观察整个时间历程上的结果，典型的 POST26 后处理步骤如下。

（1）进入时间历程后处理器。

```
命令：/POST26
GUI：Main Menu > TimeHist Postpro
```

（2）定义变量。

```
命令：NSOL，ESOL，RFORCE
GUI：Main Menu > TimeHist Postpro > Define Variables
```

（3）绘图或者列表显示变量。

```
命令：PLVAR (graph variables)。
PRVAR。
EXTREM (list variables)。
GUI：Main Menu > TimeHist Postpro > Graph Variables。
Main Menu > TimeHist Postpro > List Variables。
```

Main Menu > TimeHist Postpro > List Extremes。

（4）其他功能。时间历程后处理器还有很多其他的功能，在此不再赘述。

12.3 实例导航——铆钉冲压变形分析

塑性是一种在某种给定载荷下，材料产生永久变形的特性，对大多的工程材料来说，当其应力低于比例极限时，应力-应变关系是线性的。另外，大多数材料在其应力低于屈服点时，表现为弹性行为，也就是说，当移走载荷时，其应变也完全消失。

由于材料的屈服点和比例极限相差很小，所以在 ANSYS 程序中，假定它们相同。在应力-应变的曲线中，低于屈服点的称为弹性部分，超过屈服点的称为塑性部分，也称为应变强化部分。塑性分析考虑了塑性区域的材料特性。

当材料中的应力超过屈服点时，塑性被激活，也就是说，有塑性应变发生。而屈服应力本身可能是下列某个参数的函数。

- 温度。
- 应变率。
- 以前的应变历史。
- 侧限压力。
- 其他参数。

本节通过对铆钉的冲压进行应力分析，来介绍 ANSYS 塑性问题的分析过程。

12.3.1 问题描述

为了考查铆钉在冲压时发生多大的变形，对铆钉进行分析。铆钉如图 12-19 所示。

铆钉圆柱高：10mm。

铆钉圆柱外径：6mm。

铆钉内孔孔径：3mm。

铆钉下端球径：15mm。

弹性模量：2.06×10^{11}。

泊松比：0.3。

图 12-19　铆钉

铆钉材料的应力应变关系如表 12-1 所示。

表 12-1　应力应变关系

应变（N）	0.003	0.005	0.007	0.009	0.011	0.02	0.2
应力（MPa）	618	1128	1317	1466	1510	1600	1610

12.3.2 建立模型

建立模型包括设定分析作业名和标题、定义单元类型和实常数、定义材料属性、建立几何模型、划分有限元网格。其具体步骤如下。

（1）设定分析作业名和标题。在进行一个新的有限元分析时，通常需要修改数据库名，并在图形输出窗口中定义一个标题来说明当前进行的工作内容。另外，对于不同的分析范畴（结构分析、热分析、流体分析、电磁场分析等），ANSYS 所用的主菜单的内容不尽相同，为此，需要在分析开始时选定分析内容的范畴，以便 ANSYS 显示与其相对应的菜单选项。

① 从应用菜单中选择 Utility Menu > File > Change Jobname 命令，打开"Change Jobname"对话框，如图 12-20 所示。

② 在"Enter new jobname"文本框中输入文字"rivet"，作为本分析实例的数据库文件名。

③ 单击"OK"按钮，完成文件名的修改。

④ 从应用菜单中选择 Utility Menu > File > Change Title 命令，打开"Change Title"对话框，如图 12-21 所示。

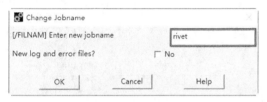

图 12-20　修改文件名

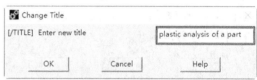

图 12-21　修改标题

⑤ 在"Enter new title"文本框中输入文字"plastic analysis of a part"，作为本分析实例的标题名。

⑥ 单击"OK"按钮，完成对标题名的指定。

⑦ 从应用菜单中选择 Utility Menu > Plot > Replot 命令，指定的标题"plastic analysis of a part"将显示在图形窗口的左下角。

⑧ 从主菜单中选择 Main Menu > Preference 命令，打开"Preference for GUI Filtering"对话框，选中"Structural"复选框，单击"OK"按钮。

（2）定义单元类型。在进行有限元分析时，应根据分析问题的几何结构、分析类型和所分析的问题精度要求等，选定适合具体分析的单元类型。本例中选用四节点四边形板单元 SOLID45。SOLID45 可用于计算三维应力问题，输入命令如下。

```
/PREP7
ET,1,SOLID45
```

（3）定义实常数。在实例中选用三维的 SOLID45 单元，不需要设置实常数。

（4）定义材料属性。考虑应力分析中必须定义材料的弹性模量和泊松比，塑性问题中必须定义材料的应力应变关系。具体步骤如下。

① 从主菜单中选择 Main Menu > Preprocessor > Material Props > Material Models 命令，打开"Define Material Model Behavior"对话框，定义材料模型属性如图 12-22 所示。

② 依次单击 Structural > Linear > Elastic > Isotropic 命令，展开材料属性的树形结构。将打开 1 号材料的弹性模量"EX"和泊松比"PRXY"的定义对话框，如图 12-23 所示。

③ 在对话框的"EX"文本框中输入弹性模量"2.06e11"，在"PRXY"文本框中输入泊松比"0.3"。

④ 单击"OK"按钮，关闭对话框，并返回定义材料模型属性的对话框，在其左侧栏出现刚刚定义的参考号为 1 的材料属性。

⑤ 依次单击 Structural > Nonlinear > Elastic > Multilinear Elastic，打开用于定义材料应力-应变关系的对话框，如图 12-24 所示。

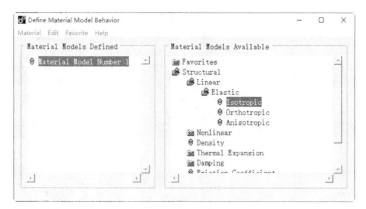

图 12-22　定义材料模型属性

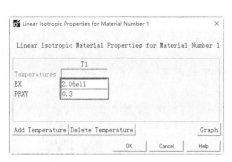

图 12-23　定义 1 号材料的弹性模量和泊松比

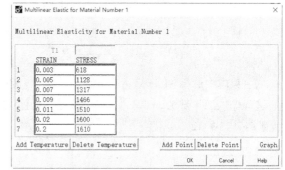

图 12-24　定义应力-应变关系

⑥ 单击 "Add Point" 按钮增加材料的关系点，分别输入材料的关系点，如图 12-24 所示。单击 "Graph" 按钮，还可以显示材料的曲线关系。

⑦ 单击 "OK" 按钮，关闭对话框，并返回定义材料模型属性的对话框。

⑧ 在 "Define Material Model Behavior" 对话框中，从菜单中选择 Material > Exit 命令，或者单击右上角的 "关闭" 按钮 ⊠ ，完成对材料模型属性的定义。

（5）建立实体模型。

① 创建一个球。

a. 从主菜单中选择 Main Menu > Preprocessor > Modeling > Create > Volumes > Sphere > Solid Sphere 命令。

b. 在文本框中输入 X=0、Y=3、Radius=7.5，单击 "OK" 按钮，如图 12-25 所示。

② 将工作平面旋转 90º。

a. 从应用菜单中选择 Utility Menu > WorkPlane > Offset WP by Increments 命令。

b. 在 "XY,YZ,ZXAngles" 文本框中输入 "0,90,0"，单击 "OK" 按钮，如图 12-26 所示。

③ 用工作平面分割球。

a. 从主菜单中选择 Main Menu > Preprocessor > Modeling > Operate > Booleans > Divide > Volu by WrkPlane 命令。

b. 选择刚刚建立的球，单击 "OK" 按钮，如图 12-27 所示。

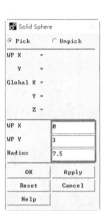

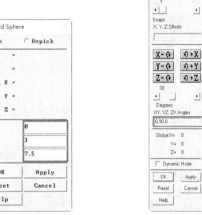

图 12-25　创建一个球　　　图 12-26　旋转工作平面　　　图 12-27　选择球

④ 删除上半球。

a. 从主菜单中选择 Main Menu > Preprocessor > Modeling > Delete > Volume and Below 命令。

b. 选择球的上半部分，单击"OK"按钮，如图 12-28 所示。

所得结果如图 12-29 所示。

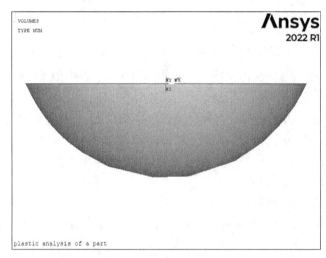

图 12-28　删除上半球　　　　　　图 12-29　删除上半球的结果

⑤ 创建一个圆柱体。

a. 从主菜单中选择 Main Menu > Preprocessor > Modeling > Create > Volumes > Cylinder > Solid Cylinder 命令。

b. 在"WP X"文本框中输入"0"，"WP Y"文本框中输入"0"，"Radius"文本框中输入"3"，"Depth"文本框中输入"–10"，单击"OK"按钮，生成一个圆柱体，如图 12-30 所示。

⑥ 偏移工作平面到总坐标系的某一点。

a. 从应用菜单中选择 Utility Menu > WorkPlane > Offset WP to > XYZ Locations 命令，如图 12-31 所示。

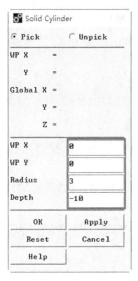

图 12-30　创建圆体　　　　　　　　　　图 12-31　偏移工作平面到一点

b. 在"Global Cartesian"文本框中输入"0,10,0"，单击"OK"按钮。

⑦ 创建另一个圆柱体。

a. 从主菜单中选择 Main Menu > Preprocessor > Modeling > Create > Volumes > Cylinder > Solid Cylinder 命令。

b. 在"WP X"文本框中输入"0"，"WP Y"文本框中输入"0"，"Radius"文本框中输入"1.5"，"Depth"文本框中输入"4"，单击"OK"按钮，生成另一个圆柱体。

⑧ 从大圆柱体中"减"去小圆柱体。

a. 从主菜单中选择 Main Menu > Preprocessor > Modeling > Operate > Booleans > Subtract > Volumes 命令，如图 12-32 所示。

b. 拾取大圆柱体作为布尔"减"操作的母体，单击"Apply"按钮。

c. 拾取刚刚建立的小圆柱体作为"减"去的对象，单击"OK"按钮。

d. 从大圆柱体中"减"去小圆柱体的结果如图 12-33 所示。

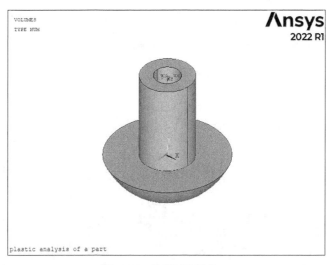

图 12-32　体相减　　　　　　　　　　图 12-33　体相减的结果

⑨ 将从大圆柱体中"减"去小圆柱体的结果与下半球相加。

a. 从主菜单中选择 Main Menu > Preprocessor > Modeling > Operate > Booleans > Add > Volumes 命令。

b. 单击"Pick All"按钮，如图 12-34 所示。

⑩ 保存数据库，单击"SAVE_DB"按钮。

（6）对铆钉划分网格。本节选用 SOLID185 单元对盘面划分映射网格。

① 从主菜单中选择 Main Menu > Preprocessor > Meshing > MeshTool 命令，打开"MeshTool"对话框，划分网格，如图 12-35 所示。

② 选择"Mesh"域中的"Volumes"，单击"Mesh"按钮，打开体选择的对话框，要求选择要划分网格的体。单击"Pick All"按钮，如图 12-36 所示。

③ ANSYS 会根据设置控制划分体，划分过程中 ANSYS 会产生提示，如图 12-37 所示，单击"Close"按钮。对体划分的结果如图 12-38 所示。

图 12-34　体相加

图 12-35　网格工具

图 12-36　进行体选择

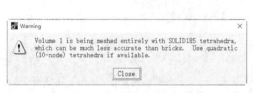

图 12-37　划分体提示

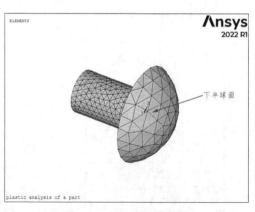

图 12-38　对体划分的结果

12.3.3　定义边界条件并求解

建立有限元模型后，就需要定义分析类型和施加边界条件及载荷，然后求解。本实例中载荷为上圆环形表面的位移载荷，位移边界条件是下半球面所有方向上的位移固定。

（1）施加位移约束。

① 从主菜单中选择 Main Menu > Solution > Define Loads > Apply > Structural > Displacement > On Areas 命令，打开面选择对话框，要求选择欲施加位移约束的面。

② 选择下半球面，单击"OK"按钮，打开"Apply U,ROT on Areas"对话框，在节点上施加位移约束，如图 12-39 所示。

③ 选择"All DOF"选项。

④ 单击"OK"按钮，ANSYS 在选定面上施加指定的位移约束。

（2）施加位移载荷并求解。本实例中载荷为上圆环形表面的位移载荷。

① 从主菜单中选择 Main Menu > Solution > Define Loads > Apply > Structural > Displacement > On Areas 命令，打开面选择对话框，要求选择欲施加位移载荷的面。

② 选择上面的圆环面，单击"OK"按钮，打开"Apply U,ROT on Areas"对话框，在面上施加位移载荷，如图 12-39 所示。

③ 选择"UY"，在"Displacement value"文本框中输入 3。

④ 单击"OK"按钮，ANSYS 在选定面上施加指定的位移载荷。

⑤ 单击"SAVE_DB"按钮，保存数据库。

⑥ 从主菜单中选择 Main Menu > Solution > Analysis Type > Sol'n Controls 命令，打开"Solution Controls"对话框，设置求解控制，如图 12-40 所示。

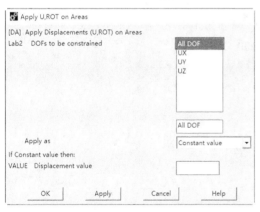

图 12-39　施加位移约束

图 12-40　设置求解控制

⑦ 在"Basic"选项卡中的"Write Items to Results File"窗中选择"All solution items"，在下面的"Frequency"中选择"Write every Nth substep"。

⑧ 在"Time at end of loadstep"文本框中输入"1"；在"Number of substeps"文本框中输入"20"；在"Max no.of substeps"文本框中输入"25"；单击"OK"按钮。

⑨ 从主菜单中选择 Main Menu > Solution > Solve > Current LS 命令，打开一个求解当前载荷步确认对话框和状态列表，如图 12-41 所示，查看列出的求解选项。

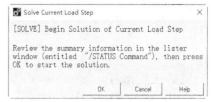

图 12-41　求解当前载荷步确认对话框

⑩ 查看列表中的信息，确认无误后，单击"OK"按钮，开始求解。

⑪ 求解过程中会出现结果收敛与否的图形显示，如图 12-42 所示。

⑫ 求解完成后打开如图 12-43 所示的提示求解完成对话框。

⑬ 单击"Close"按钮，关闭提示求解完成对话框。

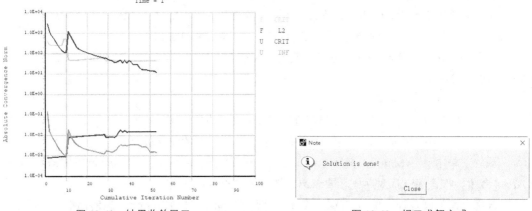

图 12-42　结果收敛显示　　　　　　　　　图 12-43　提示求解完成

12.3.4　查看结果

求解完成后，就可以利用 ANSYS 软件生成的结果文件（对于静力分析，就是 Jobname.RST）进行后处理。静力分析中通常通过 POST1 后处理器就可以处理和显示大多数用户感兴趣的结果数据。

（1）查看变形。

① 从主菜单中选择 Main Menu > General Postproc > Plot Result > Contour Plot > Nodal Solu 命令，打开"Contour Nodal Solution Data"对话框，如图 12-44 所示。

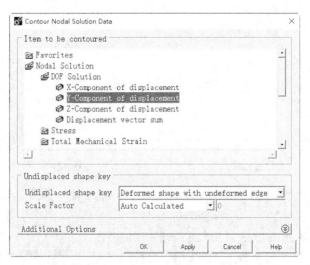

图 12-44　"Contour Nodal Solution Data"对话框 1

② 在"Item to be contoured"域中选择"DOF Solution"选项。

③ 在列表框中选择"Y-Component of displacement"（Y 向位移）选项，Y 向位移即为铆钉高方向的位移。

④ 选择"Deformed shape with undeformed dge"（变形后和未变形轮廓线）选项。

⑤ 单击"OK"按钮，在图形窗口中显示 Y 向变形图，包含变形前的轮廓线，如图 12-45 所示。图中下方的色谱表明不同的颜色对应的数值（带符号）。

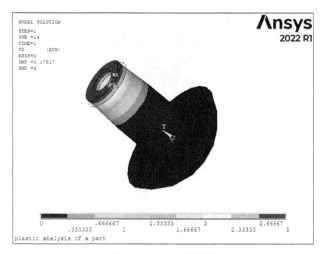

图 12-45 Y 向变形图

（2）查看应力。

① 从主菜单中选择 Main Menu > General Postproc > Read Results > Last Set 命令，读取最后一步结果。然后从主菜单中选择 Main Menu > General Postproc > Plot Results > Contour Plot > Nodal Solu 命令，打开"Contour Nodal Solution Data"对话框，如图 12-46 所示。

② 在"Item to be contoured"域中选择"Total Mechanical Strain"选项。

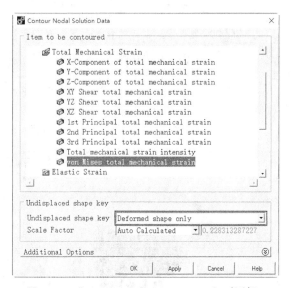

图 12-46 "Contour Nodal Solution Data"对话框 2

③ 在列表框中选择"von Mises total mechanical strain"选项。

④ 选择"Deformed shape only"选项。

⑤ 单击"OK"按钮，图形窗口中显示"von Mises"应变分布图，等效应力分布如图 12-47 所示。

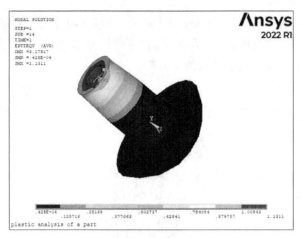

图 12-47　等效应力分布图

（3）查看截面。

① 从应用菜单中选择 Utility Menu > PlotCtrls > Style > Hidden Line Options 命令，打开 "Hidden-Line Options" 对话框，截面设置如图 12-48 所示。

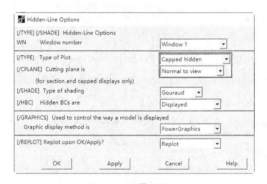

图 12-48　截面设置

② 在 "Type of Plot" 右边的下拉列表框中选择 "Capped hidden" 选项，在 "Cutting plane is" 的右边下拉列表框中选择 "Normal to view" 选项。

③ 单击 "OK" 按钮，图形窗口中显示截面分布图，如图 12-49 所示。

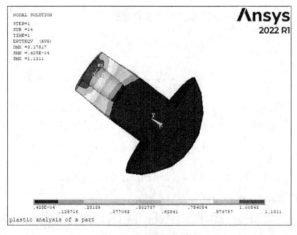

图 12-49　截面分布图

（4）动画显示模态形状。

① 从应用菜单中选择 Utility Menu > PlotCtrls > Animate > Mode Shape 命令。

② 选择"DOF solution"和"UY"选项，单击"OK"按钮，如图 12-50 所示。

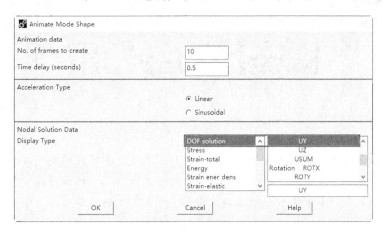

图 12-50　设置动画显示

ANSYS 将在图形窗口中进行动画显示，如图 12-51 所示。

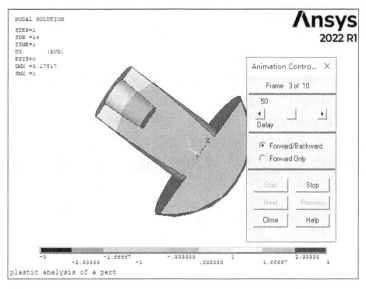

图 12-51　动画显示

第 13 章

瞬态动力学分析

瞬态动力学分析（亦称时间历程分析）是用于确定承受任意随时间变化载荷的结构的动力学响应的方法。本章介绍了 ANSYS 瞬态动力学分析的全流程步骤，详细讲解了各种参数的设置方法与功能，最后通过阻尼振动系统的自由振动分析实例对 ANSYS 瞬态动力学分析功能进行了具体演示。

通过本章的学习，读者可以完整深入地掌握 ANSYS 瞬态动力学分析的各种功能和应用方法。

13.1　瞬态动力学概论

瞬态动力学可以用于分析结构在静载荷、瞬态载荷和简谐载荷的随意组合作用下随时间变化的位移、应变、应力及力。载荷和时间的相关性使得惯性力和阻尼作用比较显著。如果惯性力和阻尼作用不重要，就可以用静力分析代替瞬态动力学分析。

瞬态动力学分析比静力分析更复杂，因为按"工程"时间计算，瞬态动力学分析通常要占用更多的计算机和人力资源。可以先做一些预备工作，从而节省大量资源。

首先分析一个比较简单的模型。由梁、质量体、弹簧组成的模型可以帮助理解问题，简单模型或许正是确定结构所有的动力学响应所需要的。

如果动力学分析中包含非线性问题，可以首先进行静力分析，并尝试了解非线性特性如何影响结构的响应。有时在动力学分析中没必要包括非线性问题。

了解问题的动力学特性。通过模态分析计算结构的固有频率和振型，便可了解当这些模态被激活时结构如何响应。固有频率同样对计算正确的积分时间步长有用。

对于非线性问题，应考虑将模型的线性部分子结构化以降低分析代价。子结构在 ANSYS 帮助文件中有详细描述。

进行瞬态动力学分析可以采用两种方法：完全法和模态叠加法。下面比较一下两种方法的优缺点。

13.1.1　完全法

完全法采用完整的系统矩阵计算结构的瞬态响应（没有矩阵减缩）。它是两种方法中功能最强的，允许包含各类非线性特性（塑性、大变形、大应变等）。完全法的优点如下。

- 容易使用，因为不必关心如何选取结构主自由度和振型。
- 允许结构包含各类非线性特性。

- 使用完整矩阵，因此不涉及质量矩阵的近似。
- 在一次处理过程中能计算出所有的位移和应力。
- 允许施加各种类型的载荷，包括节点力、外加的（非零）约束、单元载荷（压力和温度）。
- 允许采用实体模型上所加的载荷。

完全法的主要缺点是该方法比其他方法开销大。

13.1.2 模态叠加法

模态叠加法通过对模态分析得到的振型（特征值）乘上因子并求和来计算结构的响应。它的优点如下。

- 对于处理许多问题，它比完全法更快且开销小。
- 在模态分析中施加的载荷可以通过"LVSCALE"命令用于谐响应分析中。
- 允许指定振型阻尼（阻尼系数为频率的函数）。

模态叠加法的缺点如下。

- 整个瞬态分析过程中时间步长必须保持恒定，因此不允许用自动时间步长。
- 唯一允许的非线性特性是点-点接触（有间隙情形）。
- 不能用于分析"未固定的（floating）"或不连续结构。
- 不接受外加的非零位移。
- 在模态分析中使用"PowerDynamics"法时，初始条件中不能有预加的载荷或位移。

13.2 瞬态动力学的基本步骤

本书介绍如何用完全法来进行瞬态动力学分析。

完全法瞬态动力学分析的过程由以下主要步骤组成。

13.2.1 前处理（建模和分网）

在这一步中需指定分析文件名和标题，然后用 PREP7 来定义单元类型、单元实常数、材料属性及几何模型。需要记住以下要点。

（1）可以使用线性和非线性单元。

（2）必须指定弹性模量"EX"（或某种形式的刚度）和密度"DENS"（或某种形式的质量）。材料特性可以是线性的、各向同性的或各向异性的、恒定的或和温度相关的。非线性材料特性将被忽略。

另外，在划分网格时需记住以下几点。

（1）有限元网格需要足够精度以求解所关心的高阶模态。

（2）感兴趣的应力-应变区域的网格密度要比只关心位移的区域相对密一些。

（3）如果求解过程包含了非线性特性，那么网格特点则应该与这些非线性特性相符合。例如，对于塑性分析，它要求在较大塑性变形梯度的平面内有一定的积分点密度，所以网格必须加密。

（4）如果关心弹性波的传播（如杆的端部抖动），有限元网格至少要有足够的密度求解波，通常的准则是沿波的传播方向，每个波长范围内至少要有 20 个网格。

13.2.2　建立初始条件

在进行瞬态动力学分析之前，必须清楚如何建立初始条件以及使用载荷步。从定义上来说，瞬态动力学分析按时间变化的载荷。为了指定这种载荷，需要将载荷-时间曲线分解成相应的载荷步，载荷-时间曲线上的每一个拐角都可以作为一个载荷步，如图 13-1 所示。

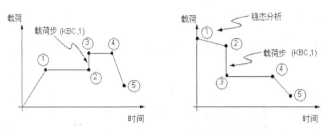

图 13-1　载荷-时间曲线

第一个载荷步通常被用来建立初始条件，然后指定后继的瞬态载荷及载荷步选项。对于每一个载荷步，都要指定载荷值和时间值，同时要指定其他的载荷步选项，如载荷是按"Stepped"还是按"Ramped"方式施加的，是否使用自动时间步长等。最后将每一个载荷步写入文件并一次性求解所有的载荷步。

施加瞬态载荷的第一步是建立初始关系（即零时刻时的情况）。瞬态动力学分析要求给定两种初始条件：初始位移（u_0）和初始速度（$\dot{u}_0$）。如果没有进行特意设置，u_0 和 $\dot{u}_0$ 都被假定为 0。初始加速度（$\ddot{u}_0$）一般被假定为 0，但可以通过在一个小的时间间隔内施加合适的加速度载荷来指定非零的初始加速度。

非零初始位移及非零初始速度的设置如下。

```
命令：IC。
GUI：Main Menu > Solution > Define Loads > Apply > Initial Condit'n > Define。
```

> **注意**
>
> 谨记不要给模型定义不一致的初始条件。例如，在一个自由度处定义了初始速度，而在其他所有自由度处均定义为 0，这显然就是一种潜在的、互相冲突的初始条件。在多数情况下，可能需要在全部没有约束的自由度处定义初始条件，如果这些初始条件在各个自由度处不相同，用 GUI 方式定义比用"IC"命令定义要容易得多。

13.2.3　设定求解控制器

该步骤与结构静力分析是一样的，需特别指出的是，如果要建立初始条件，必须是在第一个载荷步上建立的，然后可以在后续的载荷步中单独定义其他选项。

1. 访问求解控制器

从主菜单中选择 Main Menu > Solution > Analysis Type > Sol'n Control 命令，弹出"Solution Controls"对话框，如图 13-2 所示。

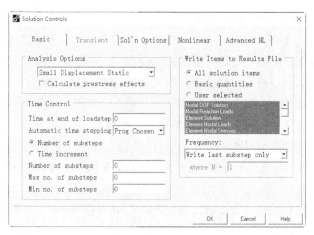

图 13-2 "Solution Controls" 对话框

2. 利用基本选项

当进入求解控制器时,基本选项(Basic)立即被激活。它的基本功能跟静力分析中的一样,在瞬态动力学分析中,需特别指出如下几点。

在设置"ANTYPE"(重启分析或定义分析类型)和"NLGEOM"(几何非线性特性)时,如果想开始一个新的分析并且忽略几何非线性(例如大转动、大挠度和大应变)的影响,那么选择"Small Displacement Transient"选项,如果要考虑几何非线性的影响(通常在分析弯细长梁时考虑大挠度或分析金属成型时考虑大应变),则选择"Large Displacement Transient"选项。如果想重新开始一个失败的非线性分析,或者将刚做完的静力分析结果作为预应力,或者想要已扩展瞬态动力学分析的结果,选择"Restart Current Analysis"选项。

在设置"AUTOTS"(激活时间步自动阶跃)时,需记住该载荷步选项(通常被称为瞬态动力学最优化时间步)根据结构的响应来确定其是否开启。对于大多数结构,推荐打开自动调整时间步长选项,并利用"DELTIM"和"NSUBST"设定时间积分步的最大值和最小值。

> **注意**
>
> 默认情况下,在瞬态动力学分析中,结果文件(Jobname.RST)只有最后一个子步的数据。如果要记录所有子步的结果,需重新设定"Frequency"的数值。另外,默认情况下,ANSYS最多只允许在结果文件中写入 1000 个子步,超过时会报错,可以用命令"/CONFIG,NRES"更改这个限定。

3. 利用瞬态选项

ANSYS 求解控制器中包含的瞬态选项的查阅提示如表 13-1 所示。

表 13-1 瞬态选项提示

选项	查阅提示
指定是否考虑时间积分的影响(TIMINT)	ANSYS Structural Analysis Guide 中的 Performing a Nonlinear Transient Analysis
指定在载荷步(或子步)的载荷发生变化时是采用阶跃载荷还是坡道载荷(KBC)	ANSYS Basic Analysis Guide 中的 Stepped Versus Ramped Loads ANSYS Basic Analysis Guide 中的 Stepping or Ramping Loads
指定质量阻尼和刚度阻尼(ALPHAD, BETAD)	ANSYS Structural Analysis Guide 中的 Damping
定义积分参数(TINTP)	ANSYS, Inc. Theory Reference

在瞬态动力学中，需特别指出的是如下几点。

（1）TIMINT：该动态载荷选项表示是否考虑时间积分的影响。当考虑惯性力和阻尼时，必须考虑时间积分的影响（否则，ANSYS 只会给出静力分析解），所以默认情况下，该选项就是打开的。从静力分析开始瞬态动力学分析时，该选项特别有用，也就是说，第一个载荷步不考虑时间积分的影响。

（2）ALPHAD（质量阻尼）和 BETA（刚度阻尼）：该动态载荷选项表示阻尼项。很多时候，阻尼是已知的而且不可忽略的，所以必须考虑。

（3）TINTP：该动态载荷选项表示瞬态积分参数，用于 Newmark 时间积分方法。

4．利用其他选项

该求解控制器中还包含其他选项，诸如求解选项（Sol'n Options）、非线性选项（Nonlinear）和高级非线性选项（Advanced NL），它们的含义与静力分析中的一样，此处不再赘述。需要强调的是，瞬态动力学分析中不能采用弧长方法。

13.2.4　设定其他求解选项

在瞬态动力学分析中的其他求解选项（如应力刚化效应、牛顿-拉弗森选项、蠕变选项、输出控制选项、结果外推选项）与静力分析是一样的，与静力分析不同的是如下几项。

1．预应力影响

ANSYS 允许在分析中包含预应力，例如，可以将先前的静力分析或瞬态动力学分析结果作为预应力施加到当前分析上，它要求必须存在先前的结果文件。

```
命令：PSTRES。
GUI：Main Menu > Solution > Unabridged Menu > Analysis Type > Analysis Options.
```

2．阻尼选项

利用该选项加入阻尼。在大多数情况下，阻尼是已知的，不能忽略。可以在瞬态动力学分析中设置如下几种阻尼形式。

（1）材料阻尼。

（2）单元阻尼。

施加材料阻尼的方法如下。

```
命令：MP,DAMP。
GUI：Main Menu > Solution > Load Step Opts > Other > Change Mat Props > Material Models > Structural >
Damping.
```

3．质量矩阵的形式

利用该选项指定使用集中质量矩阵。通常，ANSYS 推荐使用默认选项（协调质量矩阵），但对于包含薄膜构件（如细长梁或薄板等）的结构，使用集中质量矩阵方式往往能得到更好的结果。同时，使用集中质量矩阵也可以缩短求解时间和降低求解内存。

```
命令：LUMPM。
GUI：Main Menu > Solution > Unabridged Menu > Analysis Type > Analysis Options.
```

13.2.5　施加载荷

表 13-2 概括了适用于瞬态动力学分析的载荷类型。除惯性载荷外，可以在实体模型（由关键点、线、面组成）或有限元模型（由节点和单元组成）上施加载荷。

表 13-2　瞬态动力学分析中可施加的载荷

载荷形式	范畴	命令	GUI 方式
位移约束（UX, UY, UZ, ROTX, ROTY, ROTZ）	约束	D	Main Menu > Solution > Define Loads > Apply > Structural > Displacement
集中力或者力矩（FX, FY, FZ, MX, MY, MZ）	力	F	Main Menu > Solution > Define Loads > Apply > Structural > Force/Moment
压力（PRES）	面载荷	SF	Main Menu > Solution > Define Loads > Apply > Structural > Pressure
温度（TEMP）、流体（FLUE）	体载荷	BF	Main Menu > Solution > Define Loads > Apply > Structural > Temperature
重力、向心力等	惯性载荷	—	Main Menu > Solution > Define Loads > Apply > Structural > Other

在分析过程中，可以施加、删除载荷或对载荷进行操作或列表。

表 13-3 概括了瞬态动力学分析中可用的载荷步选项。

表 13-3　载荷步选项

选项		命令	GUI 方式
普通选项	时间	TIME	Main Menu >Solution>Load Step Opts > Time/Frequenc > Time - Time Step
	阶跃载荷或者坡道载荷	KBC	MainMenu > Solution > LoadStepOpts > Time/Frequenc > Time-Time Step or Freq and Substeps
	积分时间步长	NSUBST DELTIM	Main Menu>Solution >Load Step Opts > Time/Frequenc > Time and Substps
	开关自动调整时间步长	AUTOTS	Main Menu>Solution >Load Step Opts > Time/Frequenc > Time and Substps
动力学选项	时间积分影响	TIMINT	Main Menu > Solution > Load Step Opts > Time/Frequenc > Time Integration > Newmark Parameters
	瞬态时间积分参数（用于 Newmark 方法）	TINTP	Main Menu > Solution > Load Step Opts > Time/Frequenc > Time Integration > Newmark Parameters
	阻尼	ALPHAD BETAD DMPRAT	Main Menu > Solution > Load Step Opts > Time/Frequenc > Damping
非线性选项	最多迭代次数	NEQIT	Main Menu > Solution > Load Step Opts > Nonlinear > Equilibrium Iter
	迭代收敛精度	CNVTOL	Main Menu > Solution > Load Step Opts > Nonlinear > Transient
	预测校正选项	PRED	Main Menu > Solution > Load Step Opts > Nonlinear > Predictor
	线性搜索选项	LNSRCH	Main Menu > Solution > Load Step Opts > Nonlinear > Line Search
	蠕变选项	CRPLIM	Main Menu > Solution > Load Step Opts > Nonlinear > Creep Criterion
	终止求解选项	NCNV	Main Menu > Solution > Analysis Type > Sol'n Controls > Advanced NL
输出控制选项	输出控制	OUTPR	Main Menu > Solution > Load Step Opts > Output Ctrls > Solu Printout
	数据库和结果文件	OUTRES	Main Menu >Solution > Load Step Opts > Output Ctrls > DB/ Results File
	结果外推	ERESX	Main Menu >Solution > Load Step Opts > Output Ctrls > Integration Pt

13.2.6　设定多载荷步

重复以上步骤，可定义多载荷步，每一个载荷步都可以根据需要重新设定载荷求解控制和选项，并且可以将所有信息写入文件。

在每一个载荷步中，可以重新设定的载荷步选项包括：TIMINT、TINTP、ALPHAD、BETAD、MP、DAMP、TIME、KBC、NSUBST、DELTIM、AUTOTS、NEQIT、CNVTOL、PRED、LNSRCH、

CRPLIM、NCNV、CUTCONTROL、OUTPR、OUTRES、ERESX 和 RESCONTROL。

保存当前载荷步并设置到载荷步文件中。

```
命令：LSWRITE。
GUI：Main Menu > Solution > Load Step Opts > Write LS File。
```

下面给出一个载荷步操作的命令流示例。

```
TIME, ...              ! Time at the end of 1st transient load step
Loads ...              ! Load values at above time
KBC, ...               ! Stepped or ramped loads
LSWRITE                ! Write load data to load step file
TIME, ...              ! Time at the end of 2nd transient load step
Loads ...              ! Load values at above time
KBC, ...               ! Stepped or ramped loads
LSWRITE                ! Write load data to load step file
TIME, ...              ! Time at the end of 3rd transient load step
Loads  ...             ! Load values at above time
KBC, ...               ! Stepped or ramped loads
LSWRITE                ! Write load data to load step file
Etc.
```

13.2.7 瞬态求解

（1）只求解当前载荷步。

```
命令：SOLVE。
GUI：Main Menu > Solution > Solve > Current LS。
```

（2）求解多载荷步。

```
命令：LSSOLVE。
GUI：Main Menu > Solution > Solve > From LS Files。
```

13.2.8 后处理

瞬态动力学分析的结果被保存到结构分析结果文件 Jobname.RST 中。可以用 POST26 和 POST1 观察结果。

POST26 用于观察模型中指定点处呈现为时间函数的结果。

POST1 用于观察在给定时间整个模型的结果。

1. 使用 POST26

POST26 要用到结果项/频率对应关系表，即"Variables（变量）"。每一个变量都有一个参考号，1 号变量被内定为频率。

（1）用以下选项定义变量。

NSOL 用于定义基本数据（节点位移）。

ESOL 用于定义派生数据（单元数据，如应力）。

RFORCE 用于定义反作用力数据。

FORCE（合力或合力的静力分量、阻尼分量、惯性力分量）。

SOLU（时间步长、平衡迭代次数、响应频率等）。

GUI 方式：Main Menu > TimeHist Postpro > Define Variables。

注意

在 Mode Superpos'n 模态提取法中，用命令"FORCE"只能得到静力。

（2）绘制变量变化曲线或列出变量值。通过观察整个模型关键点处的时间历程分析结果，就可以找到用于进一步的 POST1 后处理的临界时间点。

命令 "PLVAR" 用于绘制变量变化曲线。

命令 "PLVAR, EXTREM" 用于变量值列表。

```
GUI: Main Menu > TimeHist Postpro > Graph Variables.
Main Menu > TimeHist Postpro > List Variables.
Main Menu > TimeHist Postpro > List Extremes.
```

2. 使用 POST1

（1）从数据文件中读入模型数据。

```
命令: RESUME。
GUI: Utility Menu > File > Resume from.
```

（2）读入需要的结果集。用 "SET" 命令根据载荷步及子步序号或根据时间数值指定数据集。

```
命令: SET。
GUI: Main Menu > General Postproc > Read Results > By Time/Freq.
```

> **注意**
> 如果指定的时刻没有可用结果，得到的结果将是和该时刻相距最近的两个时间点对应结果之间的线性插值。

（3）显示结构的变形状况、应力、应变等的等值线，或者向量的向量图（命令：PLVECT）。要得到数据的列表表格，使用命令 PRNSOL、PRESOL、PRRSOL 等。

① 显示变形形状。

```
命令: PLDISP。
GUI: Main Menu > General Postproc > Plot Results > Deformed Shape.
```

② 显示变形云图。

```
命令: PLNSOL 或 PLESOL。
GUI: Main Menu > General Postproc > Plot Results > Contour Plot > Nodal Solu or Element Solu.
```

> **注意**
> 在 "PLNSOL" 和 "PLESOL" 命令中的 "KUND" 参数可用来选择是否将未变形的形状叠加到显示结果中。

③ 显示反作用力和力矩。

```
命令: PRRSOL。
GUI: Main Menu > General Postproc > List Results > Reaction Solu.
```

④ 显示节点力和力矩。

```
命令: PRESOL, F 或 M。
GUI: Main Menu > General Postproc > List Results > Element Solution.
```

可以列出选定的一组节点的总节点力和总力矩。这样就可以选定一组节点并得到作用在这些节点上的总力的大小，命令方式和 GUI 方式如下。

```
命令: FSUM。
GUI: Main Menu > General Postproc > Nodal Calcs > Total Force Sum.
```

同样，也可以察看每个选定节点处的总力和总力矩。对于处于平衡态的物体，除非存在外加的载荷或反作用载荷，所有节点处的总载荷应该为零。命令和 GUI 方式如下。

```
命令: NFORCE。
GUI: Main Menu > General Postproc > Nodal Calcs > Sum @ Each Node.
```

还可以设置要观察合力（默认）、静力分量、阻尼力分量、惯性力分量的其中一个，命令和 GUI 方式如下。

```
命令: FORCE。
GUI: Main Menu > General Postproc > Options for Outp.
```

⑤ 显示线单元（例如梁单元）结果。

```
命令: ETABLE。
```

GUI: Main Menu > General Postproc > Element Table > Define Table.

对于线单元，如梁单元、杆单元及管单元，用此选项可得到派生数据（应力、应变等）。细节可查阅"ETABLE"命令。

⑥ 绘制矢量图。

命令：PLVECT。
GUI: Main Menu > General Postproc > Plot Results > Vector Plot > Predefined.

⑦ 列表显示结果。

命令：PRNSOL（节点结果）。
PRESOL（单元一单元结果）。
PRRSOL（反作用力数据）等。
NSORT, ESORT（对数据进行排序）。
GUI: Main Menu > General Postproc > List Results > Nodal Solution.
Main Menu > General Postproc > List Results > Element Solution.
Main Menu > General Postproc > List Results > Reaction Solu.
Main Menu > General Postproc > List Results > Sorted Listing > Sort Nodes.

13.3 实例导航——振动系统瞬态动力学分析

瞬态动力学分析是确定随时间变化载荷（如爆炸情景下）作用下结构响应的技术。它的输入数据是作为时间函数的载荷；输出数据是随时间变化的位移和其他的导出量，如应力和应变。

瞬态动力学分析可以应用在以下设计中。

- 承受各种冲击载荷的结构，如汽车的门和缓冲器、建筑框架以及悬挂系统等。
- 承受各种随时间变化载荷的结构，如桥梁、地面移动装置以及其他机器部件。
- 承受撞击和颠簸的家庭和办公设备，如移动电话、笔记本电脑和真空吸尘器等。

瞬态动力学分析主要考虑的问题如下。

- 运动方程。
- 求解方法。
- 积分时间步长。

本节通过对弹簧、质量、阻尼振动系统进行瞬态动力学分析，来介绍 ANSYS 的瞬态动力学分析过程。

13.3.1 分析问题

如图 13-3 所示振动系统，由 4 个子系统组成，在质量块上施加随时间变化的力，计算在振动系统的瞬态响应情况，比较不同阻尼下系统的运动情况，并与理论计算值相比较，如表 13-5 所示。

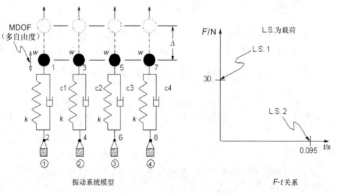

图 13-3 振动系统

阻尼 1：$\xi = 2.0$。

阻尼 2：$\xi = 1.0$。

阻尼 3：$\xi = 0.2$。

阻尼 4：$\xi = 0.0$（无阻尼）。

位移：$w = 10$ lb。

刚度：$k = 30$ lb/in。

质量：$m = w/g = 0.025\,906\,73$ lb/ins^2。

位移：$\Delta = 1$ in。

重力加速度：$g = 386$ in/s^2。

表 13-4 不同阻尼下的计算值

$t = 0.09$s	理论值	ANSYS 计算值	计算值与理论值的比率
u, in（阻尼比为 2.0）	0.474 20	0.476 37	1.005
u, in（阻尼比为 1.0）	0.189 98	0.192 45	1.013
u, in（阻尼比为 0.2）	−0.521 08	−0.519 51	0.997
u, in（阻尼比为 0.0）	−0.996 88	−0.994 98	0.998

13.3.2 建立模型

（1）设定分析作业名和标题。在进行一个新的有限元分析时，通常需要修改数据库名，并在图形输出窗口中定义一个标题来说明当前进行的工作内容。另外，对于不同的分析类型（结构分析、热分析、流体分析、电磁场分析等），ANSYS 所用的主菜单的内容不尽相同，为此，需要在分析开始时选定分析内容，以便 ANSYS 显示与其相对应的菜单选项。

① 从应用菜单中选择 Utility Menu > File > Change Jobname 命令，打开"Change Jobname"对话框，修改文件名，如图 13-4 所示。

② 在"Enter new jobname"文本框中输入"vibrate"，作为本分析实例的数据库文件名。

③ 单击"OK"按钮，完成文件名的修改。

④ 从应用菜单中选择 Utility Menu > File > Change Title 命令，打开"Change Title"对话框，修改标题如图 13-5 所示。

图 13-4 修改文件名

图 13-5 修改标题

⑤ 在"Enter new title"文本框中输入文字"transient response of a spring-mass- damper system"，为本分析实例的标题名。

⑥ 单击"OK"按钮，完成对标题名的指定。

⑦ 从应用菜单中选择 Utility Menu > Plot > Replot 命令，指定的标题将显示在图形窗口的左下角。

⑧ 从主菜单中选择 Main Menu > Preference 命令，将打开"Preference for GUI Filtering"对话框，选中"Structural"复选框，单击"OK"按钮。

（2）定义单元类型。在进行有限元分析时，应根据分析问题的几何结构、分析类型和所分析的问题精度要求等，选定适合具体分析的单元类型。本例中选用复合单元 Combination 40。

① 从主菜单中选择 Main Menu > Preprocessor > Element Type > Add/Edit/Delete 命令，打开"Element Types"对话框。

② 单击"Add..."按钮，打开"Library of Element Types"对话框，如图 13-6 所示。

③ 在左边的列表框中选择"Combination"选项，选择复合单元类型。

④ 在右边的列表框中选择"Combination 40"选项。

⑤ 单击"OK"按钮，将"Combination 40"单元添加，并关闭单元类型库对话框，同时返回第（1）步打开的单元类型对话框，如图 13-7 所示。

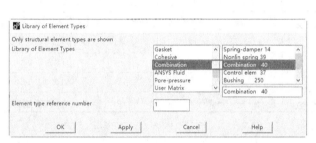

图 13-6 "Library of Element Types"对话框

图 13-7 "Element Types"对话框

⑥ 在对话框中单击"Options..."按钮，打开如图 13-8 所示的"COMBIN 40 element type options"对话框，对"Combination 40"单元属性进行设置，使其可用于计算模型中的问题。

⑦ 在"Element degree(s) of freedom K3"下拉列表框中选择"UY"选项。

⑧ 单击"OK"按钮，关闭单元选项设置对话框，返回如图 13-7 所示的单元类型对话框。

⑨ 单击"Close"按钮，关闭单元类型对话框，结束单元类型的添加。

（3）定义实常数。对复合单元"Combination 40"设置实常数。

① 从主菜单中选择 Main Menu > Preprocessor > Real Constants > Add/Edit/Delete 命令，打开如图 13-9 所示的"Real Constants"对话框。

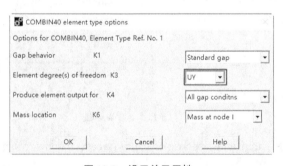

图 13-8 设置单元属性

图 13-9 定义实常数

② 单击"Add..."按钮，打开"Element Type for Real Constants"对话框，要求选择欲定义实常数的单元类型，如图 13-10 所示。

③ 在已定义的单元类型列表中选择"Type 1 COMBIN 40"，定义实常数。

④ 单击"OK"按钮，关闭选择单元类型对话框，打开该单元类型"Real Constant Set Set Number1, for COMBIN40"对话框，设置如图 13-11 所示。

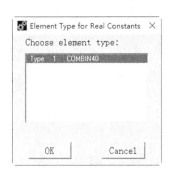

图 13-10　选择单元类型

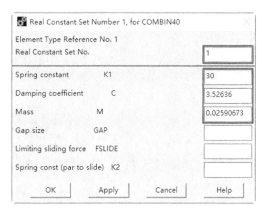

图 13-11　设置 COMBIN40 单元实常数

⑤ 在"Real Constant Set No."文本框中输入"1"，设置第一组实常数。

⑥ 在"K1"（刚度）文本框中输入"30"；

⑦ 在"C"（阻尼）文本框中输入"3.52636"；

⑧ 在"M"（质量）文本框中输入"0.02590673"。

⑨ 单击"Apply"按钮，进行第 2、3、4 组的实常数设置，其与第 1 组只在 C（阻尼）处有区别，分别为"1.76318，0.352 636，0"。

⑩ 单击"OK"按钮，关闭实常数集对话框，返回实常数设置对话框，显示已经定义了 4 组实常数。如图 13-12 所示。

⑪ 单击"Close"按钮，关闭实常数对话框。

（4）定义材料属性。本例中不涉及应力应变的计算，采用的单元是复合单元，不用设置材料属性。

（5）建立弹簧、质量、阻尼振动系统模型。

① 定义两个节点 1 和 8。

a. 从主菜单中选择 Main Menu > Preprocessor > Modeling > Create > Nodes > In Active CS…。

b. 在"Node number"右侧文本框中输入"1"，单击"Apply"按钮，如图 13-13 所示。

c. 在"Node number"右侧文本框中输入"8"，单击"OK"按钮。

图 13-12　已经定义的实常数

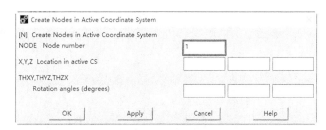

图 13-13　定义一个节点

② 定义其他节点 2 ~ 7。

a. 从主菜单中选择 Main Menu > Preprocessor > Modeling > Create > Nodes > Fill between Nds…。

b. 在文本框中输入"1,8"，单击"OK"按钮，如图 13-14 所示。

c. 在打开的"Create Nodes Between 2 Nodes"对话框中，单击"OK"按钮，填充节点，如图 13-15 所示。

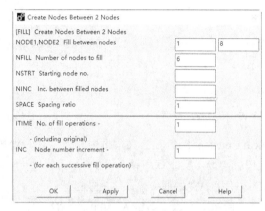

图 13-14　选择节点　　　　　　　　　　图 13-15　填充节点

③ 定义一个单元。

a. 从主菜单中选择 Main Menu > Preprocessor > Modeling > Create > Elements > AutoNumbered > Thru Nodes 命令。

b. 在文本框中输入"1,2"，用节点 1 和节点 2 创建一个单元，单击"OK"按钮，如图 13-16 所示。

④ 创建其他单元。

a. 从主菜单中选择 Main Menu > Preprocessor > Modeling > Copy > Elements > Auto Numbered 命令。

b. 在文本框中输入"1"，选择第一个单元，单击"OK"按钮，如图 13-17 所示。

c. 打开的对话框中，在"Total number of copies"右侧文本框中输入"4"，"Node number increment"右侧文本框中输入"2"，在"Real constant no.incr"右侧文本框中输入"1"，单击"OK"按钮，如图 13-18 所示。

图 13-16　创建一个单元　　　　　　　　图 13-17　选择第一个单元

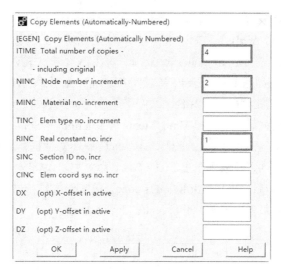

图 13-18　复制单元控制

⑤ 施加位移约束。

a. 从主菜单中选择 Main Menu > Solution > Define Loads > Apply > Structural > Displacement > On Nodes 命令，打开节点选择对话框，选择欲施加位移约束的节点。

b. 激活"Min,Max,Inc"选项，在文本框中输入"2,8,2"，选取节点，单击"OK"按钮，如图 13-19 所示。

c. 打开"Apply U,ROT on Nodes"对话框，在"DOFs to be constrained"滚动框中选择"UY"（单击一次使其高亮度显示，确保其他选项未被高亮度显示）。单击"OK"按钮，如图 13-20 所示。

图 13-19　选取节点

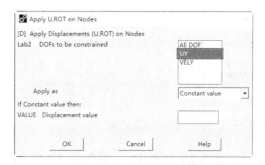

图 13-20　施加位移约束

13.3.3　进行模态分析

模态分析步骤如下。

① 选择分析类型。从主菜单中选择 Main Menu > Solution > Analysis Type > New Analysis 命令，打开"New Analysis"对话框，如图 13-21 所示。选择"Modal"，然后单击"OK"按钮。

② 设置模态分析求解选项。从主菜单中选择 Main Menu > Solution > Analysis Type > Analysis Options 命令，弹出"Modal Analysis"对话框，在"[MODOPT] Mode extraction method"右侧选择"QR Damped"单选按钮，在"No. of modes to extract"右侧文本框中输入"4"，在"No. of modes to expand"文本框中输入"4"，如图 13-22 所示，单击"OK"按钮，此时系统弹出"Block Lancaos Method"对话框，采用默认设置，单击"OK"按钮。

③ 模态分析求解。从主菜单中选择 Main Menu > Solution > Solve > Current LS 命令，弹出"/STATUS Command"信息提示栏和"Solve Current Load Step"对话框，如图 13-23 和图 13-24 所示。浏览信息提示栏中的信息，如果无误则单击 File > Close 命令关闭，单击模态分析求解对话框的"OK"按钮，开始求解。求解完毕后会出现"Solution is done"的提示框，单击"Close"按钮关闭即可。

④ 退出求解器。从主菜单中选择 Main Menu > Finish 命令。

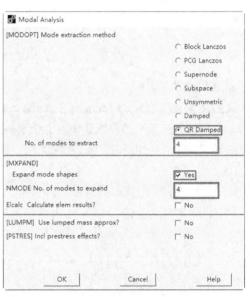

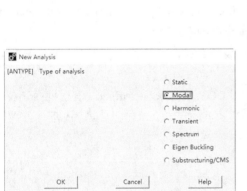

图 13-21　选择分析类型　　　　图 13-22　设置模态分析求解选项

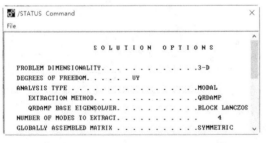

图 13-23　"/STATUS Command"信息提示栏

图 13-24　模态分析求解

13.3.4　进行瞬态动力学分析设置、定义边界条件并求解

在瞬态动力学分析中，建立有限元模型后，就需要进行瞬态动力学分析设置、施加边界条件、求解。

（1）选择分析类型

① 从主菜单中选择 Main Menu > Solution > Analysis Type > New Analysis，打开"New Analysis"对话框，选择"Transient"，如图 13-25 所示，然后单击"OK"按钮。

② 打开"Transient Analysis"对话框，在"Solution method"右侧选择"Mode Superpos'n"选项，选择瞬态分析，如图 13-26 所示，单击"OK"按钮。

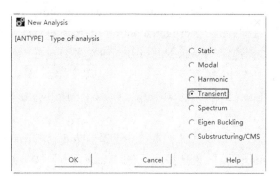

图 13-25 选择分析类型

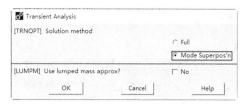

图 13-26 选择瞬态分析

③ 设置求解选项。从主菜单中选择 Main Menu > Solution > Analysis Type > Analysis Options 命令，弹出"Mode Sup Transient Analysis"对话框，在"Maximum mode number"右侧文本框中输入"4"，设置模态叠加如图 13-27 所示，单击"OK"按钮。

（2）设置主自由度。

① 从主菜单中选择 Main Menu > Preprocessor > Modeling > CMS > CMS Interface > Define 命令，弹出"Define Master DOFs"对话框，激活"Min,Max,Inc"选项，在文本框中输入"1,7,2"，选择节点，单击"OK"按钮，如图 13-28 所示。

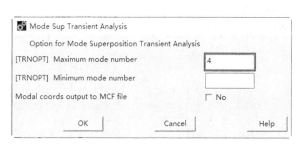

图 13-27 设置模态叠加

图 13-28 选择节点

② 在"1st degree of freedom"下拉列表框中选择"UY"，单击"OK"按钮，设置主自由度如图 13-29 所示。

（3）从主菜单中选择 Main Menu > Solution > Load Step Opts > Time/Frequenc > Time-Time Step 命令，打开"Time and Time Step Options"对话框，设置时间和时间步长选项，如图 13-30 所示。

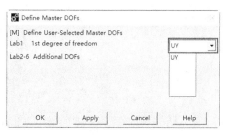

图 13-29 设置主自由度

（4）在"Time step size"右侧文本框输入"1e-3"；在"Stepped or ramped b.c."处单击"Stepped"单选按钮，单击"OK"按钮。

（5）从主菜单中选择 Main Menu > Solution > Load Step Opts > Output Ctrls > Solu Printout 命令。

（6）打开"Solution Printout Controls"对话框，在"Item for printout control"右侧下拉列表框中选择"Nodal DOF solu"选项，在"Print frequency"右侧选择"Every Nth substp"单选按钮，在"Value of N"右侧文本框中输入"1"，单击"OK"按钮，如图 13-31 所示。

（7）从主菜单中选择 Main Menu > Solution > Load Step Opts > Output Ctrls > DB/Results File 命令。

（8）打开数据输出控制对话框，在"Item to be controlled"下拉列表框中选择"Nodal DOF solu"选项，在"File write frequency"右侧选择"Every Nth substp"单选按钮，在"Value of N"文本框中输入"1"，单击"OK"按钮，如图 13-32 所示。

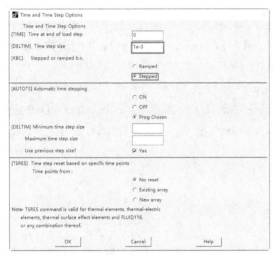

图 13-30　设置时间和时间步长选项

图 13-31　求解器打印输出控制

（9）从主菜单中选择 Main Menu > Solution > Define Loads > Apply > Structure > Force/ Moment > On Nodes 命令，打开"Apply F/M on Nodes"对话框。

（10）激活"Min,Max,Inc"选项，在文本框中输入"1,7,2"，单击"OK"按钮，如图 13-33 所示。

图 13-32　数据输出控制

图 13-33　选择节点

（11）在"Direction of force/mom"下拉列表框中选择"FY"，在"Force/moment value"文本框中输入"30"，单击"OK"按钮，如图 13-34 所示。

（12）从主菜单中选择 Main Menu > Solution > Solve > Current LS 命令，打开一个确认对话框和状态列表，如图 13-35 所示，要求查看列出的求解选项。

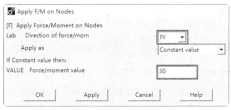

图 13-34　输入力的值

图 13-35　求解当前载荷步确认对话框

（13）查看列表中的信息，确认无误后，单击"OK"按钮，开始求解。

（14）求解完成后，打开如图 13-36 所示的提示求解完成对话框。

（15）单击"Close"按钮，关闭提示求解完成对话框。

（16）从主菜单中选择 Main Menu > Solution > Load Step Opts > Time/Frequenc > Time - Time Step 命令，打开"Time and Time Step Options"对话框，如图 13-37 所示。

（17）在"Time at end of load step"右侧文本框中输入"95e-3"，单击"OK"按钮，如图 13-37 所示。

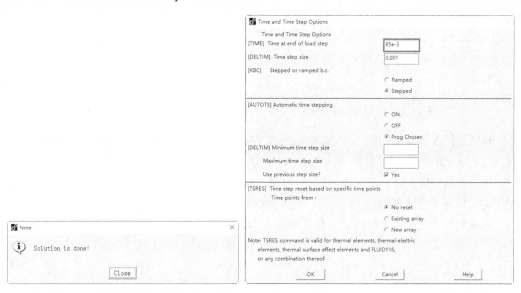

图 13-36　提示求解完成对话框　　　　图 13-37　"Time and Time Step Options"对话框

（18）从主菜单中选择 Main Menu > Solution >Define Loads > Apply > Structural > Force/ Moment > On Nodes 命令，打开"Apply F/M on Nodes"拾取窗口。

（19）激活"Min,Max,Inc"选项，在文本框中输入"1,7,2"，单击"OK"按钮。

（20）在"Direction of force/mom"右侧下拉列表框中选择"FY"，在"Force/moment value"右侧文本框中输入"0"，单击"OK"按钮，如图 13-38 所示。

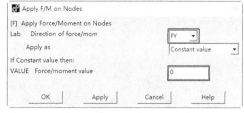

图 13-38　输入力的值

（21）从主菜单中选择 Main Menu > Solution > Solve > Current LS 命令。

（22）打开一个确认对话框和状态列表，查看列出的求解选项。

（23）查看列表中的信息，确认无误后，单击"OK"按钮，开始求解。

（24）求解完成后，弹出提示求解完成对话框，单击"Close"按钮，关闭提示求解完成对话框。

13.3.5　查看结果

（1）POST26 观察结果（节点 1、3、5、7 的位移时间历程结果）的曲线。

① 从主菜单中选择 Main Menu > TimeHist Postpro 命令，打开"Time-History Variables"对话框，如图 13-39 所示。

② 单击"Add Data"按钮 ，打开"Add Time-History Variable"对话框，如图 13-40 所示。

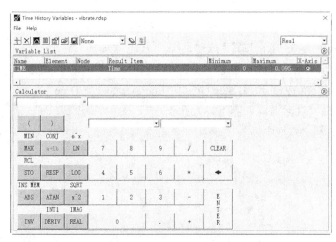

图 13-39　时间历程结果控制

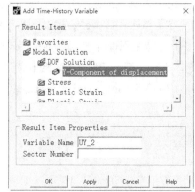

图 13-40　选择显示内容

③ 单击选择 Nodal Solution > DOF Solution > Y-Component of displacement 命令，单击"OK"按钮，打开"Node for Data"对话框，如图 13-41 所示。

④ 在文本框中输入"1"，单击"OK"按钮。

⑤ 用同样的方法选择节点 3、5、7，显示的时间变量如图 13-42 所示。

⑥ 在列表框中选择添加的所有变量，如图 13-43 所示。

图 13-41　选择 1 号节点

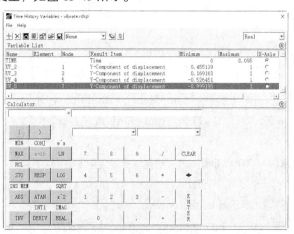

图 13-42　添加的时间变量

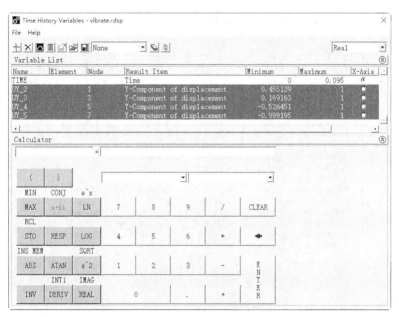

图 13-43　选择变量

⑦ 单击 "Graph Data" 按钮 ，在图形窗口中就会出现该变量随时间的变化曲线，如图 13-44 所示。

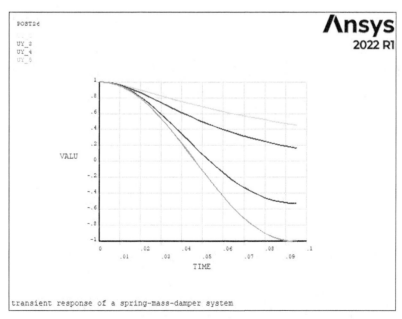

图 13-44　变量随时间的变化曲线

（2）POST26 观察结果列表显示。在 "Time-History Variables" 对话框中，单击按钮 ，进行列表显示，会出现变量与时间的值的列表，如图 13-45 所示。

```
PRVAR   Command                                                    ×
File

              ***** ANSYS POST26 VARIABLE LISTING *****


   TIME          1 UY          3 UY          5 UY          7 UY
                 UY_2          UY_3          UY_4          UY_5
   0.0000        1.00000       1.00000       1.00000       1.00000
   0.40000E-02   0.993846      0.993336      0.992876      0.992753
   0.80000E-02   0.976270      0.972401      0.968531      0.967431
   0.12000E-01   0.952143      0.940708      0.928042      0.924217
   0.16000E-01   0.924560      0.901335      0.872994      0.863909
   0.20000E-01   0.895368      0.856748      0.805149      0.787625
   0.24000E-01   0.865658      0.808913      0.726406      0.696774
   0.28000E-01   0.836073      0.759378      0.638761      0.593039
   0.32000E-01   0.806981      0.709350      0.544263      0.478337
   0.36000E-01   0.778592      0.659756      0.444976      0.354791
   0.40000E-01   0.751015      0.611297      0.342940      0.224685
   0.44000E-01   0.724302      0.564487      0.240140      0.904268E-001
   0.48000E-01   0.698472      0.519690      0.138464     -0.455008E-001
   0.52000E-01   0.673523      0.477153      0.396847E-001 -0.180584
   0.56000E-01   0.649441      0.437025     -0.545742E-001 -0.312324
   0.60000E-01   0.626205      0.399383     -0.142855     -0.438284
```

图 13-45　变量与时间的列表

第14章

结构屈曲分析

屈曲分析是一种用于确定结构的屈曲载荷(使结构开始变得不稳定的临界载荷)和屈曲模态(结构屈曲响应的特征形态)的技术。

本章介绍了 ANSYS 屈曲分析的全流程步骤,详细讲解了各种参数的设置方法与功能,最后通过屈曲分析实例对 ANSYS 屈曲分析功能进行了具体演示。

通过本章的学习,读者可以完整深入地掌握 ANSYS 屈曲分析的各种功能和应用方法。

14.1　结构屈曲概论

ANSYS 提供两种分析结构屈曲的技术。

(1)非线性屈曲分析:该方法利用逐步的增加载荷,对结构进行非线性静力分析,然后在此基础上寻找载荷临界点,如图 14-1(a)所示。

(2)线性屈曲分析(特征值屈曲分析):该方法用于预测理想弹性结构的理论屈曲强度(即通常所说的欧拉临界载荷),如图 14-1(b)所示。

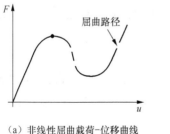
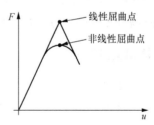

(a)非线性屈曲载荷-位移曲线　　　　(b)线性(特征值)屈曲曲线

图 14-1　屈曲曲线

14.2　结构屈曲分析的基本步骤

14.2.1　前处理

该过程跟其他分析类型类似,但应注意以下两点。

(1)该方法只允许线性行为,如果定义了非线性单元,则按线性处理。

(2)材料的弹性模量"EX"(或某种形式的刚度)必须定义,材料性质可以线性、各向同性或各向异性、恒值或与温度相关。

14.2.2　获得静力解

该过程与一般的静力分析类似，只需注意几点。

（1）必须激活预应力影响（使用 PSTRESS 命令或相应 GUI 方式）。

（2）通常只需施加一个单位载荷即可，不过 ANSYS 允许的最大特征值是 1 000 000，若求解时特征值超过了这个限度，则须施加一个较大的载荷。当施加单位载荷时，求解得到的特征值就表示临界载荷，当施加非单位载荷时，求解得到的特征值乘以施加的载荷就得到临界载荷。

（3）特征值相当于对所有施加载荷的放大倍数。如果结构上既有恒载荷作用（如重力载荷）又有变载荷作用（如外加载荷），需要确保在特征值求解时，由恒载荷引起的刚度矩阵没有乘以放大倍数。通常，为了做到这一点，采用迭代方法。根据迭代结果，不断地调整外加载荷，直到特征值变成 1 或在误差允许范围内接近 1。

如图 14-2 所示，一根木桩同时受到重力 W_0 和外加载荷 A 作用，为了找到结构特征值屈曲分析的极限载荷 A，可以用不同的 A 进行迭代求解直到特征值接近于 1。

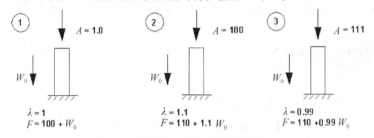

图 14-2　调整外加载荷直到特征值为 1

（4）可以施加非零约束作为静载荷来模拟预应力，特征值屈曲分析将会考虑这种非零约束（即考虑了预应力），屈曲模态不考虑非零约束（即屈曲模态依然是参考零约束模型）。

（5）在求解完成后，必须退出求解器（使用 FINISH 命令或相应 GUI 方式）。

14.2.3　获得特征值屈曲解

该步骤需要静力求解所得的两个文件"Jobname.EMAT"和"Jobname.ESAV"，同时，数据库必须包含模型文件（必要时执行"RESUME"命令），以下是获得特征值屈曲解的详细步骤。

（1）进入求解器。

```
命令: /SOLU。
GUI: Main Menu > Solution。
```

（2）指定分析类型。

```
命令: ANTYPE,BUCKLE。
GUI: Main Menu > Solution > Analysis Type > New Analysis。
```

> **注意**
>
> 　　重启动对于特征值分析无效。当指定特征值屈曲分析之后，会出现相应的求解菜单，该菜单会根据用户最近的操作存在简化形式和完整形式，简化形式的菜单仅仅包含对于屈曲分析需要或者有效的选项。如果当前显示的是简化菜单，而你又想获得其他的求解选项，那些选项对于分析来说是有用的，但对于当前分析类型却没有被激活，可以在"Solution menu"中选择"Unabridged Menu"选项，更详细的说明可以参考帮助文档。

（3）指定分析选项。

```
命令：BUCOPT, Method, NMODE, SHIFT。
GUI：Main Menu > Solution > Analysis Type > Analysis Options。
```

无论是使用命令还是相应 GUI 方式，都可以指定如下选项（参见图 14-3）。

屈曲阶数（NMODE）：指定提取特征值的阶数。该变量默认值是 1，因为我们通常最关心的是第一阶屈曲。

偏移（SHIFT）：指定特征值要乘的载荷因子。该因子在求解遇到数值问题（如特征值为负值）有用，默认值为 0。

方法（Method）：指定特征值提取方法。可以选择 Subspace 和 Block Lanczos，它们都使用完全矩阵。可在帮助文档中查看选项"Mode-Extraction Method [MODOPT]"以获得更详细的信息。

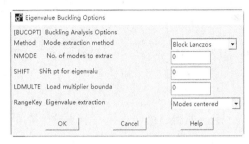

图 14-3　特征值屈曲分析选项

（4）指定载荷步选项。对于特征值屈曲问题有效的载荷步选项用于输出控制和扩展。

```
命令：OUTPR,NSOL,ALL。
GUI：Main Menu > Solution > Load Step Opts > Output Ctrls > Solu Printout。
```

扩展求解可以被设置成特征值屈曲求解的一部分也可以另外单独执行，在本节中，扩展求解另外单独执行。

（5）保存结果。

```
命令：SAVE。
GUI：Utility Menu > File > Save As。
```

（6）开始求解。

```
命令：SOLVE。
GUI：Main Menu > Solution > Solve > Current LS。
```

求解输出项主要包括特征值，它被写入输出文件（Jobname.OUT）。特征值表示屈曲载荷因子，如果施加的是单位载荷，它就表示临界屈曲载荷。数据库或结果文件中不会写入屈曲模态，所以不能对此进行后处理，如果想对其进行后处理，必须执行扩展求解。

特征值可以是正数也可以是负数，如果是负数，则表示应该施加相反方向的载荷。

（7）退出求解器。

```
命令：FINISH。
GUI：Close the Solution menu。
```

14.2.4　扩展解

无论采用哪种特征值提取方法，如果想得到屈曲模态的形状，就必须执行扩展求解。如果是子空间迭代法，可以把"扩展"简单理解为将屈曲模态的形状写入结果文件。

在扩展求解中，需要注意以下两点。

（1）必须有特征值屈曲求解得到的屈曲模态文件（Jobname.MODE）。

（2）数据库必须包含与特征值求解同样的模型。

执行扩展求解的具体步骤如下。

（1）重新进入求解器。

```
命令：/SOLU。
GUI：Main Menu > Solution。
```

> **注意** 在执行扩展解之前必须离开求解器（利用"FINISH"命令），然后再重新进入（利用"/SOLU"命令）。

（2）指定为扩展求解。

命令：EXPASS,ON。
GUI: Main Menu > Solution > Analysis Type > ExpansionPass。

（3）指定扩展求解选项。

命令：MXPAND, NMODE, Elcalc。
GUI: Main Menu > Solution > Load Step Opts > ExpansionPass > Single Modes > Expand Modes。

无论是通过命令还是GUI方式，扩展求解都需要指定如下选项。

模态阶数（MODE）：指定扩展模态的阶数。这个变量默认值是特征值求解时所提取的阶数。

相对应力（Elcalc）：指定是否需要进行应力计算，如图14-4所示。特征值屈曲分析中的应力并非真正的应力，而是相对于屈曲模态的相对应力分布，默认时不计算应力。

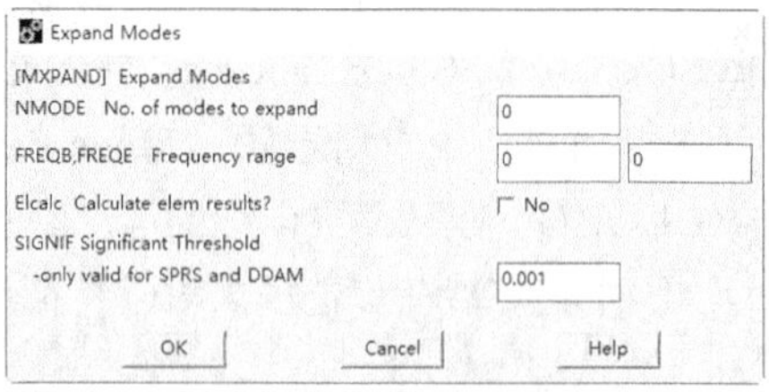

图 14-4　扩展模态选项

（4）指定载荷步选项。在屈曲扩展求解里唯一有效的载荷步选项是输出控制选项，该选项包括输出文件（Jobname.OUT）中的任何结果数据。

命令：OUTPR。
GUI: Main Menu > Solution > Load Step Opts > Output Ctrl > Solu Printout。

（5）数据库和结果文件输出。该选项控制结果文件（Jobname.RST）里的数据。

命令：OUTRES。
GUI: Main Menu > Solution > Load Step Opts > Output Ctrl > DB/Results File。

> **注意** "OUTPR"和"OUTRES"上的"FREQ"域只能是ALL或者NONE，也就是说，要么针对所有模态，要么不针对任何模态，不能只写入部分模态信息。

（6）开始扩展求解。输出数据包含屈曲模态形状，如果需要的话，还可以包含每一阶屈曲模态的相对应力。

命令：SOLVE。
GUI: Main Menu > Solution > Solve > Current LS。

（7）离开求解器。这时候可以对结果进行后处理。

命令：FINISH。

> **注意** 该处的扩展解是单独作为一个步骤列出，也可以利用"MXPAND"命令（GUI方式：Main Menu > Solution > Load Step Opts > ExpansionPass > Expand Modes）将它放在特征值求解步骤里面执行。

14.2.5　后处理（观察结果）

屈曲扩展求解的结果被写入结构结果文件（Jobname.RST），包括屈曲载荷因子、屈曲模态形状和相对应力分布，可以在通用后处理器（POST1）里面观察这些结果。

注意 为了在 POST1 里面观察结果，数据库必须包含与屈曲分析相同的结构模型（必要时可执行 "RESUME" 命令），同时，数据库还必须包含扩展求解输出的结果文件（Jobname.RST）。

（1）列出现在所有的屈曲载荷因子。

```
命令：SET,LIST。
GUI：Main Menu > General Postproc > Results Summary。
```

（2）读取指定的模态来显示屈曲模态的形状。每一种屈曲模态都储存在独立的结果步里面。

```
命令：SET,SUBSTEP。
GUI：Main Menu > General Postproc > Read Results > By Load Step。
```

（3）显示屈曲模态形状。

```
命令：PLDISP。
GUI：Main Menu > General Postproc > Plot Results > Deformed Shape。
```

（4）显示相对应力分布云图。

```
命令：PLNSOL or PLESOL。
GUI：Main Menu > General Postproc > Plot Results > Contour Plot > Nodal Solution。
Main Menu > General Postproc > Plot Results > Contour Plot > Element Solu。
```

14.3 实例导航——薄壁圆筒屈曲分析

在本节实例分析中，我们将进行一个薄壁圆筒的几何非线性分析，用轴对称单元模拟薄壁圆筒，求解通过单一载荷步来实现。

14.3.1 问题描述

如图 14-5 所示，薄壁圆筒的半径 R=2540mm，高 h=20 320mm，壁厚 t=12.35mm，圆筒的顶面上受到均匀的压力作用，压力为 1×10^6Pa。材料的弹性模量 E=200GPa，泊松比 v=0.3，计算薄壁圆筒的屈曲模式及临界载荷。其计算分析过程如下。

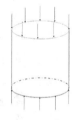

图 14-5 薄壁圆筒的示意

14.3.2 GUI 方式

（1）前处理

① 定义工作标题。从应用菜单中选择 Utility Menu > File > Change Title 命令，输入文字 "Buckling of a thin cylinder"，单击 "OK" 按钮。

② 定义单元类型。从主菜单中选择 Main Menu > Preprocessor > Element Type > Add/Edit/Delete 命令，打开 "Element Types" 对话框，单击 "Add" 按钮，弹出如图 14-6 所示对话框。在左侧列表框中，选择 "Beam" 选项，在右侧列表框中，选择 "2 node 188" 选项，然后单击 "OK" 按钮。最后单击 "Close" 按钮，关闭该对话框。

③ 定义材料性质。从主菜单选择 Main Menu > Preprocessor > Material Props > Material Models 命令，弹出如图 14-7（a）所示的定义材料模型特性对话框，在 "Material Models Available" 栏中选择 "Favorites" → "Linear Static" → "Linear Isotropic" 选项，弹出如图 14-7（b）所示的线性各向同性材料对话框，在 "EX" 后文本框中键入 "2e5"，在 "PRXY" 后文本框中键入 "0.3"，单击 "OK" 按钮。最后在定义材料模型特性对话框中，选择菜单路径 Material > Exit，退出该对话框。

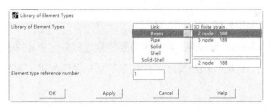

图 14-6　单元类型库对话框

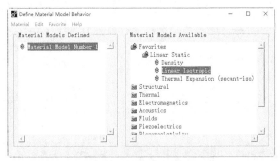

（a）定义材料模型特性对话框

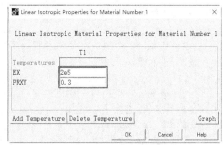

（b）线性各向同性材料对话框

图 14-7　定义材料性质

④ 定义杆件材料性质。从主菜单中选择 Main Menu > Preprocessor > Sections > Beam > Common Section 命令，弹出如图 14-8 所示的梁工具对话框，在 "Sub-Type" 下拉列表中选择空心圆管，在 "Ri" 右侧文本框输入内半径为 "2527.65"，在 "Ro" 右侧文本框输入外半径为 "2540"，单击 "OK" 按钮。

（2）建立实体模型

① 从主菜单中选择 Main Menu > Preprocessor > Modeling > Create > Nodes > In Active CS 命令，打开在活动坐标系中创建节点对话框，如图 14-9 所示。在 "NODE Node number" 右侧文本框中输入 "1"，在 "X,Y,Z Location in active CS" 文本框中输入 "0，0"。

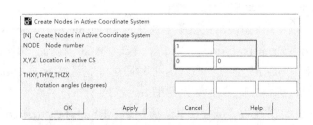

图 14-8　梁工具对话框　　　　图 14-9　在活动坐标系中创建节点对话框

② 单击 "Apply" 按钮，再次打开该对话框。在 "NODE Node number" 右侧文本框中输入 "11"，在 "X,Y,Z　Location in active CS" 文本框中依次输入 "0，20320"，单击 "OK" 按钮，关闭该对话框。

③ 插入新节点。从主菜单中选择 Main Menu > Preprocessor > Modeling > Create > Nodes > Fill between Nds 命令，弹出"Fill between Nds"拾取节点菜单，如图 14-10 所示。用光标在屏幕上单击，拾取编号为 1 和 11 的两个节点，单击"OK"按钮，弹出"Create Nodes Between 2 Nodes"对话框。单击"OK"按钮，接受默认设置，如图 14-11 所示。

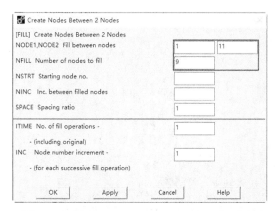

图 14-10 拾取节点菜单　　　　　图 14-11 "Create Nodes Between 2 Nodes"对话框

④ 从主菜单中选择 Main Menu > Preprocessor > Modeling > Create > Elements > Elem Attributes 命令，打开"Element Attributes"对话框，如图 14-12 所示。在"[TYPE] Element type number"右侧下拉列表框中选择"1 BEAM188"，在"[SECNUM] Section number"右侧下拉列表框中选择"1"，其余选项采用系统默认设置，单击"OK"按钮，关闭该对话框。

⑤ 从主菜单中选择 Main Menu > Preprocessor > Modeling > Create > Elements > Auto Numbered > Thru Nodes 命令，打开"Elements from Nodes"对话框，在文本框中输入"1，2"，单击"OK"按钮，关闭该对话框。

a. 复制单元。从主菜单中选择 Main Menu > Preprocessor > Modeling > Copy > Elements > Auto Numbered 命令，弹出"Copy Elems Auto-Num"拾取单元菜单，如图 14-13 所示，在屏幕上选择所创建的单元，单击"OK"按钮。

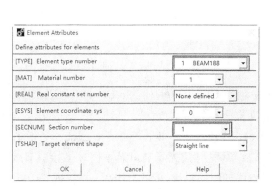

图 14-12 单元属性对话框　　　　图 14-13 拾取单元菜单

b. 弹出如图 14-14 所示对话框，在"ITIME Total number of copies"右侧文本框中输入 10，在"NINC Node number increment"右侧文本框中输入"1"，单击"OK"按钮。

⑥ 单击菜单栏中的 PlotCtrls > Style > Colors > Reverse Video 命令，ANSYS 窗口将变成白色。单击菜单栏中的 Plot > Elements 命令，ANSYS 窗口会显示模型，如图 14-15 所示。

图 14-14　复制单元

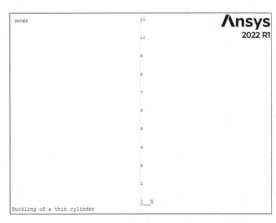

图 14-15　显示模型

⑦ 保存数据库，单击"SAVE_DB"按钮。

（3）获得静力解

① 设定分析类型。从主菜单中选择 Main Menu > Solution > Unabridged Menu > Analysis Type > New Analysis 命令，弹出"New Analysis"对话框，如图 14-16 所示，单击"OK"按钮，接受默认设置。

② 设定分析选项。从主菜单中选择 Main Menu > Solution > Analysis Type > Sol'n Controls 命令，弹出如图 14-17 所示的"Solution Controls"对话框，勾选"Calculate prestress effects"复选框，单击"OK"按钮。

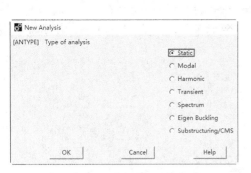

图 14-16　"New Analysis"对话框

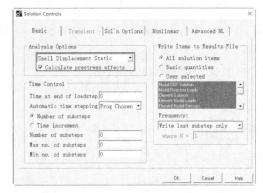

图 14-17　"Solution Controls"对话框

③ 打开节点编号显示。从应用菜单中选择 Utility Menu > PlotCtrls > Numbering 命令，弹出如图 14-18 所示对话框，单击"NODE"后面复选框使其显示为"On"，单击"OK"按钮。

④ 定义边界条件。从主菜单中选择 Main Menu > Solution > Define Loads > Apply > Structural > Displacement > On Nodes 命令，弹出拾取节点对话框。用光标在屏幕里面单击拾取节点 1，单击"OK"按钮，弹出如图 14-19 所示对话框，对节点施加位移约束，在"Lab2"右侧列表中单击"All DOF"选项，单击"OK"按钮，施加位移约束结果如图 14-20 所示。

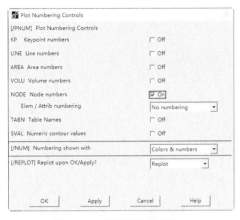

图 14-18　打开节点编号显示

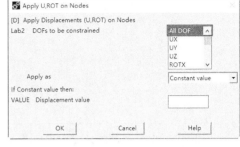

图 14-19　对节点施加位移约束

⑤ 施加载荷。从主菜单中选择 Main Menu > Solution > Define Loads > Apply > Structural > Force/Moment > On Nodes 命令，弹出拾取节点对话框，拾取节点 11，单击"OK"按钮，弹出如图 14-21 所示对话框，对节点施加力约束，在"Lab Direction of force/mom"右侧下拉列表中选择"FY"选项，在"VALUE Force/moment value"右侧文本框中输入"–1e6"，单击"OK"按钮。对节点施加力约束结束如图 14-22 所示。

⑥ 静力分析求解。从主菜单中选择 Main Menu > Solution > Solve > Current LS 命令，弹出命令信息提示窗口和求解当前载荷步对话框，仔细浏览信息提示窗口中的信息，如果无误则单击 File > Close 选项关闭该对话框。单击"OK"按钮，开始求解。当静力求解结束时，屏幕上会弹出"Solution is done"提示框，单击"Close"按钮。

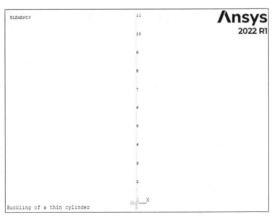

图 14-20　施加位移约束结果

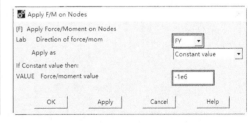

图 14-21　对节点施加力约束

⑦ 退出静力求解。从主菜单中选择 Main Menu > Finish 命令。

（4）获得特征值屈曲解

① 屈曲分析求解。从主菜单中选择 Main Menu > Solution > Analysis Type > New Analysis 命令，弹出图 14-23 所示的"New Analysis"对话框，在"Type of analysis"右侧勾选"Eigen Buckling"单选框，单击"OK"按钮。

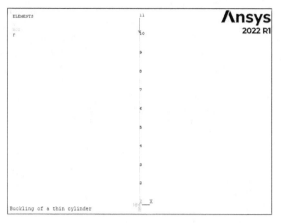

图 14-22　对节点施加力约束结果

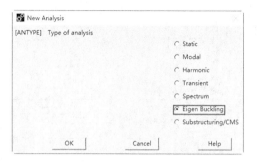

图 14-23　"New Analysis" 对话框

② 设定屈曲分析选项。从主菜单中选择 Main Menu > Solution > Analysis Type > Analysis Options 命令，弹出 "Eigenvalue Buckling Options" 对话框，如图 14-24 所示，在 "NMODE No. of modes to extrac" 右侧文本框中输入 "10"，单击 "OK" 按钮。

③ 屈曲求解。从主菜单中选择 Main Menu > Solution > Solve > Current LS 命令，弹出命令信息提示窗口和 "Solve Current Load Step" 对话框。仔细浏览信息提示窗口中的信息，如果无误则单击 File > Close 选项关闭。单击 "OK" 按钮，开始求解。当屈曲求解结束时，屏幕上会弹出 "Solution is done" 提示框，单击 "Close" 按钮关闭。

④ 退出屈曲求解。从主菜单中选择 Main Menu > Finish 命令。

（5）扩展求解

① 激活扩展过程。从主菜单中选择 Main Menu > Solution > Analysis Type > ExpansionPass 命令，弹出 "Expansion Pass" 对话框，如图 14-25 所示，勾选 "[EXPASS] Expansion pass" 右侧的复选框使其显示为 "On"，单击 "OK" 按钮。

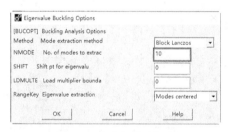

图 14-24　设定屈曲分析选项

图 14-25　"Expansion Pass" 对话框

② 设定扩展模态选项。从主菜单中选择 Main Menu > Solution > Load Step Opts > ExpansionPass > Single Expand > Expand Modes 命令，弹出如图 14-26 所示的 "Expand Modes" 对话框，在 "NMODE No. of modes to expand" 右侧文本框中输入 "10"，勾选 "Elcalc Calculate elem results？" 项为 "Yes"，单击 "OK" 按钮。

③ 扩展求解。从主菜单中选择 Main Menu > Solution > Solve > Current LS 命令，弹出命令信息提示窗口和求解当前载荷步对话框。仔细浏览信息提示窗口中的信息，如果无误则单击 File > Close 关闭选项。单击 "OK" 按钮开始求解。当屈曲求解结束时，屏幕上会弹出 "Solution is done" 提示框，单击 "Close" 按钮。

④ 退出扩展求解。从主菜单中选择 Main Menu > Finish 命令。

（6）后处理

　　列表显示各阶临界载荷。从主菜单中选择 Main Menu > General Postproc > Results Summary 命令，弹出"SET，LIST Command"显示框，如图 14-27 所示。文本框中"TIME/FREQ"下面对应的数值表示载荷放大倍数。

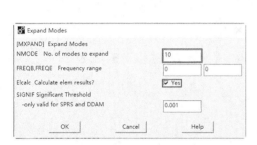

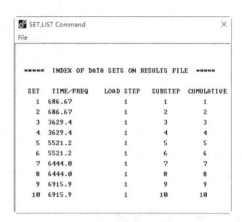

图 14-26　"Expand Modes"对话框　　　　　图 14-27　列表显示临界载荷

第 15 章

热分析

热分析用于计算一个系统或部件的温度分布以及其他热物理参数，如热量的获取或损失、热梯度、热流密度（热通量）等。

本章将通过实例讲述热分析的基本步骤和具体方法。

15.1 热分析概论

热分析在许多工程设备应用中扮演重要角色，如内燃机、换热器、管路系统等。

15.1.1 热分析的特点

ANSYS 的热分析是基于能量守恒原理的热平衡方程，通过有限元法计算各节点的温度分布，并由此导出其他热物理参数。ANSYS 热分析包括热传导、热对流和热辐射 3 种热传递方式。此外，还可以分析相变、内热源、接触热阻等问题。

（1）热传导是指在几个完全接触的物体之间或同一物体的不同部分之间的温度梯度而引起的热量交换。

（2）热对流是指物体的表面与周围环境之间，由温差而引起的热量的交换。热对流可分为自然对流和强制对流两类。

（3）热辐射是指物体发射能量，并被其他物体吸收转变为热量的能量交换过程。物体温度越高，单位时间辐射的热量越多。热传导和热对流都需要传热介质，而热辐射无须任何介质，而且在真空中热辐射的效率最高。

ANSYS 热分析包括如下两种。

（1）稳态传热：系统的温度不随时间变化。

（2）瞬态传热：系统的温度随时间明显变化。

ANSYS 热耦合分析包括热-结构耦合、热-流体耦合、热-电耦合、热-磁耦合及热-电、磁-结构耦合等。

ANSYS 热分析的边界条件或初始条件可以分为温度、热流率、热流密度、对流、辐射、绝热和生热。

ANSYS 热分析中使用的符号与单位如表 15-1 所示。

表 15-1　符号与单位

项目	国际单位	英制单位	ANSYS 代号
长度	m	ft	—
时间	s	s	—
质量	kg	lbm	—
温度	℃	℉	—
力	N	lbf	—
能量（热量）	J	BTU	—
功率（热流率）	W	BTU/sec	—
热流密度	W/m^2	$BTU/sec \cdot ft^2$	—
生热速率	W/m^3	$BTU/sec \cdot ft^3$	—
导热系数	$W/m \cdot ℃$	$BTU/sec \cdot ft \cdot ℉$	KXX
对流系数	$W/m^2 \cdot ℃$	$BTU/sec \cdot ft \cdot ℉$	HF
密度	kg/m^3	lbm/ft^3	DENS
比热	$J/kg \cdot ℃$	$BTU/lbm \cdot ℉$	C
焓	J/m^3	BTU/ft^3	ENTH

15.1.2　热分析单元

热分析涉及的单元有 40 多种，其中专门用于热分析的单元有 14 种，如表 15-2 所示。

表 15-2　热分析单元

单元类型	ANSYS 单元	说明
线形	LINK31	2 节点热辐射单元
	LINK33	三维 2 节点热传导单元
	LINK34	2 节点热对流单元
二维实体	PLANE35	6 节点三角形单元
	PLANE55	4 节点四边形单元
	PLANE75	4 节点轴对称单元
	PLANE77	8 节点四边形单元
	PLANE78	8 节点轴对称单元
三维实体	SOLID70	8 节点六面体单元
	SOLID87	10 节点四面体单元
	SOLID90	20 节点六面体单元
	SHELL131	4 节点
	SHELL132	8 节点
点	MASS71	质量单元

> 注意
> 有关单元的详细解释，请参阅软件帮助文件中的《ANSYS Element Reference Guide》。

15.2 热分析的基本过程

下面介绍稳态热分析和瞬态热分析两种不同情况的基本过程。

15.2.1 稳态热分析

稳态热分析用于研究稳态的热载荷对系统或部件的影响，通常在进行瞬态热分析前，确定初始温度的分布。稳态热分析可以通过有限元计算确定由稳定的热载荷引起的温度变化，以及热梯度、热流率、热流密度等参数。

稳态热分析的基本过程一般可分为以下 3 步。

（1）建立模型。

（2）施加热载荷及计算求解。

（3）查看结果（后处理）。

1. 建立模型

建立模型主要包括以下几个方面的内容。

（1）确定分析文件名及标题与单位。

（2）进入前处理器（PREP7），定义单元类型和单元选型。

（3）设定单元实常数。

（4）定义材料热性能参数，稳态导热一般只需要定义导热系数，它可以是恒定的，也可以随温度变化。

（5）建立几何模型并划分网格，生成有限元模型。

2. 施加热载荷及计算求解

（1）进入 ANSYS 求解器

（2）定义分析类型

命令：ANTYPE, STATIC, NEW。
GUI: Main Menu > Solution > Analysis Type > New Analysis > Steady-State。

如果继续上一次分析，如增加边界条件等，采用如下方法。

命令：ANTYPE, STATIC, REST。
GUI: Main Menu > Solution > Analysis Type > Restart。

（3）施加载荷

热分析的载荷可以是温度、热流率、对流、热流密度和生热率。

① 温度

温度通常作为自由度约束施加在温度已知的边界上，施加方法如下。

命令：D。
GUI: Main Menu > Solution > Define Loads > Apply > Thermal > Temperature。

② 热流率

热流率作为节点集中载荷，主要用于线单元模型中（通常线单元模型不能施加对流或热流密度载荷）。如果输入的值为正，代表热流流入节点，即单元获取热量。如果温度与热流率同时施加在一节点上，则 ANSYS 读取温度值进行计算。

命令：F。
GUI：Main Menu > Solution > Define Loads > Apply > Thermal > Heat Flow。

> **注意** 如果在实体单元的某一节点上施加热流率，则此节点周围的单元要密一些，在两种导热系数差别很大的两个单元的公共节点上施加热流率时，尤其要注意。此外，尽可能使用热生成或热流密度条件，这样结果会更精确些。

③ 对流

对流作为面载荷施加在实体的外表面，对流能影响流体的热交换，它仅可以施加于实体和壳模型上，对于线模型，可以使用对流线单元 LINK34 考虑对流。

命令：SF。
GUI：Main Menu > Solution > Define Loads > Apply > Thermal > Convection。

④ 热流密度

热流密度是通过单位面积的热流率，可作为面载荷施加在实体的外表面或表面效应单元上。输入正值时，表示热流流入单元。热流密度也仅适用于实体和壳单元，热流密度与对流可以施加在同一外表面，但 ANSYS 仅读取最后施加的面载荷进行计算。

⑤ 生热率

生热率作为体载荷施加在单元上，可以模拟化学反应生热或电流生热，单位为单位体积的热流率。

命令：BF。
GUI：Main Menu > Solution > Define Loads > Apply > Thermal > Heat Generat。

3．设定载荷步选项

对于一个热分析，设定其载荷步选项可以分为普通选项、非线性选项以及输出控制。

（1）普通选项

① 时间选项

对于稳态热分析，普通选项并没有实际的物理意义，但它提供了一个方便的设置载荷步和载荷子步的方法。

命令：TIME。
GUI：Main Menu > Solution > Load Step Opts > Time/Frequenc > Time-Time Step/Time and Substps。

② 每载荷步中子步的数量或时间步大小

对于非线性分析，每一个载荷步需要多个子步。

命令：NSUBST。
GUI：Main Menu > Solution > Load Step Opts > Time/Frequence > Time and Substeps。
命令：DELTIM。
GUI：Main Menu > Solution > Load Step Opts > Time/Frequence > Time-Time Step。

打开的对话框如图 15-1 和图 15-2 所示。

③ 阶跃载荷或坡道载荷

如果定义阶跃载荷，载荷值在这个载荷步内保持不变；如果为坡道载荷，则载荷值由上一载荷步值到本载荷步值随每一子步线性变化。

命令：KBC
GUI：Main menu > Solution > Load Step Opts > Time/Frequence > Time-Time Steps/Time and Substeps

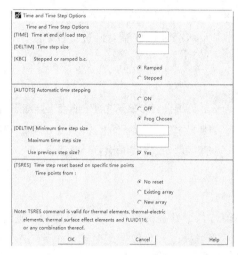

图 15-1　时间和子步选项对话框　　　　　图 15-2　时间和时间步选项对话框

（2）非线性选项

① 迭代次数

本选项设置每一子步允许的最多的迭代次数。默认值是 25，对大多数热分析问题足够。

命令：NEQIT。
GUI：Main Menu > Solution > Load Step Opts > Nolinear > Equilibrium Iter.

打开的对话框如图 15-3 所示。

② 自动时间步长

对于非线性问题，可以自动设定子步间载荷的增长，保证求解的稳定性和准确性。

命令：AUTOTS。
GUI：Main menu > Solution > Load Step Opts > Time/Frequenc > Time-Time Step/Time and Substps.

③ 收敛误差

可根据温度、热流率等检验热分析的收敛性。

命令：CNVTOL。
GUI：Main Menu > Solution > Load Step Opts > Nolinear > Convergence Crit.

打开的对话框如图 15-4 所示。

④ 求解结束选项

如果在规定的迭代次数内，解达不到收敛，ANSYS 可以停止求解或到下一载荷步继续求解。

命令：NCNV。
GUI：Main Menu > Solution > Load Step Opts > Nolinear > Criteria to Stop.

打开的对话框如图 15-5 所示。

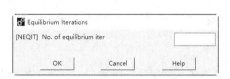

图 15-3　设置迭代次数对话框

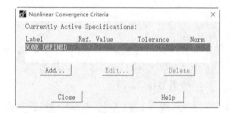

图 15-4　设置收敛误差对话框

⑤ 线性搜索

设置本选项可使 ANSYS 用牛顿-拉弗森方法进行线性搜索。

命令：LNSRCH。
GUI：Main Menu > Solution > Load Step Opts > Nolinear > Line Search.

打开的对话框如图 15-6 所示。

图 15-5　求解结束选项对话框

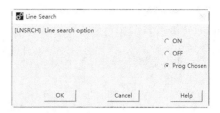

图 15-6　线性搜索对话框

⑥ 预测矫正

本选项可激活每一子步的第一次迭代对自由度求解的预测矫正。

命令：PRED。
GUI：Main Menu > Solution > Load Step Opts > Nolinear > Predictor。

打开的对话框如图 15-7 所示。

（3）输出控制选项

① 控制打印输出

本选项可将任何结果数据输出到输出文件中。

命令：OUTPR。
GUI：Main Menu > Solution > Load Step Opts > Output Ctrls > Solu Printout。

打开的对话框如图 15-8 所示。

② 控制结果文件

控制结束文件的内容。

命令：OUTRES。
GUI：Main Menu > Solution > Load Step Opts > Output Ctrls > DB/Results File。

打开的对话框如图 15-9 所示。

图 15-7　预测矫正对话框

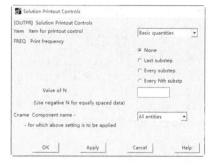

图 15-8　控制打印输出对话框

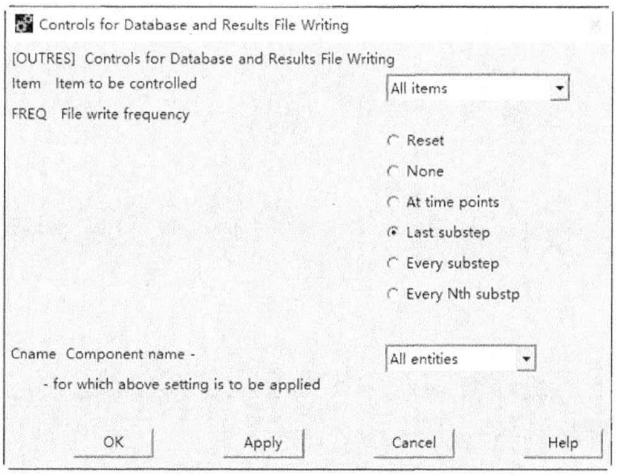

图 15-9　控制结果文件对话框

4．求解

（1）确定分析选项

① 牛顿-拉弗森选项（仅对非线性分析有用）

命令：NROPT。
GUI：Main Menu > Solution > Analysis Type > Analysis Options.

② 选择求解器

命令：EQSLV。
GUI：Main Menu > Solution > Analysis Type > Sol'n Controls.

> **注意**
> 　　热分析可选用自动迭代法选项进行快速求解，但是热分析中包含 SURF19、SURF22 单元或超单元，热辐射分析、相变分析需要重新进行一次分析的情况除外。

③ 确定绝对零度

在进行热辐射分析时，要将目前的温度值换算为绝对温度值。如果使用的温度是摄氏温度，此值应设定为 273；若使用华氏温度，值则为 460。

命令：TOFFST。
GUI：Main Menu > Solution > Analysis Type > Analysis Options.

（2）保存模型

单击 ANSYS 工具栏中的"SAVE_DB"按钮。

（3）求解

命令：SOLVE。
GUI：Main Menu > Solution > Solve > Current LS.

5．查看结果（后处理）

ANSYS 将热分析的结果写入结果文件，它包含如下数据。

（1）基本数据：节点温度。

（2）导出数据：节点及单元的热流密度、节点及单元的热梯度、单元热流率、节点的反作用热流率及其他。

对于稳态热分析，可以使用 POST1 进行后处理。进入 POST1 后，读入载荷步和子步。

命令：SET。
GUI：Main Menu > General Postproc > Read Results > By Load Step.

可以通过如下 3 种方式查看结果。

① 彩色云图显示。

命令：PLNSOL, PLESOL, PLETAB。
GUI：Main Menu > General Postproc > Plot Results > Contour Plot > Nadal Solu,Reaction Solu,Elem Table.

② 矢量图显示。

命令：PLVECT。
GUI：Main Menu > General Postproc > Plot Results > Vector Plot > Predefined.

③ 列表显示。

命令：PRNSOL, PRESOL, PRRSOL。
GUI：Main Menu > General Postproc > List Results > Nadal Solu,Element Solu,Reaction Solu.

15.2.2　瞬态热分析

瞬态热分析用于计算一个系统随时间变化的温度场及其他热参数。在工程上一般用瞬态热分析计算温度场，并将其作为热载荷进行应力分析。

瞬态热分析的基本步骤与稳态热分析类似，瞬态热分析中使用的单元与稳态热分析相同，主要的区别是瞬态热分析中的载荷是随时间变化的。为了表达随时间变化的载荷，首先必须将载荷-时间曲线分为载荷步。载荷-时间曲线的每一个拐点为一个载荷步。对于每一个载荷步，必须定义载荷值及时间值，同时必须选择载荷步为坡道或阶跃。

1. 建立模型

（1）定义分析文件名及标题和单位。

（2）进入前处理器（PREP7），定义单元类型，设定单元选型。

（3）设定单元实常数。

（4）定义材料热性能参数、导热系数、密度和比热容。它们可以是恒定的，也可以随温度变化。

（5）建立几何模型并划分网格，生成有限元模型。

2. 施加载荷并求解

（1）进入 ANSYS 求解器。

（2）定义分析类型。

如果是第一次进行分析，或者重新进行分析，命令及 GUI 方式如下。

```
命令：ANTYPE, TRANSIENT, NEW。
GUI：Main Menu > Solution > Analysis Type > New Analysis。
```

打开的对话框如图 15-10 所示。

如果接着上次的分析继续进行（如增加其他载荷），命令及 GUI 方式如下。

```
命令：ANTYPE, TRANSIENT, REST。
GUI：Main Menu > Solution > Analysis Type > Restart。
```

（3）定义求解选项。

① 非线性瞬态热分析选项。

命令：THOPT、Refopt、PEFORMTOL、NTABPOINTS、TEMPMIN、TEMPMAX。

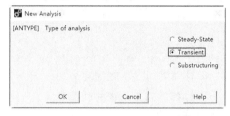

图 15-10　定义分析类型对话框

Refopt=FULL：使用完全法中的牛顿-拉弗森求解选项修改热矩阵（缺省情况）。

Refopt=QUASI：基于 REFORMTOL，有选择地修改热矩阵。

Refopt=LINEAR：使用线性求解选项，不修改热矩阵。

> **注意**
> **重新启动后分析不支持"QUASI"和"LINEAR"命令。**

② 选择求解器。

选择求解器与一般的非线性分析类似。

```
命令：EQSLV, Lab, TOLER, MULT。
```

③ 确定绝对零度。

```
命令：TOFFST, VALUE。
```

若使用的温度是摄氏温度，此值应为 273。若使用的温度是华氏温度，此值为 460。

（4）获得瞬态分析的初始条件。

① 定义均匀温度场。

如果模型的起始温度已经是均匀的，可设置所有节点初始温度。

命令：TUNIF。
GUI：Main Menu > Solution > Define Loads > Settings > Uniform Temp。

打开的对话框如图 15-11 所示。

如果不在对话框中输入数据，则默认为参考温度，参考温度的值默认为零，但可通过如下方法设定参考温度。

命令：TREF。
GUI：Main Menu > Solution > Define Loads > Settings > Reference Temp。

打开的对话框如图 15-12 所示。

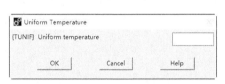

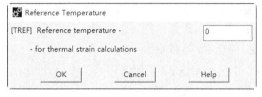

图 15-11　定义均匀温度场对话框　　　　　　图 15-12　设定参考温度对话框

注意　设定均匀的初始温度，与如下的设定节点温度（自由度）不同。

命令：D。
GUI：Main Menu > Solution > Define Loads > Apply > Thermal > Temperature > On Nodes。

初始均匀温度场仅对分析的第一个子步有效，而设定节点温度将贯穿整个瞬态热分析过程，除非通过如下的方法删除此约束。

命令：DDELE。
GUI：Main Menu > Solution > Define Loads > Delete > Thermal > Temperature > On Nodes。

② 设定非均匀的初始温度。

在瞬态热分析中，节点温度可以设定为不同的值。

命令：IC。
GUI：Main Menu > Solution > Define Loads > Apply > -Initial Condit'n/Define。

如果初始温度场是不均匀的且又是未知的，必须首先进行稳态热分析确定初始条件。

③ 设定载荷（如已知的温度、热对流等），将时间积分设置为 OFF。

命令：TIMINT, OFF。
GUI：Main Menu > Preprocessor > Loads > Load Step Opts > Time/Frequenc > Time Integration。

④ 设定一个只有一个子步的且时间很小的载荷步（例如 0.001）。

命令：TIME。
GUI：Main Menu > Preprocessor > Loads > Load Step Opts > Time/Frequenc > Time and Substps

⑤ 写入载荷步文件。

命令：LSWRITE。
GUI：Main Menu > Preprocessor > Loads > Load Step Opts > Write LS File

打开的对话框如图 15-13 所示。

⑥ 求解

命令：SOLVE。
GUI：Main Menu > Solution > Solve > Current LS。

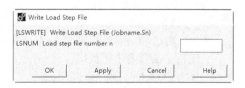

图 15-13　写入载荷步文件对话框

> **注意**　在进行第二个载荷步求解时，要删去所有设定的温度，除非在瞬态分析与稳态分析中这些节点的温度相同。

3. 设定载荷步选项

（1）普通选项。

① 时间。

设置每载荷步结束时的时间。

命令：TIME。
GUI: Main Menu > Solution > Load Step Opts > Time/Frequenc > Time and Substps.

② 每个载荷步的载荷子步数或时间增量。

对于非线性分析，每个载荷步需要多个载荷子步。时间步长大小关系到计算的精度。步长越小，计算精度越高，计算时间越长。根据线性传导传热传递，可按如下公式估计初始时间步长。

$$ITS = \delta^2/4\alpha$$

其中 δ 为沿热流方向热梯度最大处的单元的长度；α 为导温系数，它等于导热系数除以密度与比热容的乘积；$\alpha = k/\rho c$；k 为导热系数；ρ 为密度；c 为比热容。

命令：NSUBST 或 DELTIM。
GUI: Main Menu > Solution > Load Step Opts > Time/Frequenc > Time and Substps.

如果载荷在这个载荷步是恒定的，需要设为阶跃载荷；如果载荷值随时间线性变化，则要设置为坡道载荷。

命令：KBC。
GUI: Main Menu > Solution > Load Step Opts > Time/Frequenc > Time and Substps.

（2）非线性选项。

① 迭代次数。

每个子步默认的次数是 25，这对大多数非线性热分析已经足够。

命令：NEQIT。
GUI: Main Menu > Solution > Load Step Opts > Nonlinear > Equilibrium Iter.

② 自动时间步长。

本选项为 "ON" 时，在求解过程中将自动调整时间步长。

命令：AUTOTS。
GUI: Main Menu > Solution > Load Step Opts > Time/Frequenc > Time and Substps.

③ 时间积分效果。

如果将此选项设定为 "OFF"，将进行稳态热分析。

命令：TIMINT。
GUI: Main Menu > Solution > Load Step Opts > Time/Frequenc > Time Integration.

（3）输出选项。

① 控制打印输出。

本选项可将任何结果数据输出到输出文件（Jobname.OUT）文件中。

命令：OUTPR。
GUI: Main Menu > Solution > Load Step Opts > Output Ctrls > Solu Printout.

② 控制结果文件

控制结果文件（Jobname.RTH）文件的内容。

命令：OUTRES。
GUI: Main Menu > Solution > Load Step Opts > Output Ctrls > DB/Results File.

4．求解

（1）保存模型。

单击 ANSYS 工具栏中的"SAVE_DB"按钮。

（2）求解。

命令：SOLVE。

5．查看计算结果（后处理）

ANSYS 提供两种后处理方式：POST1 和 POST2。其中 POST1 可以对整个模型在某一载荷步（时间点）的结果进行后处理。POST26 可以对模型中特定点在所有载荷步（整个瞬态过程）的结果进行后处理。

（1）用 POST1 进行后处理。

① 读出某一时间点的结果。

命令：SET。
GUI：Main Menu > General Postproc > Read Results > By Time/Freq

打开的对话框如图 15-14 所示。

如果设定的时间不在任何一个子步的时间点上，ANSYS 会进行线性插值。

② 读出某一载荷步的结果。

GUI：Main Menu > General Postproc > Read Results > By Load Step。

打开的对话框如图 15-15 所示。

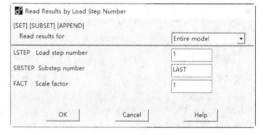

图 15-14　读出某一时间点的结果对话框　　　图 15-15　读出某一载荷步的结果对话框

然后就可以采用与稳态热分析类似的方法，对结果进行彩色云图显示、矢量显示、打印列表等后处理。

（2）用 POST26 进行后处理。

① 定义变量。

命令：NSOL 或 ESOL 或 RFORCE。
GUI：Main Menu > TimeHist Postproc > Define Variables。

② 绘制或列表输出这些变量随时间变化的曲线。

命令：PLVAR。
GUI：Main Menu > TimeHist Postproc > Graph Variables。
命令：PRVAR。
GUI：Main Menu > TimeHist Postproc > List Variables。

此外，POST26 还提供许多其他功能，如对变量进行数学操作等，具体可以参阅帮助文件。

15.3 实例导航——两环形零件在圆筒形水箱中冷却过程

15.3.1 问题描述

一个温度为 70℃的铜环和一个温度为 80℃的铁环，突然放入温度为 20℃、盛满了水的铁制圆筒形水箱中，如图 15-16 所示，材料热物理性能如表 15-3 所示。求解经过了 1h，铜环与铁环的最高温度（忽略水的流动）。

表 15-3 材料热物理性能表

热性能	单位	铜	铁	水
热导率	W/m℃	383	70	0.61
密度	kg/m³	8889	7833	996
比热容	J/(kg · ℃)	390	448	4185

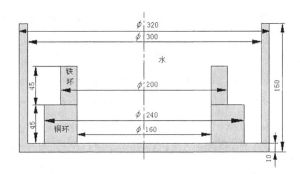

图 15-16 两环形零件在圆筒形水箱中示意

15.3.2 问题分析

根据几何及边界条件，本例属于热瞬态轴对称问题，选用 PLANE55 二维单元进行有限元分析，本例首先进行稳态分析，再进行瞬态分析，分析时温度单位采用℃，其他单位采用国际单位制。

15.3.3 GUI 方式

（1）定义分析文件名

在应用菜单中选择 Utility Menu > File > Change Jobname 命令，在弹出的对话框中输入 "Exercise"，单击 "OK" 按钮。

（2）定义单元类型

从主菜单中选择 Main Menu > Preprocessor > Element Type > Add/Edit/Delete 命令，打开添加单元对话框，在弹出的对话框中选择 "Thermal Solid" "Quad 4node 55" "4 节点二维平面单元"，单击 "OK" 按钮。在弹出的对话框中，单击 "Options" 选项，在 "K3" 选项框中选择 "Axisymmetric" 选项，然后单击 "OK" 按钮。最后单击 "Close" 按钮，关闭添加单元对话框。

（3）定义材料属性

① 定义铜环的材料属性

a. 定义铜环的传导系数。从主菜单中选择 Main Menu > Preprocessor > Material Props > Material Models 命令，单击对话框右侧的 Thermal > Conductivity > Isotropic 命令，在弹出的对话框中输入热导率"KXX"为"383"，单击"OK"按钮。

b. 定义材料密度。选择对话框右侧的"Thermal"按钮，单击"Density"按钮，命令在对话框中输入"8889"，单击"OK"按钮。

c. 定义材料比热容。选择对话框右侧的 Thermal > Specific Heat 命令，在弹出的对话框中输入比热容为"390"，单击"OK"按钮。

② 定义铁环及铁箱的材料属性

a. 定义铁环及铁箱的传导系数。单击材料属性对话框中的 Material > New Model 命令，在弹出的对话框中单击"OK"按钮。然后选中材料 2，单击对话框右侧的 Thermal > Conductivity > Isotropic 命令，在弹出的对话框中输入热导率"KXX"为"70"，单击"OK"按钮。

b. 定义铁环及铁箱的密度。选择对话框右侧的"Thermal"选项，单击"Density"按钮，在对话框中输入"7833"，单击"OK"按钮。

c. 定义铁环及铁箱的比热容。选择对话框右侧的 Thermal > Specific Heat 命令，在弹出的对话框中输入比热容为"448"，单击"OK"按钮。

③ 定义水的材料属性

a. 定义水的传导系数。单击材料属性对话框中的 Material > New Model 命令，在弹出的对话框中单击"OK"按钮。选中材料 3，单击对话框右侧的 Thermal > Conductivity > Isotropic 命令，在弹出的对话框中输入热导率"KXX"为"0.61"，单击"OK"按钮。

b. 定义水的密度。选择对话框右侧的"Thermal"选项，单击"Density"按钮，在对话框中输入"996"，单击"OK"按钮。

c. 定义水的比热容。选择对话框右侧的 Thermal > Specific Heat 命令，在弹出的对话框中输入比热容为"4185"，单击"OK"按钮。定义完所有材料属性后，关闭材料属性定义对话框。

（4）建立几何模型

① 建立铁制水箱几何模型。从主菜单中选择 Main Menu > Preprocessor > Modeling > Create > Areas > Rectangle > By Dimensions 命令，弹出对话框，在"X1""X2""Y1""Y2"选项框中分别输入"0""0.08""0""0.01"，单击"Apply"按钮；再分别输入"0.08""0.1""0""0.01"，单击"Apply"按钮；再分别输入"0.1""0.12""0""0.01"，单击"Apply"按钮；再分别输入"0.12""0.14""0""0.01"，单击"Apply"按钮；再分别输入"0.14""0.15""0""0.01"，单击"Apply"按钮；再分别输入"0.14""0.15""0.01""0.055"，单击"Apply"按钮；再分别输入"0.14""0.15""0.055""0.1"，单击"Apply"按钮；再分别输入"0.14""0.15""0.1""0.15"，单击"Apply"按钮。

② 建立铜环几何模型。弹出对话框，在"X1""X2""Y1""Y2"选项框中分别输入"0.08""0.1""0.01""0.055"，单击"Apply"按钮；再分别输入"0.1""0.12""0.01""0.055"，单击"Apply"按钮。

③ 建立铁环几何模型。弹出对话框，在"X1""X2""Y1""Y2"选项框中分别输入"0.08""0.1""0.055""0.1"，单击"Apply"按钮。

④ 建立水的几何模型。弹出对话框，在"X1""X2""Y1""Y2"选项框中分别输入"0""0.08""0.01""0.055"，单击"Apply"按钮；再分别输入"0.12""0.14""0.01""0.055"，单击"Apply"按钮；再分别输入"0""0.08""0.055""0.1"，单击"Apply"按钮；再分别输入"0.1""0.12""0.055""0.1"，单击"Apply"按钮；再分别输入"0.12""0.14""0.055""0.1"，单击"Apply"按钮；再分别输入"0""0.08""0.1""0.15"，单击"Apply"按钮；再分别输入"0.08""0.1""0.1""0.15"，单击"Apply"按钮；再分别输入"0.1""0.12""0.1""0.15"，单击"Apply"按钮；再分别输入"0.12""0.14""0.1""0.15"，单击"OK"按钮。建立的几何模型如图 15-17 所示。

（5）黏接各矩形

从主菜单中选择 Main Menu > Preprocessor > Modeling > Operate > Booleans > Glue > Areas 命令，在弹出的对话框中，单击"Pick All"按钮。

（6）设置单元密度

从主菜单中选择 Main Menu > Preprocessor > Meshing > Size Cntrls > ManualSize > Global > Size 命令，在弹出的对话框中的"Element edge length"框中输入"0.003"，单击"OK"按钮。

（7）设置单元属性

① 设置铁箱和铁环属性。从主菜单中选择 Main Menu > Preprocessor > Meshing > Mesh Attributes > Picked Areas 命令，选择"Min,Max,Inc"，分别输入"1,21,20"后按<Enter>键，再分别输入"23,29,1"后按<Enter>键，单击"OK"按钮，在弹出的对话框中的"MAT"和"TYPE"选项框中选择"2"和"1 PLANE55"。

② 设置铜环属性。从主菜单中选择 Main Menu > Preprocessor > Meshing > Mesh Attributes > Picked Areas 命令，在"Min,Max,Inc"选项框中输入"30,33,3"后按<Enter>键，单击"OK"按钮，在弹出的对话框中的"MAT"和"TYPE"选项框中选择"1"和"1 PLANE55"。

③ 设置水属性。从主菜单中选择 Main Menu > Preprocessor > Meshing > Mesh Attributes > Picked Areas 命令，在"Min,Max,Inc"选项框中输入"31,32,1"后按<Enter>键，再分别输入"34,39,1"后按<Enter>键，单击"OK"按钮，在弹出的对话框中的"MAT"和"TYPE"选项框中选择"3"和"1 PLANE55"。

（8）划分单元

从应用菜单中选择 Utility Menu > Select > Everything 命令，从主菜单中选择 Main Menu > Preprocessor > Meshing > Mesh > Areas > Target Surf 命令，单击"Pick All"按钮；从应用菜单中选择 Utility Menu > PlotCtrls > Numbering 命令，弹出对话框，选择"NODE"为"ON"，在下拉菜单中选择"Material numbers"，在"/NUM"中选择"Colors only"。有限元模型如图 15-18 所示。

（9）施加温度约束条件

① 施加箱体和水的温度。从应用菜单中选择 Utility Menu > Select > Entities 命令，分别选择"Areas""By Num/Pick"选项，单击"Apply"按钮，如图 15-19 所示，在弹出的对话框里的"Min,Max,Inc"中输入"1,1,1"后按<Enter>键，再分别输入"21,28,1"后按<Enter>键，再分别输入"31,32,1"后按<Enter>键，然后再分别输入"34,39,1"后按<Enter>键，单击"OK"按钮，在对话框中，选择"Nodes""Attached to""Areas,all"，单击"OK"按钮，如图 15-20 所示，选择 Main Menu > Solution > Define Loads > Apply > Thermal > Temperature > On Nodes 命令，单击"Pick All"按钮，在弹出的对话框中选择"TEMP"，在"VALUE"右侧文本框中输入"20"，单击"OK"按钮，如图 15-21 所示。

图 15-17　建立的几何模型

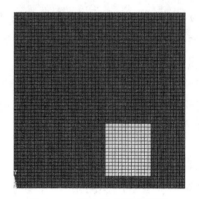

图 15-18　建立的有限元模型

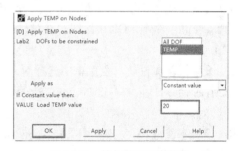

图 15-19　选择面　　图 15-20　基于面选择节点　　图 15-21　施加节点温度载荷

② 施加铁环温度。从应用菜单中选择 Utility Menu > Select > Entities 命令，选择 "Areas" "By Num/Pick" 选项，单击 "Apply" 按钮，在弹出的对话框里的 "Min,Max,Inc" 文本框中输入 "29,29,29" 后按<Enter>键，然后单击 "OK" 按钮。在选择对话框中，选择 "Nodes" "Attached to" "Areas, all"。单击 "OK" 按钮。从主菜单中选择 Main Menu > Solution > Define Loads > Apply > Thermal > Temperature > On Nodes，单击 "Pick All" 按钮，在弹出的对话框中输入 "80"，单击 "OK" 按钮。

③ 施加铜环温度。从应用菜单中选择 Utility Menu > Select > Entities 命令，选择 "Areas" "By Num/Pick" 选项，单击 "Apply" 按钮，在弹出的对话框 "Min,Max,Inc" 文本框中输入 "30,33,3" 后按 Enter 键，单击 "OK" 按钮，在选择对话框中，选择 "Nodes" "Attached to" "Areas,all"，单击 "OK" 按钮，从主菜单中选择 Main Menu > Solution > Define Loads > Apply > Thermal > Temperature > On Nodes 命令，单击 "Pick All" 按钮，输入 "70"，单击 "OK" 按钮。

（10）稳态求解设置

从主菜单中选择 Main Menu > Solution > Analysis Type > New Analysis 命令，选择 "Transient"，单击 "OK" 按钮，定义为瞬态分析；从主菜单中选择 Main Menu > Solution > Load Step Opts > Time/Frequenc > Time Integration > Newmark Parameters 命令，在弹出的对话框中，将 "TIMINT" 设置为 "OFF"，单击 "OK" 按钮，如图 15-22 所示，即定义为稳态分析；从主菜单中选择 Main Menu > Solution > Load Step Opts > Time/Frequenc > Time-Time Step 命令，设定 "TIME" 为 "0.01"，"DELTIM"

为 "0.01"，单击 "OK" 按钮，如图 15-23 所示。

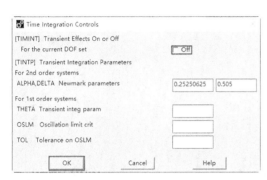

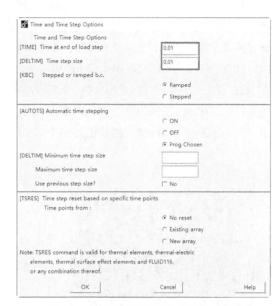

图 15-22　时间积分控制设置对话框　　　　图 15-23　时间和时间载荷步设置对话框

（11）保存

从主菜单中选择 Utility Menu > Select > Everything 命令，单击 ANSYS 工具栏的 "SAVE_DB"
按钮。

（12）求解

从主菜单中选择 Main Menu > Solution > Solve > Current LS 命令，进行计算。

（13）设置瞬态求解

从主菜单中选择 Main Menu > Solution > Load Step Opts > Time/Frequenc > Time Integration >
Newmark Parameters 命令，在弹出的对话框中，将 "TIMINT" 设置为 "ON"，单击 "OK" 按钮，
即定义为瞬态分析；选择 Main Menu > Solution > Load Step Opts > Time/Frequenc > Time-Time Step
命令，设定 "TIME" 为 3600，"DELTIM" 为 26，设置 "Minimum time step size" 为 2，设置 "Maximum
time step size" 为 200，设置 "Autots" 为 "ON"，单击 "OK" 按钮。

（14）删除节点温度

从主菜单中选择 Main Menu > Solution > Define Loads > Delete > Thermal > Temperature > On
Nodes 命令，单击 "Pick All" 按钮，删除稳态分析定义的节点温度。

（15）输出控制

从主菜单选择 Main Menu > Solution > Analysis Type > Sol'n Controls 命令，在弹出的对话框中，
在 Frequency 中选择 Write every substep，单击 "OK" 按钮。

（16）保存盘

从应用菜单中选择 Utility Menu > Select > Everything 命令，单击 ANSYS 工具栏的 "SAVE_DB"
按钮。

（17）求解

从主菜单选择 Main Menu > Solution > Solve > Current LS 命令，进行计算。

（18）显示铜环和铁环某些节点在冷却过程中温度随时间变化曲线图

显示如图 15-24 所示的 7 个节点，从主菜单中选择 Main Menu > TimeHist Postpro 命令，在弹出

的对话框中单击"Add Data"图标⊞，在弹出的对话框中，选择 Nodal Solution > DOF Solution > Nodal Temperature 命令，单击"OK"按钮。在弹出的对话框中输入"29"后按<Enter>键确认，单击"Apply"按钮，再重复以上操作，分别选择 603、176、921、1768、943、928 号节点。选择应用菜单中的 Utility Menu > PlotCtrls > Style > Graphs > Modify Axes 命令，弹出对话框，在"/AXLAB"文本框中分别输入"TIME"和"TEMPERATURE"，在"/XRANGE"中选择"Specified range"，在"XMIN"和"XMAX"中分别输入"0"和"3600"，单击"OK"按钮。按住<Ctrl>键，选择"TEMP_2"到"TEMP_8"，单击"Graph Data"图标▣，曲线图如图 15-25 所示。

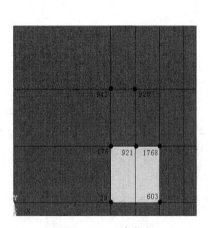

图 15-24　7 个节点

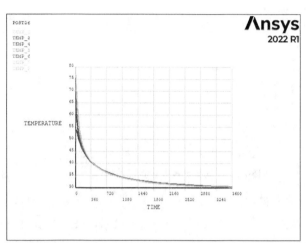

图 15-25　铜环和铁环某些节点的温度随时间变化曲线图

（19）显式温度分布云图

从主菜单中选择 Main Menu > General Postproc > Read Results > Last Set 命令，读取最后一个子步的分析结果，选择 Main Menu > General Postproc > Plot Results > Contour Plot > Nodal Solu 命令，在弹出的对话框中，选择"DOF Solution"和"Nodal Temperature"选项，单击"OK"按钮。温度分布云图如图 15-26 所示。从应用菜单中选择 Utility Menu > PlotCtrls > Style > Symmetry Expansion > 2D Axi-Symmetric 命令，弹出对话框，在"Select expansion amount"选项框中选择"3/4 expansion"，单击"OK"按钮。扩展的温度分布云图如图 15-27 所示。

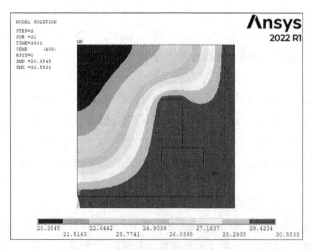

图 15-26　温度分布云图

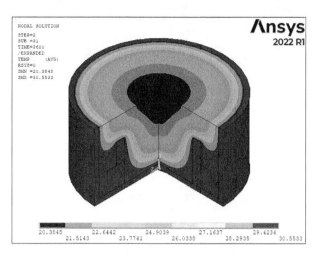

图 15-27　扩展的温度分布云图

（20）退出 ANSYS

单击工具条中的 "QUIT" 选项，选择 "Quit-No Save!" 后，单击 "OK" 按钮，退出 ANSYS。